한국산업인력공단 2021년 새 출제기준 완벽 반영

떡 제조기능사
필기 · 실기
끝장내기

한은주 · 양혜영 · 정운경 지음

BM (주)도서출판 성안당

저자프로필

한은주
세종대학교 일반대학원 조리외식경영학과 졸업(조리학박사)
대한민국조리기능장, 식품기술사, 떡제조기능사
한국폴리텍대학 강서캠퍼스 외식조리과 교수

양혜영
중앙대학교 일반대학원 식품공학과 졸업(이학박사)
식품기술사, 떡제조기능사
수원여자대학교 호텔조리과 겸임교수

정운경
세종대학교 일반대학원 조리외식경영학과 박사과정 중
2017 국제음식경연대회 떡, 한과부분 대통령상 수상
다미쿡아카데미 대표

머리말

우리 민족의 역사 중 상고시대 갈판과 갈돌이 출토되고, 고구려 시대 시루가 출토되면서 떡은 일정한 형태를 갖추지 않았으나 상용되었으리라 추측한다. 그동안 한과의 한 종류로 우리네 관·혼·상·제 등에 중요한 음식으로 상위에 올려졌으며, 화려하고 다양한 조선 시대의 떡은 찾아 볼 수는 없으나 시대가 변함에 따라 더 다양하고 건강과 멋에 부응하는 활용 가능한 떡들이 지금도 우리들의 입맛을 사로잡고 있는 것이 현실이다.

또한, 시대의 요구에 따라 마침 한국산업인력공단에서 2019년 떡제조기능사 종목을 신설하고 그동안 관련 계통에 종사하면서 떡제조기능사 자격에 목말라 하던 많은 분들에게 좋은 기회가 찾아 왔고, 이 수험서가 마중물이 되었으면 하는 바람으로 떡제조와 관련된 일에 종사한 지 20년이 되어가는 저자들이 의기투합하여 저술하게 되었다.

저자들은 그동안 배우고, 익히고, 개발하고, 활용한 떡에 관련된 모든 축적된 노하우를 나름대로 정리하여 떡제조기능사 필기, 실기 시험에 관련한 내용을 한 권에 고스란히 기술하였다.

다년간의 현장실무경험과 교육경험, 감독경험 등을 토대로

1. 떡제조기초이론, 떡류만들기, 위생안전관리, 우리나라 떡의 역사 및 문화의 내용을 요약 정리하였다.
2. 기출문제, 각 단원마다 출제예상문제, 적중고사, 모의고사 순으로 문제를 실었으며 정확한 해설을 수록하였다.
3. 산업인력공단에서 실시하는 실기시험 출제기준에 의거 제시된 실기문제 8가지와 앞으로 시험에 출제 예상되어지는 떡류를 지급재료 사진은 물론 과정마다 상세한 설명과 더불어 사진을 실었고 떡 제조 시 범하기 쉬운 실수방지용 유용한 TIP과 QnA로 알아보는 합격 포인트를 기술해 실기시험의 궁금증을 해결하였다.

부디 이 책이 떡제조기능사를 취득하고자 하는 여러분들에게 유익한 희망도서가 되길 바라며 자격증 취득에 만족을 하는 것이 아니라 식품 가공 관련 떡 기술의 새로운 출발이 되길 바란다.

끝으로 이 책이 나오기까지 애써주신 성안당 이종춘 회장님 이하 임직원분들과 편집부 직원들께 진심으로 감사를 드린다.

2021년 1월
저자일동

목차

필기

PART 1 · 떡 제조 기초 이론

PART 2 · 떡류 만들기

PART 3 · 위생·안전관리

PART 4 · 우리나라 떡의 역사 및 문화

PART 5 · 풀면서 바로 확인하는 적중 모의고사

PART 6 · 실전처럼 풀어보는 실전 모의고사

PART 7 · 기출문제

실기

공개과제

송편
•254•

쇠머리떡
•258•

콩설기
•264•

경단
•268•

켜떡류

무지개떡(삼색)
•272•

부꾸미
•278•

백편
•282•

인절미
•288•

붉은팥 찰켜떡
•294•

꿀 찰켜떡
•298•

빚어 찌는 떡류   ## 개피떡류

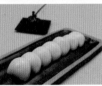
쑥갠떡
•302•

개피떡
•306•

쌈떡
•310•

단자류

석이단자
•314•

유자단자
•318•

가래떡류   ## 지지는 떡류   ## 찌는 찰떡류

가래떡
•322•

꼬리 절편
•326•

개성주악
•330•

흑임자 구름떡
•334•

개요

곡류, 두류, 과채류 등과 같은 재료를 이용하여 각종 떡류를 만드는 자격으로 필기 및 실기 시험에서 100점을 만점으로 하여 60점 이상 받은 자에게 부여하는 자격

 **수행직무**

곡류, 두류, 과채류 등과 같은 재료를 이용하여 식품위생과 개인안전관리에 유의하여 빻기, 찌기, 발효, 지지기, 치기, 삶기 등의 공정을 거쳐 각종 떡류를 만드는 직무

 **진로 및 전망**

입맛이 서구화된다고 하지만 웰빙 열풍으로 건강에 관한 관심이 증가하면서 우리 전통음식에 대한 선호도 높아졌다. 또 맞벌이 부부, 독신 가구, 아파트거주자 등이 증가하면서 향후 떡과 같은 전통음식에 대한 선호도 꾸준한 편이다. 신세대 입맛을 겨냥한 다양한 퓨전 전통음식들이 늘어나고 전통음식에 대한 이해가 확대되면서 전통음식에 대한 시장과 인력 수요에도 긍정적인 영향을 미치고 있다. 하지만 기계화와 자동화가 진행되면서 오히려 인력감소의 요인이 발생하게 되었으며 업체 간 과당경쟁으로 소규모 업체의 경우 수익성을 확보하지 못해 폐업하는 현상도 발생하고 있는 점 등을 떡제조원의 고용에 부정적인 영향을 미치고 있다. 특히 경기침체와 영세 업체는 계속 줄어들고 서구 음식의 대중화로 매출이 늘지 않는 점은 떡제조원의 고용 감소에 영향을 미칠 전망이다.

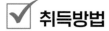 **출제경향**

설기떡류, 켜떡류, 빚어 찌는 떡류, 인절미, 찌는 찰떡류 등 떡제조 및 위생관리

✓ **취득방법**

① 시 행 처 : 한국산업인력공단
② 시험과목
　필기 : 떡제조 및 위생관리
　실기 : 떡제조 실무
③ 검정방법
　필기 : 객관식 60문항(60분)
　실기 : 작업형(3시간 정도)
④ 합격기준 – 필기·실기 : 100점을 만점으로 하여 60점 이상

출제기준(필기)

직무분야	식품가공	중직무분야	제과·제빵	자격종목	떡제조기능사	적용기간	2019.1.1.~2021.12.31.

- **직무내용** : 곡류, 두류, 과채류 등과 같은 재료를 이용하여 식품위생과 개인안전관리에 유의하여 빻기, 찌기, 발효, 지지기, 치기, 삶기 등의 공정을 거쳐 각종 떡류를 만드는 직무이다.

필기검정방법	객관식	문제수	60	시험시간	1시간

주요항목	세부항목	세세항목
1. 떡 제조 기초이론	1. 떡류 재료의 이해	1. 주재료(곡류)의 특성 2. 부재료의 종류 및 특성 3. 떡류 재료의 영양학적 특성
	2. 떡류 제조공정	1. 떡의 종류와 제조원리 2. 도구·장비 종류 및 용도
2. 떡류 만들기	1. 재료준비	1. 재료의 계량 2. 재료의 전처리
	2. 떡류 만들기	1. 설기떡류 제조과정 2. 켜떡류 제조과정 3. 빚어 찌는 떡류 제조과정 4. 약밥 제조과정 5. 인절미 제조과정 6. 가래떡류 제조과정 7. 찌는 찰떡류 제조과정
	3. 떡류 포장 및 보관	1. 떡의 포장방법 2. 포장용기 표시사항 3. 냉장, 냉동 등 보관방법
3. 위생·안전관리	1. 개인 위생관리	1. 개인 위생관리 방법 2. 오염 및 변질의 원인 3. 감염병 및 식중독의 원인과 예방대책 4. 식품위생법 관련 법규 및 규정
	2. 작업 환경 위생 관리	1. 공정별 위해요소 관리 및 예방(HACCP)
	3. 안전관리	1. 개인 안전 점검 2. 도구 및 장비류의 안전 점검
4. 우리나라 떡의 역사 및 문화	1. 떡의 역사	1. 떡의 어원 2. 시대별 떡의 역사
	2. 떡 문화	1. 시, 절식으로서의 떡 2. 통과의례와 떡 3. 향토떡

직무분야	식품가공	중직무분야	제과제빵	자격종목	떡제조기능사	적용기간	2019.1.1.~2021.12.31.

- **직무내용** : 곡류, 두류, 과채류 등과 같은 재료를 이용하여 식품위생과 개인안전관리에 유의하여 빻기, 찌기, 발효, 지지기, 치기, 삶기 등의 공정을 거쳐 각종 떡류를 만드는 직무이다.
- **수행준거** : 1. 설기떡류 재료를 준비하여 계량한 후, 빻기, 찌기의 과정을 거쳐 마무리를 할 수 있다.
  2. 재료를 준비하여 계량한 후, 빻기, 두류 삶기, 켜 안치기, 찌기 과정을 거쳐 마무리하는 것으로 찜기에 떡가루와 고물을 번갈아 가며 켜를 안쳐 찌는 것을 할 수 있다.
  3. 재료를 준비하여 계량한 후, 빻기, 반죽하기, 빚기, 찌기의 과정을 거쳐 마무리를 할 수 있다.
  4. 재료를 준비하여 계량한 후, 재료 혼합하기, 찌기 과정을 거쳐 마무리를 할 수 있다.
  5. 재료를 준비하여 계량한 후, 빻기, 찌기, 치기, 성형하기의 과정을 거쳐 마무리를 할 수 있다.
  6. 떡의 모양과 맛을 향상시키기 위하여 첨가하는 부재료를 찌기, 볶기, 삶기 등의 각각의 과정을 거쳐 고물을 만들 수 있다.
  7. 식품가공의 작업장, 가공기계·설비 및 작업자의 개인위생을 유지하고 관리할 수 있다.
  8. 식품가공에서 개인 안전, 화재 예방, 도구 및 장비안전 준수를 할 수 있다.
  9. 고객의 건강한 간식 및 식사대용의 제품을 생산하기 위하여 맵쌀의 준비와 찌는 과정을 거쳐 상품을 만들 수 있다.
  10. 다양한 영양소가 함유된 떡을 만들기 위하여 다양한 재료를 섞어 찌는 과정을 거쳐 상품을 만들 수 있다.

실기검정방법	작업형	시험시간	3시간 정도

주요항목	세부항목	세세항목
1. 설기떡류 만들기	1. 설기떡류 재료 준비하기	1. 설기떡류 제조에 적합하도록 작업기준서에 따라 필요한 재료를 준비할 수 있다. 2. 생산량에 따라 배합표를 작성할 수 있다. 3. 설기떡류 작업기준서에 따라 부재료의 특성을 고려하여 전처리할 수 있다. 4. 떡의 특성에 따라 물에 불리는 시간을 조정하고 소금을 첨가할 수 있다.
	2. 설기떡류 재료 계량하기	1. 배합표에 따라 설기떡류 제품별로 필요한 각 재료를 계량할 수 있다. 2. 배합표에 따라 부재료 첨가에 따른 물의 양을 조절할 수 있다. 3. 배합표에 따라 생산량을 고려하여 소금·설탕의 양을 조절할 수 있다.
	3. 설기떡류 빻기	1. 배합표에 따라 생산량을 고려하여 빻을 양을 계산하고 소금과 물을 첨가하여 빻을 수 있다. 2. 설기떡류 작업기준서에 따라 제품의 특성에 맞춰 빻는 횟수를 조절할 수 있다. 3. 재료의 특성에 따라 체질의 횟수를 조절하고 체눈의 크기를 선택하여 사용할 수 있다.
	4. 설기떡류 찌기	1. 설기떡류 작업기준서에 따라 준비된 재료를 찜기에 넣고 골고루 펴서 안칠 수 있다. 2. 설기떡류 작업기준서에 따라 최종 포장단위를 고려하여 찜기에 안쳐진 설기떡류을 찌기전에 얇은 칼을 이용하여 분할 할 수 있다. 3. 설기떡류 작업기준서에 따라 제품특성을 고려하여 찌는 시간과 온도를 조절 할 수 있다. 4. 설기떡류 작업기준서에 따라 제품특성을 고려하여 면보자기나 찜기의 뚜껑을 덮어 제품의 수분을 조절 할 수 있다.

출제기준(실기)

주요항목	세부항목	세세항목
1. 설기떡류 만들기	5. 설기떡류 마무리하기	1. 설기떡류 작업기준서에 따라 제품 이동시에도 모양이 흐트러지지 않도록 포장할 수 있다. 2. 설기떡류 작업기준서에 따라 제품 특징에 맞는 포장지를 선택하여 포장할 수 있다. 3. 설기떡류 작업기준서에 따라 제품의 품질 유지를 위해 표기사항을 표시하여 포장할 수 있다.
2. 켜떡류 만들기	1. 켜떡류 재료 준비하기	1. 켜떡류 제조에 적합하도록 작업기준서에 따라 필요한 재료를 준비할 수 있다. 2. 생산량에 따라 배합표를 작성할 수 있다. 3. 켜떡류 작업기준서에 따라 부재료의 특성을 고려하여 전처리할 수 있다. 4. 켜떡류의 종류와 특성에 따라 물에 불리는 시간을 조정하고 소금을 첨가할 수 있다. 5. 배합표에 따라 두류를 필요한 양만큼 준비할 수 있다.
	2. 켜떡류 재료 계량하기	1. 배합표에 따라 제품별로 필요한 각 재료를 계량할 수 있다. 2. 배합표에 따라 부재료 첨가에 따른 물의 양을 조절할 수 있다. 3. 배합표에 따라 생산량을 고려하여 소금·설탕의 양을 조절할 수 있다.
	3. 켜떡류 빻기	1. 배합표에 따라 생산량을 고려하여 빻을 양을 계산하고 소금과 물을 첨가하여 빻을 수 있다. 2. 켜떡류 작업기준서에 따라 제품의 특성에 맞춰 빻는 횟수를 조절할 수 있다. 3. 재료의 특성에 따라 체질의 횟수를 조절하고 체눈의 크기를 선택하여 사용할 수 있다.
	4. 켜떡류 두류 삶기	1. 켜떡류 작업기준서에 따라 사용될 두류를 깨끗이 씻어 한번 끓여 물을 버릴 수 있다. 2. 켜떡류 작업기준서에 따라 손질된 두류 양의 2배의 물을 붓고 너무 무르지 않도록 삶을 수 있다. 3. 켜떡류 작업기준서에 따라 삶은 두류에 소금을 첨가할 수 있다.
	5. 켜떡류 켜 안치기	1. 켜떡류 작업기준서에 따라 빻은 재료와 삶은 두류를 안칠 켜의 수만큼 분할 할 수 있다. 2. 켜떡류 작업기준서에 따라 찜기 밑에 시루포를 깔고 고물을 뿌릴 수 있다. 3. 켜떡류 작업기준서에 따라 뿌린 고물 위에 준비된 재료를 뿌릴 수 있다. 4. 켜떡류 작업기준서에 따라 켜만큼 번갈아 가며 찜기에 켜켜이 채울 수 있다. 5. 켜떡류 작업기준서에 따라 찜기에 안칠 수 있다.
	6. 켜떡류 찌기	1. 준비된 재료를 켜떡류 작업기준서에 따라 찜기에 넣고 골고루 펴서 안칠 수 있다. 2. 켜떡류 작업기준서에 따라 최종 포장단위를 고려하여 찜기에 안쳐진 메쌀 켜떡류는 찌기전에 얇은 칼을 이용하여 분할하고, 찹쌀이 들어가면 찜후 분할한다. 3. 켜떡류 작업기준서에 따라 제품특성을 고려하여 찌는 시간과 온도를 조절 할 수 있다. 4. 켜떡류 작업기준서에 따라 제품특성을 고려하여 면보자기를 덮어 제품의 수분을 조절 할 수 있다.

주요항목	세부항목	세세항목
3. 빚어 찌는 떡류 만들기	1. 빚어 찌는 떡류 재료 준비하기	1. 빚어 찌는 떡류 제조에 적합하도록 작업기준서에 따라 필요한 재료를 준비할 수 있다. 2. 생산량에 따라 배합표를 작성할 수 있다. 3. 빚어 찌는 떡류 작업기준서에 따라 부재료의 특성을 고려하여 전처리할 수 있다. 4. 빚어 찌는 떡의 종류와 특성에 따라 물에 불리는 시간을 조정하고 소금을 첨가할 수 있다.
	2. 빚어 찌는 떡류 재료 계량하기	1. 배합표에 따라 제품별로 필요한 각 재료를 계량할 수 있다. 2. 배합표에 따라 겉피와 속고물의 수분 평형을 고려하여 첨가되는 물의 양을 조절할 수 있다. 3. 배합표에 따라 생산량을 고려하여 소금·설탕의 양을 조절 할 수 있다.
	3. 빚어 찌는 떡류 빻기	1. 배합표에 따라 생산량을 고려하여 빻을 양을 계산하고 소금과 물을 첨가하여 빻을 수 있다. 2. 빚어 찌는 떡류 작업기준서에 따라 제품의 특성에 맞춰 빻는 횟수를 조절할 수 있다. 3. 배합표에 따라 겉피에 첨가되는 부재료의 특성을 고려하여 전처리한 재료를 사용할 수 있다.
	4. 빚어 찌는 떡류 반죽하기	1. 빚어 찌는 떡류 작업기준서에 따라 익반죽 또는 생반죽 할 수 있다. 2. 배합표에 따라 물의 양을 조절하여 반죽할 수 있다. 3. 배합표에 따라 속고물과 겉피의 수분비율을 조절하여 반죽할 수 있다.
	5. 빚어 찌는 떡류 빚기	1. 빚어 찌는 떡류 작업기준서에 따라 빚어 찌는 떡류의 크기와 모양을 조절하여 빚을 수 있다. 2. 빚어 찌는 떡류 작업기준서에 따라 겉편과 속편의 양을 조절하여 빚을 수 있다. 3. 빚어 찌는 떡류 작업기준서에 따라 부재료의 특성을 살려 색을 조화롭게 빚어낼 수 있다.
	6. 빚어 찌는 떡류 찌기	1. 빚어 찌는 떡류 작업기준서에 따라 제품특성을 고려하여 찌는 시간과 온도를 조절할 수 있다. 2. 빚어 찌는 떡류 작업기준서에 따라 제품특성을 고려하여 면보자기를 덮어 제품의 수분을 조절 할 수 있다. 3. 빚어 찌는 떡류 작업기준서에 따라 풍미를 높이기 위해 부재료를 첨가할 수 있다. 4. 빚어 찌는 떡류 작업기준서에 따라 제품이 서로 붙지 않게 간격을 조절하여 찔 수 있다.
	7. 빚어 찌는 떡류 마무리하기	1. 빚어 찌는 떡류 작업기준서에 따라 찐 후 냉수에 빨리 식힌다. 2. 빚어 찌는 떡류 작업기준서에 따라 물기가 제거되면 참기름을 바를 수 있다. 3. 빚어 찌는 떡류 작업기준서에 따라 제품의 품질 유지를 위해 표기사항을 표시하여 포장할 수 있다.

주요항목	세부항목	세세항목
4. 약밥 만들기	1. 약밥 재료 준비하기	1. 약밥 만들기 제조에 적합하도록 작업기준서에 따라 필요한 재료를 준비할 수 있다. 2. 생산량에 따라 배합표를 작성할 수 있다. 3. 배합표에 따라 부재료를 필요한 양만큼 준비할 수 있다. 4. 약밥 만들기 작업기준서에 따라 부재료의 특성을 고려하여 전처리할 수 있다. 5. 약밥 만들기 작업기준서에 따라 찹쌀을 물에 불린 후 건져 물기를 빼고 소금을 첨가하여 찜기에 쪄서 준비할 수 있다. 6. 배합표에 따라 황설탕, 계피가루, 진간장, 대추 삶은 물(대추고), 캐러멜 소스, 꿀, 참기름을 준비할 수 있다.
	2. 약밥 재료 계량하기	1. 배합표에 따라 쪄서 준비한 재료를 계량할 수 있다. 2. 배합표에 따라 전처리된 부재료를 계량할 수 있다. 3. 배합표에 따라 황설탕, 계피가루, 진간장, 대추 삶은 물(대추고), 캐러멜 소스, 꿀, 참기름을 계량할 수 있다.
	3. 약밥 혼합하기	1. 약밥 만들기 작업기준서에 따라 찹쌀을 찔 수 있다. 2. 약밥 만들기 작업기준서에 따라 계량된 황설탕, 계피가루, 진간장, 대추 삶은 물(대추고), 캐러멜 소스, 꿀, 참기름을 넣어 혼합할 수 있다. 3. 약밥 만들기 작업기준서에 따라 혼합한 재료를 맛과 색이 잘 스며들도록 관리할 수 있다.
	4. 약밥 찌기	1. 약밥 만들기 작업기준서에 따라 혼합된 재료를 찜기에 넣고 골고루 펴서 안칠 수 있다. 2. 약밥 만들기 작업기준서에 따라 제품특성을 고려하여 찌는 시간과 온도를 조절할 수 있다. 3. 약밥 만들기 작업기준서에 따라 제품특성을 고려하여 면보자기를 덮어 제품의 수분을 조절 할 수 있다.
	5. 약밥 마무리하기	1. 약밥 만들기 작업기준서에 따라 완성된 약밥의 크기와 모양을 조절하여 포장할 수 있다. 2. 약밥 만들기 작업기준서에 따라 제품 특징에 맞는 포장지를 선택하여 포장할 수 있다. 3. 약밥 만들기 작업기준서에 따라 제품의 품질 유지를 위해 표기사항을 표시하여 포장할 수 있다.
5. 인절미 만들기	1. 인절미 재료 준비하기	1. 인절미 제조에 적합하도록 작업기준서에 따라 필요한 찹쌀과 고물을 준비할 수 있다. 2. 생산량에 따라 배합표를 작성할 수 있다. 3. 인절미 작업기준서에 따라 부재료의 특성을 고려하여 전처리할 수 있다. 4. 인절미의 특성에 따라 물에 불리는 시간을 조정하고 소금을 가할 수 있다.

주요항목	세부항목	세세항목
5. 인절미 만들기	2. 인절미 재료 계량하기	1. 배합표에 따라 제품별로 필요한 각 재료를 계량할 수 있다. 2. 배합표에 따라 부재료 첨가에 따른 물의 양을 조절할 수 있다. 3. 배합표에 따라 생산량을 고려하여 소금의 양을 조절할 수 있다. 4. 배합표에 따라 인절미에 첨가되는 전처리된 부재료를 계량하여 사용할 수 있다.
	3. 인절미 빻기	1. 배합표에 따라 생산량을 고려하여 빻을 재료의 양을 계산하고 소금과 물을 첨가하여 빻을 수 있다. 2. 인절미 작업기준서에 따라 제품의 특성에 맞춰 빻는 횟수를 조절할 수 있다. 3. 제품의 특성에 따라 1, 2차 빻기 작업 수행 시 분쇄기의 롤 간격을 조절할 수 있다. 4. 인절미 작업기준서에 따라 불린 쌀 대신 전처리 제조된 재료를 사용할 경우 불리는 공정과 빻기의 공정을 생략한다.
6. 고물류 만들기	1. 찌는 고물류 만들기	1. 작업기준서와 생산량에 따라 배합표를 작성할 수 있다. 2. 작업기준서에 따라 필요한 재료를 준비할 수 있다. 3. 재료의 특성을 고려하여 전처리할 수 있다. 4. 전처리된 재료를 찜기에 넣어 찔 수 있다. 5. 작업기준서에 따라 제품특성을 고려하여 찌는 시간과 온도를 조절할 수 있다. 6. 찐 고물을 식혀 빻은 후 고물을 소분하여 냉장이나 냉동에 보관할 수 있다.
	2. 삶는 고물류 만들기	1. 작업기준서와 생산량에 따라 배합표를 작성할 수 있다. 2. 작업기준서에 따라 필요한 재료를 준비할 수 있다. 3. 재료의 특성을 고려하여 전처리할 수 있다. 4. 전처리된 재료를 삶는 솥에 넣어 삶을 수 있다. 5. 작업기준서에 따라 제품특성을 고려하여 삶는 시간과 온도를 조절할 수 있다. 6. 삶은 고물을 식혀 빻은 후 고물을 소분하여 냉장이나 냉동에 보관할 수 있다.
	3. 볶는 고물류 만들기	1. 작업기준서와 생산량에 따라 배합표를 작성할 수 있다. 2. 작업기준서에 따라 필요한 재료를 준비할 수 있다. 3. 재료의 특성을 고려하여 전처리할 수 있다. 4. 전처리하다 재료를 볶음 솥에 넣어 볶을 수 있다. 5. 작업기준서에 따라 제품특성을 고려하여 볶는 시간과 온도를 조절할 수 있다. 6. 볶은 고물을 식혀 빻은 후 고물을 소분하여 냉장이나 냉동에 보관할 수 있다.
7. 가래떡류 만들기	1. 가래떡류 재료 준비하기	1. 작업기준서와 생산량을 고려하여 배합표를 작성할 수 있다. 2. 배합표 따라 원·부재료를 준비할 수 있다. 3. 작업기준서에 따라 부재료를 전처리할 수 있다. 4. 가래떡류의 특성에 따라 물에 불리는 시간을 조정할 수 있다.
	2. 가래떡류 재료 계량하기	1. 배합표에 따라 제품별로 재료를 계량할 수 있다. 2. 배합표에 따라 부재료 첨가에 따른 물의 양을 조절할 수 있다. 3. 배합표에 따라 멥쌀에 소금을 첨가할 수 있다.

주요항목	세부항목	세세항목
7. 가래떡류 만들기	3. 가래떡류 빻기	1. 작업기준서에 따라 원·부재료의 빻는 횟수를 조절할 수 있다. 2. 제품의 특성에 따라 1, 2차 빻기 작업 수행 시 분쇄기 롤 간격을 조절할 수 있다. 3. 빻은 맵쌀가루의 입도, 색상, 냄새를 확인하여 분쇄작업을 완료할 수 있다. 4. 빻은 작업이 완료된 원재료에 부재료를 혼합할 수 있다.
	4. 가래떡류 찌기	1. 작업기준서에 따라 준비된 재료를 찜기에넣고 골고루 펴서 안칠 수 있다. 2. 작업기준서에 따라 찌는 시간과 온도를 조절할 수 있다. 3. 작업기준서에 따라 찜기 뚜껑을 덮어 제품의 수분을 조절 할 수 있다.
	5. 가래떡류 성형하기	1. 작업기준서에 따라 성형노즐을 선택할 수 있다. 2. 작업기준서에 따라 쪄진 떡을 제병기에 넣어 성형할 수 있다. 3. 작업기준서에 따라 제병기에서 나온 가래떡을 냉각시킬 수 있다. 4. 작업기준서에 따라 냉각된 가래떡을 용도별로 절단할 수 있다.
	6. 가래떡류 마무리하기	1. 작업기준서에 따라 제품 특징에 맞는 포장지를 선택할 수 있다. 2. 작업기준서에 따라 절단한 가래떡을 용도별로 저온 건조 또는 냉동할 수 있다. 3. 작업기준서에 따라 제품별로 길이, 크기를 조절할 수 있다. 4. 작업기준서에 따라 제품별로 알코올 처리를 할 수 있다. 5. 작업기준서에 따라 제품별로 건조 수분을 조절할 수 있다. 6. 작업기준서에 따라 포장 표시면에 표기사항을 표시할 수 있다.
8. 찌는 찰떡류 만들기	1. 찌는 찰떡류 재료 준비하기	1. 작업기준서와 생산량을 고려하여 배합표를 작성할 수 있다. 2. 배합표에 따라 원·부재료를 준비할 수 있다. 3. 부재료의 특성을 고려하여 전처리할 수 있다. 4. 찌는 찰떡류의 특성에 따라 물에 불리는 시간을 조정할 수 있다.
	2. 찌는 찰떡류 재료 계량하기	1. 배합표에 따라 원·부재료를 계량할 수 있다. 2. 배합표에 따라 물의 양을 조절할 수 있다. 3. 배합표에 따라 찹쌀에 소금을 첨가할 수 있다.
	3. 찌는 찰떡류 빻기	1. 작업기준서에 따라 원·부재료의 빻는 횟수를 조절할 수 있다. 2. 1, 2차 빻기 작업 수행 시 분쇄기의 롤 간격을 조절할 수 있다. 3. 빻기된 찹쌀가루의 입도, 색상, 냄새를 확인하여 빻는 작업을 완료할 수 있다. 4. 빻는 작업이 완료된 원재료에 부재료를 혼합할 수 있다.
	4. 찌는 찰떡류 찌기	1. 작업기준서에 따라 스팀이 잘 통과 될 수 있도록 혼합된 원부재료를 시루에 담을 수 있다. 2. 작업기준서에 따라 찌는 시간과 온도를 조절할 수 있다. 3. 작업기준서에 따라 시루 뚜껑을 덮어 제품의 수분을 조절할 수 있다.
	5. 찌는 찰떡류 성형하기	1. 찐 재료에 대하여 물성이 적합한지 확인할 수 있다. 2. 작업기준서에 따라 찐 재료를 식힐 수 있다. 3. 작업기준서에 따라 제품의 종류별로 절단할 수 있다.

주요항목	세부항목	세세항목
8. 찌는 찰떡류 만들기	6. 찌는 찰떡류 마무리하기	1. 노화 방지를 위하여 제품의 특성에 적합한 포장지를 선택할 수 있다. 2. 작업기준서에 따라 제품을 포장할 수 있다. 3. 작업기준서에 따라 포장 표시면에 표기사항을 표시할 수 있다. 4. 제품의 보관 온도에 따라 제품 보관 방법을 적용할 수 있다.
9. 위생관리	1. 개인위생 관리하기	1. 위생관리 지침에 따라 두발, 손톱 등 신체 청결을 유지할 수 있다. 2. 위생관리 지침에 따라 손을 자주 씻고 건조하게 하여 미생물의 오염을 예방할 수 있다. 3. 위생관리 지침에 따라 위생복, 위생모, 작업화 등 개인위생을 관리할 수 있다. 4. 위생관리 지침에 따라 질병 등 스스로의 건강상태를 관리하고, 보고할 수 있다. 5. 위생관리 지침에 따라 근무 중의 흡연, 음주, 취식 등에 대한 작업장 근무수칙을 준수할 수 있다.
	2. 가공기계 · 설비위생 관리하기	1. 위생관리 지침에 따라 가공기계·설비위생 관리 업무를 준비, 수행할 수 있다. 2. 위생관리 지침에 따라 작업장 내에서 사용하는 도구의 청결을 유지할 수 있다. 3. 위생관리 지침에 따라 작업장 기계 · 설비들의 위생을 점검하고, 관리할 수 있다. 4. 위생관리 지침에 따라 세제, 소독제 등의 사용 시, 약품의 잔류 가능성을 예방할 수 있다. 5. 위생관리 지침에 따라 필요시 가공기계 · 설비 위생에 관한 사항을 책임자와 협의할 수 있다.
	3. 작업장 위생 관리하기	1. 위생관리 지침에 따라 작업장 위생 관리 업무를 준비, 수행할 수 있다. 2. 위생관리 지침에 따라 작업장 청소 및 소독 매뉴얼을 작성할 수 있다. 3. 위생관리 지침에 따라 HACCP관리 매뉴얼을 운영할 수 있다. 4. 위생관리 지침에 따라 세제, 소독제 등의 사용 시, 약품의 잔류 가능성을 예방할 수 있다. 5. 위생관리 지침에 따라 소독, 방충, 방서 활동을 준비, 수행할 수 있다. 6. 위생관리 지침에 따라 필요시 작업장 위생에 관한 사항을 책임자와 협의할 수 있다.
10. 안전관리	1. 개인 안전 준수하기	1. 안전사고 예방지침에 따라 도구 및 장비 등의 정리·정돈을 수시로 할 수 있다. 2. 안전사고 예방지침에 따라 위험·위해 요소 및 상황을 전파할 수 있다. 3. 안전사고 예방지침에 따라 지정된 안전 장구류를 착용하여 부상을 예방할 수 있다. 4. 안전사고 예방지침에 따라 중량물 취급, 반복 작업에 따른 부상 및 질환을 예방할 수 있다. 5. 안전사고 예방지침에 따라 부상이 발생하였을 경우 응급처치(지혈, 소독 등)를 수행할 수 있다. 6. 안전사고 예방지침에 따라 부상 발생 시 책임자에게 즉각 보고하고 지시를 준수할 수 있다.

주요항목	세부항목	세세항목
10. 안전관리	2. 화재 예방하기	1. 화재예방지침에 따라 LPG, LNG등 연료용 가스를 안전하게 취급할 수 있다. 2. 화재예방지침에 따라 전열 기구 및 전선 배치를 안전하게 취급할 수 있다. 3. 화재예방지침에 따라 화재 발생 시 소화기 등을 사용하여 초기에 대응할 수 있다. 4. 화재예방지침에 따라 식품가공용 유지류의 취급 부주의에 따른 화상, 화재를 예방할 수 있다. 5. 화재예방지침에 따라 퇴근 시에는 전기·가스 시설의 차단 및 점검을 의무화 할 수 있다.
	3. 도구·장비안전 준수하기	1. 도구 및 장비 안전지침에 따라 절단 및 협착 위험 장비류 취급시 주의사항을 준수할 수 있다. 2. 도구 및 장비 안전지침에 따라 화상 위험 장비류(오븐, 찜기, 튀김기, 그릴 등) 취급시 주의사항을 준수할 수 있다. 3. 도구 및 장비 안전지침에 따라 적정한 수준의 조명과 환기를 유지할 수 있다. 4. 도구 및 장비 안전지침에 따라 작업장 내의 이물질, 습기를 제거하여, 미끄럼 및 오염을 방지할 수 있다. 5. 도구 및 장비 안전지침에 따라 설비의 고장, 문제점을 책임자와 협의, 조치할 수 있다.

떡제조기능사

PART 1
떡 제조
기초 이론

1. 떡류 재료의 이해
2. 떡류 제조공정

Chapter 01 떡류 재료의 이해

Section 01 주재료의 특성

1. 떡 제조에 쓰이는 재료

1) 떡류 재료의 구분

구분		재료명
주재료		쌀(찹쌀, 멥쌀), 보리, 밀, 조, 수수
부재료	혼합용	콩, 대추, 밤, 호두
	겉고물용	콩, 팥, 동부, 녹두
	속고물용	콩, 팥, 동부, 녹두류, 참깨, 설탕
감미료		설탕, 물엿, 꿀, 조청, 소금
착색료		오미자, 백년초, 비트, 치자, 호박, 쑥, 보리순

2. 곡류

1) 곡류
① 탄수화물을 다량 함유한 우수한 열량 공급원이다.
② 단백질, 수분함량이 적어 잘 부패하지 않아 수송에 용이하다.
③ 도정 또는 제분 등의 가공과정을 거쳐 알갱이, 가루, 시럽, 전분 등의 여러 형태로 사용된다.

2) 곡류의 분류
① 쌀 : 찹쌀, 멥쌀
② 맥류 : 보리, 밀, 귀리, 호밀
③ 잡곡 : 옥수수, 조, 수수, 메밀, 기장, 피
※ 우리나라에서의 오곡 : 쌀, 보리, 조, 기장, 콩

3) 곡류의 구조
① 왕겨(husk) : 곤충과 외부 환경 변화로부터 보호한다.
② 내부는 겨(bran), 배유(endosperm) 및 배아(germ) 세 부분으로 구성된다.

㉠ 겨
- 낟알의 왕겨층을 벗겨낸 것이다.
- 식이섬유와 무기질의 우수한 급원이다.

　　㉡ 배유
- 주로 먹는 부분이다.
- 탄수화물인 전분이 대부분이고, 단백질, 수분으로 구성된다.
- 적은 양의 비타민, 무기질을 함유하고 있다.

　　㉢ 배아
- 도정 또는 제분 과정 중 대부분이 제거된다.
- 지질이 풍부, 약간의 단백질, 비타민과 무기질을 함유한다.
- 산패되기 쉬우므로 곡류의 대부분은 배아를 제거하고 유통한다.

3. 곡류의 특징

1) 쌀

- 쌀은 밀, 옥수수와 더불어 세계 3대 식량 작물 중의 하나이다.
- 전 세계 인구의 50% 이상이 주식으로 이용한다.
- 벼에서 자란 벼의 열매를 벼알, 나락, 벼톨이라고 부른다.
- 일반적으로 쌀은 두꺼운 왕겨를 제거하고 남은 알맹이 전체를 가리키는 말이지만, 현재는 보통 백미를 의미한다.

(1) 쌀의 종류

① 형태에 따른 쌀의 종류

형태	종류
자포니카형(단립종, 일본형)	• 재배 – 한국, 일본, 중국의 동북부 등 • 형태 – 길이가 짧고 둥글둥글한 형태 • 특징 – 물을 넣고 가열하면 끈기가 생김
자바니카형(중립종, 자바형)	• 재배 – 필리핀, 중국의 북부, 서부지방 등 • 형태 – 자포니카형과 인디카형의 중간형태로 크기가 약간 큰 편 • 특징 – 맛이 담백하고 가열하면 끈기가 생기나 인디카형에 가까움
인디카형(장립종, 인도형)	• 재배 – 인도, 인도네이아, 베트남, 태국 등 열대 및 아열대 지역 • 형태 – 가늘고 길쭉한 형태 • 특징 – 끈기가 적고 푸슬푸슬함, 세계 쌀 생산량의 약 80% 차지

② 점성에 따른 분류

- 멥쌀과 찹쌀로 나눌 수 있다.
- 우리나라에서 생산되는 쌀의 약 96%는 멥쌀이고 4% 정도는 찹쌀이다.
- 쌀의 점성은 아밀로오스와 아밀로펙틴 함량에 의해서 차이가 난다.

멥쌀과 찹쌀의 특징 비교

특징	멥쌀	찹쌀
아밀로오스 함량	20~25%	1~2%
단백질 함량	6.5%	7.4%
호화온도	65℃ 정도	70℃ 정도
노화정도	느림	빠름
성상	반투명하고, 광택이 있음 찹쌀에 비해 길이가 김	유백색이며, 멥쌀에 비해 길이가 짧음

③ 그 밖의 쌀의 종류

종류	설명
유색미	• 과피와 종피의 착색 정도에 따라 적색, 자색, 흑색 등이 있다. • 유색미는 산화방지작용을 하는 안토시아닌 색소를 가지고 있다. • 유색미라도 완전히 도정하면 백미가 된다.
배아미	현미를 특수한 방법으로 도정하여 배아를 남긴 쌀이다.
발아미	현미에 적정한 수분, 온도, 산소를 공급해 싹을 틔운 쌀로 비타민, 아미노산, 효소 등의 유용한 성분이 생긴다.
강화미	백미를 비타민 용액에 담가 도정과정 중 손실된 비타민을 인공적 보충하여 만든다.

tip 흑미
- 도정을 완전히 하지 않은 현미쌀
- 쌀의 바깥 부분에 색소 성분이 집중되어 있어 검보라색이며 내부는 흰색이다
- 흑미의 색소 성분을 발색제로 사용할 경우 가능한 쌀을 비벼 씻지 말고 재빨리 씻어 수침(불리기)하고, 수침 후 헹구지 않고 건져 물기를 뺀 후 빻는다.
- 흑미만을 사용할 경우에는 색이 너무 진하므로 양을 조절하거나 백미와 혼합하여 사용한다.

(2) 제현과 도정

① 제현 : 벼의 왕겨층을 벗겨 현미로 만드는 공정

② 도정 : 현미의 겨층을 깎아 백미로 만드는 공정

③ 연미 : 약간의 물을 분사한 다음 쌀겨를 제거하는 공정으로 청결미를 만든다.

(3) 쌀의 도정에 따른 분류

① 현미 : 왕겨층만 벗겨낸 것으로 영양성분은 가장 많다.

② 백미 : 현미를 도정하여 배유만 남기는 것으로 현미를 100%로 했을 때 5분도미, 7분도미, 10분도미(백미)로 구분한다.

(4) 쌀의 도정률과 도정도

① 쌀의 도정 정도를 나타내는 방법 : 도정률, 도정도

② 현미에서 겨와 배아가 차지하는 무게를 8%, 배유가 차지하는 비율을 92%로 보면 겨를 100% 제거하는 과정에서 배아도 함께 제거되므로 10분도미(백미)의 도정률은 92%가 된다.

도정 정도에 따른 쌀의 종류	도정률(%)	도정도(%)
	현미 무게에 대한 도정된 쌀의 무게	현미에서 겨층을 벗긴 정도
현미	100	0
5분도미	96	50
7분도미	94.4	70
10분도미(백미)	92	100

• 5분도미 : 겨층을 4%(8×5/10=4, 8-4=4)제거한 것, 도정률 96%(92+4)

• 7분도미 : 겨층을 6%(8×7/10=5.6, 8-5.6=2.4)제거한 것, 도정률 94.4%(92+2.4)

• 10분도미 : 겨층을 8% 제거한 것, 도정률 92%

(5) 보관 및 취급

① 쌀은 건조한 장소에 곤충을 차단할 수 있는 용기에 담아 보관한다.

② 쌀은 저장 중 온도가 높으면 호흡열에 의해 쌀의 품질이 저하된다.

③ 쌀의 수분 함량을 15% 이하로 유지해야 미생물로 인한 쌀의 변질을 막을 수 있다.

④ 쌀을 씻을 때 쌀알이 으깨지지 않도록 가볍게 씻는다.

⑤ 쌀을 가루로 만들 때 쌀을 8시간 정도 충분히 불려야 미세한 가루로 분쇄되어 떡이 부드럽다.

(6) 쌀의 저장성

① 벼는 왕겨가 보호막 구실을 해주므로 해충에 의한 손상이 적다.

② 청결미는 겨층과 배아 즉, 지방이 거의 제거된 상태이기 때문에 저장성이 높다.

③ 현미의 경우 표면에 겨가 많이 부착되어 곤충에 의한 피해가 가장 크게 나타난다.

④ 쌀의 저장성은 청결미 〉벼 〉백미 〉현미의 순서이다.

(7) 좋은 쌀의 조건

① 외관상으로 윤기가 나고 백색, 반투명이다.

② 낟알이 약간 작으면서 둥글다.

③ 싸라기나 금이 간 쌀이 적다.

④ 쌀알의 중심부나 겉면에 백색부가 없어야 한다.

⑤ 쌀의 품질은 품종, 수확, 건조, 저장, 도정 등에 의해 좌우되기도 한다.

⑥ 쌀은 산도가 낮을수록 좋은 쌀이라 한다.

(8) 햅쌀과 묵은쌀의 구분법

① 햅쌀 : 쌀알이 투명하고 광택이 난다.

② 묵은쌀 : 쌀알이 흐릿하고 쌀알이 깨진다. 냄새가 나고 쌀눈 자리가 갈색으로 변한다.

2) 보리

(1) 보리의 특징

① 보리의 종류

㉠ 쌀보리 : 껍질이 쉽게 벗겨진다.

㉡ 겉보리 : 껍질이 종실에 밀착되어 떨어지지 않는다.

② 보리의 구조 : 왕겨, 과피, 종피, 호분층, 내배유로 되어 있다.

③ 정맥 : 보리의 껍질과 종피를 제거하고 배유부만을 남겨 약간의 호분층이 남아 있는 상태

㉠ 일반 도정 정맥 : 일반 도정 공정으로 10분도를 한 것을 일반 도정 정맥

㉡ 할맥 도정 정맥 : 정맥의 고랑을 따라 보리쌀알을 두 쪽으로 나눈 정맥

④ 정맥중의 변화 : 도정하는 동안 탄수화물 및 단백질은 증가하고 섬유소, 회분, 비타민 B_1은 감소

⑤ 보리 가공품

㉠ 압맥 : 정맥가공 공정에서 보리쌀을 증기가열하여 일부 호화시킨 후 압편시킨 것으로 흔히 납작보리로 알려져 있으며, 소화율 및 흡수율을 향상시킨 제품이다.

㉡ 맥아 : 보리를 발아시킨 것으로 맥주, 물엿, 알코올의 제조 등 전분의 당화에 사용된다.

• 단맥아 : 싹의 길이가 보리 길이의 3/4~4/5 정도로 맥주 양조용으로 사용

• 장맥아 : 싹의 길이가 보리 길이의 1.5~2배 정도로 맥아보다 아밀라아제 작용이 1.5배 가량 강하여 식혜, 엿의 제조에 이용

3) 밀

① 밀단백질은 글루테닌(glutenin)과 글리아딘(gliadin) 등으로 구성되어 있다. 글루테닌과 글리아딘은 물과 결합해 신장성과 탄력성을 가진 글루텐을 형성한다.

② 밀가루 종류 및 용도

밀가루의 종류	단백질 함량(%)	용도
강력분	11.0~13.0	빵용
중력분	9.0~11.0	면류, 만두류, 다목적용
박력분	7.0~9.0	과자용

4) 조

① 곡류 중 가장 크기가 작고 저장성도 강하다.

② 메조는 노란색이며, 차조는 녹색이 진하며 메조에 비해 단백질과 지방이 풍부하다.

③ 조의 탄수화물은 주로 전분이며 단백질은 루신, 트립토판이 많은 편이고 라이신 함량이 적다.

④ 밥, 죽, 떡, 엿, 소주의 원료로 쓰인다.

5) 수수

① 메수수와 차수수가 있다.

② 외피의 색에 따라 흰색, 갈색, 노란색 등이 있으며 식용으로는 주로 갈색이 이용된다.

③ 외피는 단단하고 탄닌(tannin)을 함유하고 있어 다른 곡류에 비하여 소화율이 떨어진다.

④ 물에 불린 다음 세게 문질러 씻어 여러 번 헹구어야 떫은 맛이 나간다.

⑤ 차수수는 수수경단, 수수부꾸미 등에 쓰인다.

6) 메밀

① 메밀은 춥고 기름지지 않은 땅에서 잘 자라며, 루틴(rutin)성분이 함유되어 있다.

② 메밀은 아밀로오스(amylose) 100%로 이루어져 있다.

③ 메밀국수, 메밀묵, 메밀총떡 등에 쓰인다.

7) 기장

① 기장은 메기장과 찰기장이 있다.

② 탄수화물은 주로 전분이며 단백질, 지질, 비타민 함량이 높은 편이다.

8) 옥수수

① 옥수수의 탄수화물은 주로 전분이다.

② 단백질은 제인(zein)으로 라이신, 트립토판 함량이 적고 트레오닌 함량이 비교적 많다.

② 찰옥수수는 아밀로펙틴(amylopectin) 100%로 이루어져 있다.

Section 02 부재료의 종류 및 특성

1. 두류

- 두류는 콩 종류로 콩, 팥, 녹두, 완두콩, 강낭콩 등이 있다.
- 두류는 단백질과 필수지방산과 곡류에 부족한 필수아미노산을 함유하고 있다.
- 떡의 부족한 영양소 보강과 맛에 중요한 역할을 한다.

1) 콩(대두)

(1) 콩의 특징

① 콩은 수분함량이 14% 이하로 상처가 없고 낱알이 고르며 이물질이 없는 것이 좋다.

② 대두단백질은 필수아미노산을 골고루 함유하고 있어 단백가가 높은 편이다.

③ 콩은 곡류에서 부족하기 쉬운 필수아미노산인 라이신(lysine)과 트립토판(tryptophan)이 많이 들어있어 쌀, 보리 등의 영양상 결점을 보완하기에 효과적이다.

(2) 종피의 색에 따른 콩의 구분

① 황대두 : 흰콩, 누런콩

② 흑대두 : 흑태, 서리태(속청태)

③ 서목태 : 여두, 쥐눈이콩, 약콩

④ 청대두 : 푸른콩 등

(3) 조리상의 특성

① 트립신 저해물질(trypsin inhibitor)

- 생콩에는 단백질 분해효소인 트립신의 작용을 방해하는 트립신 저해물질(trypsin inhibitor)이 들어 있다.
- 장내에서 소화, 흡수를 어렵게 한다.
- 이 물질은 100℃에서 4~5분 가열하면 파괴되어 그 기능을 상실하므로 콩을 가열하여 섭취한다.

② 콩 중에서 껍질이 두꺼운 것은 6~12시간 정도 불려서 사용한다.

- 흡수속도는 콩의 저장기간, 보존상태, 수온 등에 따라 달라진다.
- 수온 20℃ 내외에서 5~7시간 동안 빠른 속도로 흡수된 후 서서히 흡수속도가 저하한다.

tip 콩을 물에 담가 불리는 이유
- 가열시간 단축
- 조직의 균일한 연화 등 익힘성을 목적
- 콩류에 함유된 불순물(탄닌, 사포닌, 시안화합물 등) 제거

③ 콩을 데칠 때 0.3%의 식소다 또는 0.2%의 탄산칼륨을 첨가한다.

- 흡습성이 증가한다.
- 콩의 헤미셀룰로오스와 펙틴질을 연화시키고 팽윤시킨다.
- 콩을 더 부드럽고 연하게 해준다.

④ 콩을 빨리 익히기 위해서 압력솥을 사용한다.

- 압력 조리 시 거품이 과량 발생하는데, 약간의 기름을 넣게 되면 기름이 거품을 깨는 소포작용이 일어난다.

2) 팥

(1) 팥의 특징

① 팥은 수분함량이 14% 이하로 크기가 고르며, 색이 진하고 이물질 없는 것이 좋다.

② 팥에 68%가 당질이며 대부분이 전분이다.

③ 팥은 비타민 B_1이 많아 탄수화물 대사에 도움을 주며 각기병 예방에 효과적이다.

④ 팥은 통풍이 잘되며 그늘지고 건조한 곳에 보관한다.

⑤ 팥과 같이 전분 함량이 높은 두류는 주로 떡의 소와 고물로 이용된다.

(2) 조리상의 특성

① 팥을 삶을 때 팥에 들어있는 사포닌 때문에 거품이 생기며 끓어 넘치게 된다.

② 사포닌은 장을 자극하는 효과가 있어 설사의 원인이 되기도 한다.

③ 팥을 삶는 방법

- 사포닌을 제거하기 위해 한 번 끓이고 그 물을 버리고 다시 새 물을 부어 삶는다.
- 붉은팥을 삶을 때는 물에 불리지 않고 바로 삶는다.
- 팥 껍질이 물을 흡수하면 배꼽 부분 안쪽으로 물이 흡수되어 껍질이 갈라진다.
- '배 갈라짐' 현상이 일어나면 붉은 적색이 물에 용출되어 붉은색이 흐려진다.

> **tip** 팥고물을 만들 때 붉은팥은 물에 불리지 않고 씻어 삶아서 사용하고, 거피한 팥은 물에 불려 껍질을 벗겨 찜기에 쪄서 사용한다.

3) 녹두

(1) 녹두의 특징

① 녹두는 탄수화물이 62% 정도로 대부분이 전분이다.

② 녹두는 엽산과 칼륨, 마그네슘의 좋은 공급원이다.

③ 녹두는 통풍이 잘되며 그늘지고 건조한 곳에 보관한다.

④ 녹두의 전분은 가열조리 시 점성이 많아 청포묵, 빈대떡, 떡소, 떡고물 등으로 이용되며 숙주나물로도 많이 이용된다.

(2) 조리상의 특성

① 녹두는 초록색으로 껍질을 안 벗긴 녹두와 껍질을 벗긴 거피녹두가 있다.

② 녹두고물을 만들 때 거피한 녹두를 물에 불려 껍질을 벗겨 찜기에 쪄서 사용한다.

4) 완두

① 완두는 탄수화물이 주성분이고 칼륨, 엽산, 비타민 B_1이 우수한 식품이다.

② 완두는 색이 곱고 단맛이 있어서 밥에 넣어먹거나 설탕에 조려 완두배기로 만들어 떡, 과자를 만들 때 사용한다.

③ 완두는 색이 파랗고 고아서 통조림을 만들거나 냉동제품으로 사용하고 있다.

5) 동부

① 동부는 팥과 비슷하지만 약간 길고 종자의 눈이 길어서 구별된다.

② 동부는 품종에 따라 백색, 황색, 갈색 등 다양한 색이 있다.

③ 동부는 밥에 넣어 먹거나 떡이나 빵을 만들 때 속에 넣는 소나 겉에 묻히는 고물로 사용한다.

6) 강낭콩

① 강낭콩은 붉은색, 검은색, 흰색, 붉은 바탕에 흰색 무늬가 있는 것 등 다양한 빛깔이다.

② 강낭콩은 당질이 많고 지질이 적으며 당질의 대부분은 전분이다.

③ 강낭콩은 꼬투리가 초록색 또는 누런색이고 단단하며, 갈색 얼룩이 없는 것을 고른다.

④ 주로 밥을 지어먹거나 떡소, 떡고물, 양갱 등의 원료로 이용된다.

7) 땅콩

① 두류 중 유일하게 땅속에서 성장한다.

② 유지 제조용으로 사용하는 소립종과 볶아먹는 대립종이 있다.

③ 땅콩에는 지방, 단백질이 많고 당질은 두류 중에서 제일 적다.

④ 땅콩의 지질은 필수지방산인 아라키돈산이 풍부하며 올레산과 리놀레산도 소량 함유되어 있다.

⑤ 서늘하며 건조한 장소에서 보관하며 곰팡이 독소(aflatoxin)에 오염될 수 있어서 보관에 각별히 유의해야 한다.

⑥ 땅콩은 떡이나 빵의 속에 넣는 소나 고물, 땅콩기름, 땅콩버터 제조 등에 사용된다. 땅콩을 고물로 사용할 때는 볶아서 속껍질을 벗겨 내고 거칠게 빻아 분태로 사용한다.

2. 서류

서류는 식물의 뿌리로 감자, 고구마, 토란, 마 등이 속하며 수분함량이 70~80%이고 주성분은 탄수화물이다.

1) 감자

① 감자는 알칼리성 식품이다.

② 다른 곡류에 비해 입자가 커서 호화되기가 쉽다.

③ 감자의 단백질은 튜베린(tuberin)이며, 열량은 낮은 편이다.

④ 솔라닌(solanin)

  • 감자의 유해성분

  • 감자가 햇빛에 노출되어 생긴 껍질의 녹색부분이나 발아 중인 싹에 함유

⑤ 셉신(sepsin) : 부패된 감자의 유해성분

⑥ 감자의 갈변

• 감자는 껍질을 벗기면 표면이 적갈색으로 변하는데 멜라닌(melanin) 색소를 형성하는 효소에 의해 갈변한다.

• 갈변현상을 방지하려면 껍질을 벗긴 감자를 물에 담가 산소와의 접촉을 차단한다.

2) 고구마

① 고구마의 단백질은 이포메인(ipomain)이다.

② 다른 서류에 비해 당분 함량이 많다.

③ 고구마를 잘랐을 때 나오는 하얀 유액의 성분은 얄라핀(jalapin)이다.

④ 고구마는 저장기간이 길면 연부병이나 흑반병이 생겨서 상하기 쉽다.

⑤ 냉장 저장하면 냉해를 일으키기 쉽다.

3) 토란

① 토란은 수분 함량이 많고 열량이 낮으며 전분, 펜토산 등이 함유되어 있다.

② 토란의 껍질을 벗기면 갈락탄(galactan)이라는 성분 때문에 미끌미끌하다.

③ 토란의 껍질에는 수산칼륨이 많아 맨손으로 조리할 때 가려워지기도 한다.

④ 쌀뜨물이나 소금물에 씻거나 장갑을 끼고 조리하면 가렵지 않다.

4) 마

① 마는 전분성분이 많고, 이당류인 서당과 단백질 등이 함유되어 있다.

② 마의 끈적끈적한 점질물은 뮤신(mucin) 성분이다.

③ 점성이 강하여 갈아서 생식하거나 익혀서 이용한다.

3. 채소류

식용을 목적으로 재배되는 초본식물로 주성분이 수분이다.

1) 채소류의 종류

(1) 근채류

① 뿌리 : 무, 당근, 도라지, 더덕

② 알뿌리 : 고구마, 순무, 감자, 돼지감자, 생강, 양파, 마늘

③ 탄수화물은 전분 상태로 함량이 높은 편이다.

④ 저장온도와 습도만 조절하면 상당기간 신선하게 저장할 수 있다.

(2) 엽채류

① 배추, 상추, 미나리, 부추, 양배추, 무청, 쑥갓, 근대, 시금치, 케일, 파슬리

② 수분함량이 90% 이상으로 많은 편이다.

③ 섬유질이 풍부한 편이다.

④ 수산을 함유하고 있어 칼슘의 흡수를 방해한다(시금치, 무청, 근대 등).

(3) 과채류

① 오이, 가지, 토마토, 피망, 파프리카, 고추, 단호박

② 수분함량이 보통 90% 이상이다.

③ 고추, 토마토에는 비타민 A, C가 많은 편이다.

(4) 종실채류

① 완두콩, 청대콩 등

② 수분함량이 채소류 중 가장 적은 편(보통 80% 미만)이다.

③ 상당량의 단백질, 전분을 함유하고 있다.

2) 채소의 조리 방법

(1) 생식 조리

① 채소의 아름다운 색, 향기, 맛, 씹을 때의 아삭함 등을 그대로 느낀다.

② 재료가 신선할수록 좋으며 위생적으로 다루어야 한다.

③ 영양소의 손실이 적고 비타민, 무기질 등을 풍부하게 섭취할 수 있다.

(2) 가열 조리

① 가열 조리는 데침, 끓임, 찜, 구이, 볶음, 튀김 등의 방법을 많이 사용한다.

② 세포간의 결합력이 약화되어 조미료의 침투가 쉬워지고 소화도 잘 된다.

③ 불미 성분이 제거된다.

④ 조리에 의한 채소의 변색 방지

　㉠ 클로로필 변색 방지

　　• 뚜껑을 연 채로 조리 : 냄비 뚜껑을 열어 휘발성 유기산을 휘발

　　• 다량의 조리수 사용 : 다량의 조리수로 유기산을 희석

　　• 단시간에 조리 : 초록색 유지

　　• 소금 사용 : 데치는 물에 소금을 넣어 변색 방지

　　• 식소다 첨가 : 식소다를 소량 첨가하면 변색 방지(비타민 파괴 발생)

　㉡ 안토시안 변색 방지 : 식초, 레몬주스 등을 첨가

4. 과일류

1) 과일의 분류

(1) 인과류

① 꽃받침이 발달·성장한 것으로 씨방 안에 씨가 있고, 과일의 배꼽과 꼭지가 서로 반대편에 달려 있다.

② 배, 사과, 밀감, 감 등

(2) 핵과류

① 씨방이 성장·발달한 것으로 속에 씨가 들어있다.

② 복숭아, 자두, 대추, 앵두 등

(3) 장과류

① 즙이 많은 육질로 이루어져 있으며 씨가 들어있고 과일은 대개 작다.

② 딸기, 포도, 무화과, 파인애플, 바나나 등

(4) 견과류

① 딱딱한 껍질에 싸여 있다.

② 밤

- 한국 밤은 서양밤에 비해 육질이 좋고 단맛이 강하다.
- 탄수화물, 단백질, 칼슘, 비타민이 풍부하다.

③ 호두

- 양질의 단백질과 지방이 많아 칼로리가 높다.
- 주산지는 미국, 프랑스, 인도, 이탈리아 등이다.

④ 잣

- 소나무과에 속하는 교목의 열매다.
- 한국, 일본, 중국, 시베리아 등에서 생산된다.
- 칼로리가 높고 특히 비타민 B군, 철분이 많다.

2) 과일의 성분

① 과일 속의 수분 함량은 85~90%이다.

② 과일에 들어있는 당분 함량은 종류와 성숙도에 따라 다르나 과당, 포도당, 설탕 등이 약 10% 정도 들어 있다.

5. 소금

① 재제염을 사용하면 항상 일정한 염도를 유지할 수 있어 사용이 간단하다.

② 떡류 제조 시 소금의 양은 보통 쌀의 무게에 대하여 1.2~1.3%를 넣는다.

③ 떡을 찔 때 소금의 역할

　　㉠ 간이 맞아서 맛도 좋아진다.

　　㉡ 전분의 호화를 촉진시킨다.

④ 소금의 사용량

　　㉠ 여름철에는 식염량을 약간 늘리고, 겨울철에는 감소시킨다.

　　㉡ 사용할 물이 연수일 경우 경수보다 사용량을 약간 증가시킨다.

⑤ 소금의 특성

　　㉠ 나트륨염과 염소의 화합물이다.

　　㉡ 화학명은 염화나트륨(NaCl)이다.

　　㉢ 시판되고 있는 식염은 정제염 99%에 탄산칼슘과 탄산마그네슘의 혼합물이 1% 정도 혼합된 것이다.

6. 물

수분 함량은 떡의 물성과 안정성, 품질을 결정하는 중요한 요인이다.

1) 물의 분류

(1) 경도에 따른 물의 분류

물에 녹아있는 칼슘염과 마그네슘염을 탄산칼슘염으로 환산해서 ppm으로 표시한 것(ppm=1/1,000,000)

① 경수(경도 181ppm 이상)

- 센물이라고도 하며 바닷물, 광천수, 온천수 등이 속한다.
- 칼슘과 마그네슘이 다른 원소와 결합된 상태로 용해되어 있다.

② 연수(경도 60ppm 이하)

- 단물이라고도 하며 빗물, 증류수 등이 속한다.

물의 경도에 따른 분류

구분	연수	아연수	아경수	경수
경도(ppm)	60 이하	61~120	120~180	181 이상

(2) 결합 상태에 따른 물의 분류

① 결합수

- 전분이나 단백질에 결합되어 있다.
- 0℃ 이하에서 얼거나, 증발되기 어렵고 용매로 작용하지 않는다.

② 자유수

- 수용성 성분을 녹이고 건조식품 또는 냉동식품을 만들 때 증발 또는 동결되는 물이다.
- 미생물의 번식에 영향을 주며 식품의 변질에 영향을 준다.

(3) 물의 역할

① 물은 떡을 만들 때 가장 기본이 되는 중요한 재료이다.

② 수분 함량이 많을수록 호화가 잘된다.

③ 물의 첨가가 많은 절편류가 설기류보다 단시간에 호화된다.

7. 당류

1) 당의 종류

(1) 포도당

① 과일, 특히 포도에 많이 함유되어 있다.

② 전분, 글리코겐, 섬유소, 맥아당, 유당, 자당을 구성하는 단당류이다.

③ 포도당의 단맛은 자당을 100으로 했을 때 70 정도이다.

(2) 설탕

① 정제당(백설탕, granulated sugar) : 사탕수수나 사탕무를 원료로하는 원당 결정 입자에 붙어 있는 당밀과 불순물을 제거하여 만든 순수한 자당을 말한다.

　㉠ 입상형당 : 자당이 알갱이 형태를 이룬 것

　㉡ 분당 : 고순도의 설탕을 곱게 빻아 가루로 만든 가공당으로 덩어리가 생기는 것을 방지하기 위하여 3% 정도의 전분을 혼합

　㉢ 변형당 : 각설탕, 빙당, 커피 슈거 등

② 액당 : 자당 또는 전화당이 물에 녹아있는 시럽을 말한다.

③ 황설탕 : 약과, 약식, 수정과 등의 색을 진하게 하기 위하여 원료로 사용한다.

④ 정제당을 가장 많이 사용한다.

⑤ 소비자의 연령, 지역 등에 따라 사용량을 달리할 수 있다.

⑥ 색을 진한게 하기 위해 황설탕, 흑설탕 등을 사용할 수 있다.

(3) 꿀(honey)

① 꿀에는 70% 정도의 과당과 포도당이 함유되어 있다.

② 대부분의 꿀은 과당을 많이 함유해 결정이 생기지 않고 액상상태이다.

③ 아카시아꽃, 싸리꽃, 메밀꽃, 밤꽃 등에서 꿀을 얻는다.

(4) 물엿(corn syrup)

① 옥수수 전분에 묽은 산이나 효소를 가하여 가수분해한 것이다.

② 덱스트린, 맥아당, 포도당의 혼합물이다.

(5) 조청(malt syrup)

① 여러 가지 곡류를 맥아로 당화시킨 다음, 가열하여 농축한 것이다.

② 조청은 주로 찹쌀, 멥쌀, 수수, 조, 고구마 등을 사용한다.

(6) 올리고당(oligosaccharides)

① 올리고당은 2~10개의 단당류가 결합한 당류이다.

② 프락토올리고당, 갈락토올리고당, 이소말토올리고당, 대두올리고당 등이 있다.

③ 저칼로리의 감미료로서 이용된다.

④ 대장에서 유해 세균의 증식을 억제한다.

(7) 전화당(invert sugar)

① 자당을 산이나 효소로 가수분해하여 생성된 혼합물이다.

② 포도당과 과당이 같은 양으로 들어있다.

2) 당의 역할

① 당의 첨가는 떡의 조직감에 끈기를 준다.

② 노화로 인해 떡의 조직이 굳어져서 품질이 저하되는 것을 방지한다.

③ 떡의 단맛을 내기 위하여 첨가되는 당은 주로 설탕이다.

④ 당의 감미 정도는 당의 종류에 따라 다르며 설탕(자당)의 감미를 100으로 기준한다.

⑤ 주요 당류의 감미도 : 과당 〉 전화당 〉 자당 〉 포도당 〉 맥아당 〉 유당

8. 발색제

(1) 천연 색소성분과 색

① 식품에서 색은 가치를 판단하는 기준이며 식욕을 돋우는 중요한 요소이다.

② 천연의 색은 가공 후 저장 기간이 길어질수록 본래의 색이 퇴색되고 어두운 색깔로 변하게 된다.

③ 천연색소 성분은 여러 가지 변화에 따라 색의 변화가 일어날 수 있다.

    ㉠ 가공 후 저장 기간

    ㉡ 주재료, 부재료와의 반응

    ㉢ 가열 등 가공과정 중의 반응

    ㉣ 보관 기간 중 식품 내의 품질 변화

④ 천연색소 성분은 출처에 따라 식물성 색소와 동물성 색소로 나뉜다.

    ㉠ 식물성 색소 : 클로로필, 카로티노이드, 안토시아닌, 플라보노이드 등

    ㉡ 동물성 색소 : 헤모글로빈, 미오글로빈 계통에 속하는 것

출처	색깔	색소	함유 식품
식물성 색소	초록색	클로로필	녹색 채소와 과일
	노랑색, 주황색	카로티노이드	등황색, 녹색 채소와 과일
		플라보노이드(안토잔틴, 안토시아닌)	백색, 자색 채소와 과일
	갈색	탄닌	곡류, 채소류, 과일류
동물성 색소	붉은색	헤모글로빈	동물의 혈액
		미오글로빈	동물의 근육조직

(2) 발색제

① 색을 부여하는 재료로 일반적으로 사용량의 조절이 필요하다.

② 색을 내는 재료는 천연재료, 식용색소(인공발색제) 등을 사용할 수 있다.

③ 천연의 재료를 사용할 경우에는 색의 발색 정도를 보고 사용량을 조절하는 것이 필요하며 대략 쌀가루의 2% 정도를 사용한다.

④ 천연 발색제는 재료의 종류에 따라 다양한 기능성을 증가시킨다.

(3) 발색제의 종류

색	발색제의 종류
붉은색	오미자, 지초(지치, 지추), 생딸기, 딸기가루, 복분자분말, 냉동딸기, 적파프리카, 비트
초록색	시금치, 생쑥, 파래, 모싯잎, 쑥분말, 녹차분말, 모싯잎분말, 승검초분말, 연잎분말
노랑색	치자, 송화, 단호박, 단호박가루
보라색	백련초, 적양배추, 자색고구마, 흑미, 포도, 복분자
갈색	계피, 커피, 코코아(무당), 대추고, 송기
검은색	흑미, 흑임자, 석이버섯

(4) 발색제 사용방법 및 주의사항

① 형태와 성분에 따라 사용방법을 달리해서 사용해야 본연의 색을 살릴 수 있다.

② 생채소, 분말, 입자의 형태, 섬유질의 함량 등에 따라 사용법이 달라진다.

  ㉠ 생쑥, 시금치, 모싯잎과 같이 섬유질이 많은 채소를 사용할 경우 이물질과 질긴 섬유질을 제거하고 쌀과 분쇄하여 사용한다.

  ㉡ 쑥분말, 녹차분말, 모싯잎분말, 승검초분말과 같이 섬유질이 많은 분말은 물에 잘 풀어지지 않으므로 1차 분쇄한 쌀가루에 넣어 혼합한 후 2차, 3차 분쇄하여 사용한다.

  ㉢ 입자가 고운 분말은 물의 양을 계량하여 물에 적당량을 풀어 사용한다.

③ 발색제에 물을 조금씩 뿌려주며, 손으로 잘 비벼주면서 물과 발색제가 균일하게 섞이고 분포되도록 한다(너무 많은 물을 혼합하면 쌀가루와 물이 한 쪽으로 몰려 큰 덩어리를 형성하여 수분이 골고루 분산되지 않을 수 있다).

④ 생채소, 과일류 등 수분을 가진 발색제 사용은 수분첨가량을 낮추고 분말류는 수분 첨가량을 늘려준다.

  ㉠ 채소에는 수분함량이 많으므로 첨가하는 채소량의 80%는 본래의 물 첨가량에서 뺀다.

  ㉡ 딸기, 포도, 복분자 등 생과일을 사용할 경우 깨끗이 세척하고 꼭지와 씨를 분리한 후 쌀을 분쇄할 때 같이 분쇄한다.

  ㉢ 과일은 수분함량이 많으므로 쌀에 첨가하는 물의 양을 과일 첨가량에 따라 감소시킨다(과일의 90%를 수분의 양으로 계산하여 물의 양을 감소).

    예 물의 첨가량이 100g이고 과일의 첨가량을 50g으로 하면, 과일 첨가량의 90%인 45g이 수분량이 되므로 실제 첨가하는 물의 양은 45g을 뺀 55g이 된다.

(5) 발색제 사용방법

① 붉은색

  ㉠ 오미자 : 물과 오미자를 같은 양으로 넣어, 하룻밤 우려낸 다음에 걸러서 사용한다.

  ㉡ 지초(지치, 지추) : 따뜻한 식용유에 지초를 담가 낮은 온도로 끓이면, 붉은색의 기름이 만들어진다. 이 기름을 떡을 지질 때 사용한다.

  ㉢ 생딸기 : 강판에 갈아 그대로 사용하면 고운 분홍빛이 된다.

  ㉣ 딸기가루 : 딸기가루를 물에 풀어 사용한다.

  ㉤ 비트 : 비트의 껍질을 벗긴 다음 강판에 갈아 즙을 내어 사용한다.

② 초록색

  ㉠ 시금치 : 시금치와 물을 믹서에 넣고 곱게 갈아 사용한다.

  ㉡ 쑥, 파래 : 소금물에 살짝 데친 다음, 그늘에 건조시켜 맷돌 믹서기에 곱게 갈아 체에 내린다.

    ⓒ 뽕잎가루, 녹찻가루 : 그늘에 말려 맷돌 믹서기에 곱게 갈아 체에 내린다.

    ⓔ 모싯잎 : 일정 시기에 구입하여 삶아 소분하여 냉동 보관한다. 약간의 소금을 넣고 삶아 재빨리 찬물에 헹궈 식혀 주면 모싯잎의 초록색을 최대한 유지할 수 있다. 삶은 모싯잎은 소량씩 밀봉하여 냉동 보관하면서 사용한다.

③ 노란색

    ⓐ 치자 : 우리나라의 대표적인 노란색 발색제, 깨끗이 씻어 반으로 쪼개어 소량의 미지근한 물에 담가 노란색의 물을 우려 낸다. 색성분이 우러나오면 체에 밭쳐서 건지는 사용하지 않고, 아래 거른물을 사용한다(치자를 완전히 자를 경우 속 씨 등이 나와 지저분해 짐).

    ⓑ 송화 : 소나무 꽃가루를 채취하여 물에 담가, 뜨는 가루를 걷어 한지를 깔고 말려서 사용한다.

    ⓒ 단호박 : 씨를 긁어내고 찜통에 쪄서 노란 속살을 긁어 체에 내려 사용한다. 너무 무르게 찌지 않도록 한다.

④ 보라색

    ⓐ 백련초 : 선인장 열매를 얇게 썰어 말린 다음 곱게 갈아 사용한다. 보라색 가루로 뭉쳐져 있지 않고 색이 선명한 것을 사용한다.

> **tip** 100% 천연 백년초분말의 경우 제조한 지 일정 시간이 지나서 가열하면 색이 사라지기 때문에 떡을 익힌 후, 첨가하여 떡의 색을 낸다. 녹차분말도 백년초분말과 같은 원리이다.

    ⓑ 적양배추(적채) : 자색을 띤 적채를 물에 넣고 믹서기로 간 다음, 면보로 꼭 짜서 즙을 이용한다.

    ⓒ 자색 고구마 : 보라색 고구마를 얇게 썰어 그늘에 말린 다음 곱게 갈아 사용한다.

    ⓔ 흑미 : 물에 불려 방아에 빻아 체에 내려 쌀가루와 섞어 사용한다.

⑤ 검은색

    ⓐ 흑임자 : 흑임자 고물과 같은 방법으로 얻은 가루를 쌀가루에 섞어준다.

    ⓑ 석이 : 석이버섯을 손질하여 체반에 말린 다음 가루를 내어 사용한다.

⑥ 갈색

    ⓐ 계피 : 계핏가루를 쌀가루에 섞어서 사용한다.

    ⓑ 커피 : 인스턴트 커피 알갱이를 갈아서 쌀가루에 섞거나, 커피를 물에 녹여 쌀가루에 섞어 색을 낸다.

    ⓒ 코코아 : 코코아가루를 쌀가루에 섞어준다.

9. 고물·고명

(1) 고물의 역할

① 고물 사용에 따라 떡의 이름이 정해진다.

- 송편, 단자, 개피떡 등의 속고물
- 경단이나 단자의 겉고물
- 시루떡의 고물

② 떡에 맛과 영양을 주는 기능을 한다.

③ 떡이 서로 붙는 것을 막는다.

④ 가루 사이에 층을 형성해 그 틈새로 김이 잘 스며들어 떡이 잘 익도록 돕는다.

(2) 고명의 역할

① 떡의 끝모양을 돋보이게 하기 위하여 떡 위에 뿌리는 것을 일컫는다.

② 밤, 대추, 호두, 잣, 석이 등이 있다.

Section 03 떡류 재료의 영양학적 특성

1. 기초 영양학

1) 영양소의 기능별 분류

(1) 영양소의 정의

식품에 함유되어 있는 여러 성분 중 체내에 흡수되어 생활 유지를 위한 생리적 기능에 이용되는 것을 말한다.

(2) 영양소의 종류

① 열량영양소

- 에너지원으로 이용되는 영양소이다.
- 탄수화물, 지방, 단백질이 있다.

② 구성영양소

- 근육, 골격, 효소, 호르몬 등 신체 구성의 성분이 되는 영양소이다.
- 단백질, 무기질, 물이 있다.

③ 조절영양소

- 체내 생리작용을 조절하는 대사를 원활하게 하는 영양소이다.
- 무기질, 비타민, 물이 있다.

2) 탄수화물(당질)

(1) 탄수화물의 특성 및 기능

① 탄소(C), 수소(H), 산소(O) 등의 원소를 함유한 유기화합물이다.

② 에너지 공급원으로 1kg당 4kcal의 열량을 공급한다.

③ 소화흡수율이 98%이다.

④ 혈당량 유지(0.1%), 변비방지, 감미료 등에 사용된다.

(2) 탄수화물의 종류와 영양학적 특성

① 포도당(glucose)

- 포유동물의 혈액 중에 0.1% 가량 포함한다.
- 동물 체내의 간장, 근육에 글리코겐 형태로 저장한다.
- 열량원으로 이용되며 체내 당대사의 중심물질이다.

② 과당(fructose)

- 당류 중 가장 빨리 소화, 흡수된다.
- 포도당을 섭취해서는 안되는 당뇨병 환자의 감미료로 사용한다.
- 용해도가 가장 크며 과포화되기 쉽다.
- 단맛이 가장 강하며 그 맛이 순수하고 상쾌하다.

③ 맥아당(엿당, maltose)

- 보리가 적당한 온도와 습도에서 발아할 때 생성된다.
- 두 분자의 포도당이 결합한 형태이다.

④ 설탕(sucrose)

- 포도당 1분자와 과당 1분자가 결합된 형태이다.
- 감미도의 기준이 되며 상대적 감미도는 100이다.

⑤ 전분(녹말, starch)

- 곡류나 서류의 주성분으로 대부분 열량섭취원이다.
- 보통 전분은 아밀로오스 20~25%, 아밀로펙틴 75~80%의 비율로 구성된다.
- 찹쌀 전분은 아밀로펙틴이 대부분이다.
- 단맛이 없고 찬물에 잘 녹지 않는다.

⑥ 덱스트린(호정, dextrin)

- 전분이 가수분해되는 과정에서 생기는 중간 생성물이다.
- 싹트는 종자, 팽화식품, 엿 등에 들어있다.

⑦ 섬유소(셀룰로오스, cellulose)

- 식물세포막의 주성분으로 소화효소에 의해 가수분해되지 않는다.
- 장의 연동작용을 자극하여 배설작용을 촉진한다.

⑧ 펙틴(pectin)

- 소화와 흡수는 되지 않지만 장내 세균 및 유독 물질을 흡착하여 배설하는 성질이 있다.
- 산과 설탕을 넣고 졸여 잼, 젤리를 만드는 데 안정제로 사용한다.

tip 단당류, 이당류, 다당류

분류	설명	종류
단당류	산이나 효소에 의해 가수분해가 이루어 질 수 없는 당류	포도당, 과당, 갈락토오스
이당류	단당류 2개가 결합된 당류	맥아당, 유당, 자당
다당류	여러 개의 단당류가 결합된 당류	전분, 글리코겐, 덱스트린, 섬유소, 펙틴

(3) 탄수화물의 공급원 및 질병

① 공급원

- 곡류, 감자류, 과일, 채소 등 식물성 식품이 주요 공급원이다.
- 우유, 난류, 패류 등 동물성에 의해서도 공급된다.

② 권장량 및 과잉섭취 시 유발되기 쉬운 질병

- 탄수화물의 권장량은 1일 총 에너지 필요량의 55~70%이다.
- 과잉섭취 시 비만, 당뇨병, 동맥경화증을 유발한다.

3) 지방(지질)

(1) 지방(지질)의 특성 및 기능

① 글리세롤과 지방산의 화합물로 열량은 1g당 9kcal의 열량을 공급한다.

② 소화흡수율은 95%로 체온의 발산을 막아 체온을 조절한다.

③ 외부의 충격으로부터 인체의 내장기관을 보호한다.

④ 지용성 비타민(비타민 A, D, E, K)의 흡수를 촉진한다.

⑤ 장내에서 윤활제 역할을 해 변비를 막아준다.

(2) 포화도에 따른 분류

① 포화지방산

- 탄소와 탄소 사이의 결합에 이중결합이 없이 이어진 지방산이다.

- 탄소수가 증가함에 따라 융점이 높아진다.

② 불포화지방산

- 분자 내에 이중결합이 있는 지방산이다.

- 불포화도가 높을수록 융점이 낮아지며 올레산, 리놀레산, 리놀렌산 등이 있다.

(3) 지방 권장량 및 과잉섭취 시 유발되기 쉬운 질병

① 권장량 : 1일 총 에너지 필요량의 20% 정도를 섭취하는 것이 적당하며, 필수지방산은 2%의 섭취가 권장된다.

② 과잉섭취 시 질병 : 비만, 동맥경화, 유방암, 대장암 등을 유발한다.

4) 단백질

(1) 단백질의 특성 및 기능

① 탄소(C), 수소(H), 산소(O), 질소(N) 등을 함유하는 유기화합물이다.

② 기본 구성단위는 아미노산이다.

③ 1g당 4kcal의 에너지(열량)를 공급한다.

④ 체조직과 혈액 단백질, 효소, 호르몬 등을 구성한다.

⑤ 체내 삼투압 조절로 체내 수분함량을 조절한다.

⑥ 체액의 pH를 유지한다.

(2) 필수아미노산

① 체내 합성이 불가능하여 반드시 음식물에서 섭취해야 한다.

② 성인에게는 이소류신, 류신, 라이신, 메티오닌, 페닐알라닌, 트레오닌, 트립토판, 발린 등 8종류가 필요하다.

③ 어린이와 회복기 환자에게는 성인에게 필요한 8종류 외에 아르기닌, 히스티딘을 합한 10종류가 필요하다.

(3) 아미노산의 종류와 양에 따른 단백질의 영양학적 분류

① 완전단백질

- 생명 유지, 성장 발육, 생식에 필요한 필수아미노산을 고루 갖춘 단백질

- 카세인(우유), 미오신(육류), 오브알부민(계란), 글리시닌(콩) 등

② 부분적 완전단백질

- 생명 유지는 할 수 있으나 성장 발육은 하지 못하는 단백질
- 글리아딘(밀), 호르데인(보리), 오리제닌(쌀) 등

③ 불완전단백질

- 생명 유지나 성장 모두에 관계없는 단백질
- 제인(옥수수), 젤라틴(육류) 등

> **tip** **단백질의 상호보조**
> - 단백가가 낮은 식품이라도 부족한 필수아미노산(제한아미노산)을 보충할 수 있는 식품과 함께 섭취하면 체내 이용률이 높아진다.
> - 쌀 – 콩, 밀가루 – 우유, 옥수수 – 우유

(4) 단백질의 권장량 및 결핍증

① 권장량 : 1일 단백질 섭취량은 에너지 총 권장량의 15~20%가 적당하며 체중 1kg당 1g이 요구된다.

② 결핍증 : 면역기능저하, 부종, 성장저해, 허약 등이 나타난다.

5) 무기질

(1) 무기질의 기능 및 영양학적 특성

① 인체의 4~5%가 무기질로 구성되어 있다.

② 체내에서는 합성되지 않기 때문에 반드시 음식물로부터 공급되어야 한다.

③ pH와 삼투압의 조절에 관여하며, 체내 조직(뼈, 치아)의 성분이 된다.

④ 효소의 기능을 촉진하고, 생리대사에 관여한다.

(2) 무기질의 분류

① 다량원소 무기질 : Ca(칼슘), P(인), Mg(마그네슘), Na(나트륨), S(황), 염소(Cl)

② 미량원소 무기질 : Fe(철), I(요오드), Cu(구리), Fe(불소), Co(코발트), Zn(아연)

(3) 산·알칼리의 평형

① 산성식품

- S, P, Cl 같은 산성을 띠는 무기질을 많이 포함한 식품
- 곡류, 육류, 어패류, 난황 등

② 알칼리성 식품

- Ca, K, Na, Mg, Fe 같은 알칼리성 무기질을 많이 포함한 식품
- 채소, 과일 등의 식물성 식품과 우유, 굴 등

6) 비타민

(1) 비타민의 기능

① 탄수화물, 지방, 단백질의 대사에 보조 효소 역할을 한다.

② 신체기능을 조절한다.

③ 부족하면 영양장애가 일어난다.

(2) 비타민의 일반적 성질

구분	지용성 비타민	수용성 비타민
종류	비타민 A, D, E, K	비타민 B군, C군 등
용매	기름과 유기용매에 용해	물에 용해
체내 흡수율	체내에 저장	소변으로 배출
전구체	전구체가 존재	전구체가 없음
결핍증세	서서히 나타남	신속하게 나타남
공급	매일 공급할 필요 없음	매일 공급해야 함

2. 재료별 성분과 영양

1) 곡류

(1) 곡류의 성분과 영양

① 곡류의 성분은 종류에 따라 다르다.

② 같은 종류이어도 품종, 자란 환경에 따라 성분을 많이 달라진다.

영양소	설명
탄수화물	• 곡류는 우수한 탄수화물의 급원이다. • 평균 75%의 전분을 함유한다.
단백질	• 단백질 함량은 10% 내외이다.
지질	• 곡류의 지질은 도정과정에서 대부분 제거되어 적은 양이 함유되어 있다. • 곡류에 포함되어 있는 지방은 불포화지방산이다.
비타민과 무기질	• 주로 겨와 배아에 존재하므로 도정과정에서 대부분 손실된다. • 쌀의 배아 부분에는 비타민 B_1을 비롯한 비타민 B군의 함량이 높다.
식이섬유	• 곡류는 불용성 식이섬유의 좋은 급원이다.

(2) 쌀

① 쌀의 단백질은 오리제닌(oryzenin)이다.

② 필수 아미노산인 라이신(lysine)이 부족하므로 두류와 섞어서 섭취하는 것이 좋다.

③ 쌀의 소화 흡수율

쌀의 종류	현미	백미	5분도미	7분도미
소화흡수율	90%	98%	94%	95.5%

(3) 보리

① 주요 단백질은 프롤라민에 속하는 호르데인(hordein)으로 약 10% 정도 함유되어 있다.

② 라이신, 트레오닌, 트립토판 등 필수 아미노산 함량이 적다.

③ 비타민 및 무기질 : 칼슘, 인, 철 등 무기질과 비타민B 복합체가 풍부한 편이다.

④ 식이섬유

- 식이섬유인 β-글루칸(glucan)이 세포벽을 구성하고 있다.
- 점성이 높아 간의 콜레스테롤 함량을 저하시키는 데 효과적이다.
- 섬유소가 많아 정장작용에 좋으나 장내에 가스가 차고 소화율은 낮다.

(4) 밀

밀단백질은 글루텐(gluten)으로 글루테닌(glutenin)과 글리아딘(gliadin)으로 구성되어 있다.

(5) 메밀

메밀은 아밀로오스(amylose) 100%로 이루어져 있으며 루틴(rutin) 성분이 함유되어 있다.

(6) 조

① 탄수화물은 주로 전분이다.

② 단백질은 루신, 트립토판이 많은 편이고, 라이신 함량이 적다.

③ 차조는 단백질, 지방 함량이 메조보다 많다.

(7) 기장

탄수화물은 주로 전분이며 단백질, 지질, 비타민 함량이 높은 편이다.

(8) 수수

① 외피는 단단하고 탄닌(tannin)을 함유하고 있다.

② 탄닌이 많아 떫은 맛이 있다.

(9) 옥수수

① 옥수수의 탄수화물은 주로 전분이다.

② 불완전 단백질은 제인(zein)으로 라이신, 트립토판 함량이 적고 트레오닌 함량이 비교적 많다.

2) 서류

서류는 식물의 뿌리로 감자, 고구마, 토란, 마 등이 있으며 수분함량이 70~80%이고 주성분은 탄수화물이다.

(1) 감자

① 감자는 알칼리성 식품으로 다른 곡류에 비해 입자가 커서 호화되기가 쉽다.

② 감자의 단백질은 튜베린(tuberin)이며, 열량은 낮은 편이다.

(2) 고구마

① 고구마의 단백질은 이포메인(ipomain)이며 다른 서류에 비해 당분 함량이 많다.

(3) 토란

① 토란은 수분 함량이 많고 열량이 낮으며 전분, 펜토산 등이 함유되어 있다.

② 토란의 아린 맛은 호모젠티스산(homogentisic acid)이며, 껍질을 벗기면 미끌미끌한데 이것은 '갈락탄 (galactan)'이라는 성분이다.

(4) 마

① 마는 전분성분이 많고, 서당과 단백질 등이 함유되어 있다.

② 마의 끈적끈적한 점질물은 뮤신(mucin) 성분이며 점성이 강하여 갈아서 생식하거나 익혀서 이용한다.

Chapter 02 떡류 제조공정

Section 01 떡의 종류와 제조원리

1. 만드는 방법에 따른 떡의 구분

구분	떡의 종류
찌는 떡	설기떡, 켜떡, 빚어 찌는 떡, 부풀려 찌는 떡, 약밥
치는 떡	가래떡, 인절미, 절편, 개피떡, 단자류
지지는 떡	화전, 주악, 부꾸미, 산승, 기타 전병류
삶는 떡	각종 경단류

1) 찌는 떡(甑餅, 餈餠)

① 찌는 떡을 시루떡이라고 한다.

② 멥쌀이나 찹쌀을 물에 담갔다가 가루로 만들어 시루에 안친 뒤 김을 올려 익힌다.

③ 찌는 방법에 따라 다시 설기떡(무리떡)과 켜떡 등으로 구분한다.

(1) 설기떡

① 찌는 떡의 가장 기본이다.

② 멥쌀가루에 물을 내려서 한덩어리가 되게 찌는 떡(켜 없이 한덩어리로 넣어 찐다고 하여 '무리떡'이라고도 한다)이다.

③ 쌀가루만 사용 : 백설기

④ 다른 부재료 사용 : 콩설기, 쑥설기, 잡과병, 무시루떡, 도행병, 율고, 국화병, 괴엽병, 애병, 적증병, 상자병, 산삼병, 석탄병 등

(2) 켜떡

① 시루에 쌀가루와 고물을 켜켜로 얹어 가며 쪄낸 떡

② 찰시루떡(찹쌀)

　• 찰시루켜떡 : 고물을 얹어 켜를 낸 떡

　• 찰시루편 : 고물없이 쪄낸 떡

③ 메시루떡(멥쌀)

　• 메시루켜떡 : 고물을 얹어 켜를 낸 떡

　• 메시루편 : 고물 없이 쪄낸 떡

- 팥고물시루떡, 물호박떡, 상추떡, 느티떡, 백편, 꿀편, 승검초편, 석이편, 찰시루떡, 두텁떡, 깨찰편, 녹두찰편, 꿀찰편

(3) 증편

① 지방에 따라 기지떡, 기주떡, 병거지떡, 기증병, 술떡, 증병으로 불린다.

② 쌀가루에 막걸리를 넣고 반죽하여 발효시킨 다음 성형하고 고명을 뿌려서 쪄내는 우리나라 고유의 발효떡이다.

③ 증편은 발효과정 중 생성된 유기산과 알코올에 의한 신맛과 탄산가스에 의한 해면상의 다공질 조직을 갖고 있으며, 다른 떡보다 미생물에 의한 변질이 빨리 일어나지 않기 때문에 여름철에 상용하는 특징이 있다.

(4) 송편

① 빚어 찌는 떡으로 쌀가루를 익반죽하여 소를 넣고 빚은 후 쪄낸다.

② 송편을 찔 때는 솔잎이 사용되는데 송편에 향을 제공하기도 하고 피톤치드라는 성분이 방부제 역할을 하기도 한다.

③ 송편을 익반죽하는 이유 : 멥쌀 단백질은 밀가루 단백질에 비해 끈기가 적기 때문에 끓는 물을 첨가하여 멥쌀 전분의 호화반응을 유도하여 반죽에 끈기를 얻어 낼 수 있기 때문이다.

2) 치는 떡

① 시루에 찐 떡을 절구나 안반 등에서 친 떡이다.

② 호화된 쌀가루를 찐 후, 쳐서 점성을 높인다.

③ 흰떡, 절편, 차륜병(수레바퀴모양의 절편), 개피떡, 인절미, 단자류가 있다.

- 멥쌀도병 : 가래떡, 절편, 개피떡
- 찹쌀도병 : 인절미, 팥인절미, 깨인절미, 쑥인절미, 수리취인절미
- 단자류 : 석이단자, 쑥구리단자, 대추단자, 유자단자, 밤단자, 각색단자, 도행단자, 토란단자, 건시단자

치는 떡의 구분

구분	설명
가래떡	흰떡이라고도 하며 멥쌀가루를 쪄서 안반에 놓고 친 다음, 길게 밀어서 만든 떡
절편	흰떡을 쳐서 떡살로 모양을 내어 잘라낸 떡
개피떡	멥쌀가루를 쪄서 쳐낸 다음, 반죽을 밀어 소를 넣고 반달 모양으로 만든 떡
인절미	찹쌀을 찰밥처럼 쪄서 쳐내 모양을 만든 뒤 고물을 묻힌 떡
단자류	찹쌀가루를 쪄서 꽈리가 일도록 친 다음 그냥 고물을 묻히거나, 소를 넣고 고물을 묻힌 떡

3) 지지는 떡

① 찹쌀가루를 익반죽하여 모양을 만들어 기름에 지지거나 튀긴 떡이다.

② 화전, 주악, 부꾸미, 전병 등이 있다.

구분	설명
화전	• 찹쌀가루를 익반죽하여 동글납작하게 빚어 계절별로 다양한 꽃을 올려 기름에 지져낸 떡 • 진달래, 맨드라미꽃, 국화 등을 사용
부꾸미	• 가루를 익반죽하여 동글납작하게 빚어 기름에 지지면서 소를 넣어 반달처럼 접은 떡 • 찹쌀부꾸미, 수수부꾸미, 결명자부꾸미 등
주악	• 찹쌀가루를 익반죽하여 대추, 깨, 유자청건지 등으로 만든 소를 넣고 작은 송편 모양으로 빚어 기름에 튀긴 떡 • 승검초주악, 은행주악, 대추주악, 석이주악 등

4) 삶는 떡

① 찹쌀가루를 익반죽하여 끓는 물에 삶아 고물을 묻힌 떡이다.

② 찹쌀을 반죽하여 빚거나 주악이나 약과모양으로 썰고, 또는 구멍떡으로 만든다.

③ 부재료로는 감, 밤, 호두 등의 과일과 견과류, 기타 향미성분으로 생강, 계피, 정향 등이 있다.

④ 두텁단자, 율무단자, 보슬이단자 등 현대에 들어와서 경단보다 크게 만들어 소를 넣고 삶아 고물을 묻힌 떡을 말한다.

⑤ 경단류 : 찹쌀가루를 익반죽하여 동글게 만들어 끓는 물에 익혀 여러 가지 고물을 묻힌 떡

2. 제조원리

1) 전분의 구성

전분은 직쇄상의 아밀로오스와 가지상의 아밀로펙틴분자로 구성되어 있다.

아밀로오스와 아밀로펙틴의 비교

구분	아밀로오스	아밀로펙틴
결합	α−1,4 결합	α−1,4 결합, α−1,6 결합
구조	직쇄상 구조	직쇄상의 기본 구조에 가지가 쳐지는 가지상 구조
평균분자량	100,000~400,000	4,000,000~20,000,000
요오드반응	청색	적자색
가열시	불투명, 풀같이 엉김	투명해지면서 끈기가 남
호화 · 노화	쉽다	어렵다
곡물 조성비	메곡류에 20~30% 함유	메곡류에 70~80% 함유 찰곡류에 거의 100% 함유

2) 전분의 변화

전분에 물을 가하고 가열한 후 냉각, 저장하는 과정 중에 호화, 젤화, 노화가 일어난다.

(1) 전분의 호화

① 전분에 열을 가하면 투명해지고 부드럽게 연화되는 현상을 전분의 호화(gelatinization)라 한다.

② 전분의 호화 단계

단계	설명
1단계	• 생전분에 물을 가하게되면 전분에 수분이 침투 • 무게의 25~30%의 수분을 흡수 • 호화 개시 온도 전까지의 가역적 변화
2단계	• 전분 현탁액의 온도가 호화 개시온도(60℃) 이상이 되면 전분입자가 팽윤(swelling) • 점도가 최대 점도에 도달하게 되면 반투명한 콜로이드용액을 형성하는 비가역적 변화
3단계	계속 가열하면 팽윤된 전분입자가 서로 부딪쳐 붕괴되며 점도가 감소

③ 전분의 호화에 영향을 미치는 요인

ㄱ 전분의 종류

- 아밀로펙틴은 아밀로오스보다 호화되기 어려워 찹쌀을 이용한 음식의 조리시간이 더 길다.
- 곡류전분은 근경류전분에 비해 호화온도가 높다.
- 고아밀로오스전분(고아밀로오스 옥수수) : 100~160℃
- 곡류전분(쌀, 옥수수, 밀, 수수) : 62~78℃
- 찰곡류전분(찹쌀, 찰옥수수, 차수수) : 63~74℃
- 근경류전분(감자, 타피오카) : 52~70℃

ㄴ 수분 : 수분함량이 많을수록 전분 입자가 쉽게 팽윤되어 호화되기 쉽다.

ㄷ pH 조건 : 전분 현탁액의 pH가 알칼리 상태일수록 호화가 빨리 진행된다.

ㄹ 당의 양 : 설탕의 농도가 30% 까지는 점도를 상승시키나, 50% 이상이 되면 전분 입자의 팽윤을 억제하고 호화를 지연시켜 점도를 저하시킨다.

(2) 전분의 젤화

① 전분 호화액이 뜨거울 때는 점성이 있고 흐르는 성질을 가지는 졸(sol) 상태이다.

② 38℃ 이하로 냉각하면 반고체 상태의 젤(gel)을 형성한다.

③ 젤은 용기에서 분리시켜도 어느 정도 흔들흔들 하면서 그 모양을 유지한다.

④ 묵과 과편은 전분의 젤화를 이용한 우리나라 고유한 전통 식품이다.

⑤ 묵을 만드는 전분은 녹두, 도토리, 메밀, 동부 등을 사용한다.

(3) 전분의 노화

① 호화된 전분을 실온 중에 방치하면 단단하게 변하는 현상이다.

② 노화(retrogradation)된 전분은 투명도가 떨어지고 소화율도 떨어진다.

③ 노화된 전분을 재가열하면 다시 호화상태로 된다.

④ 전분의 노화에 영향을 미치는 요인

    ㉠ 전분의 종류

        • 곡류 전분은 노화되기 쉽다.

        • 아밀로오스 함량이 높을수록 노화가 잘 일어난다.

    ㉡ 수분 함량

        • 수분함량이 30~60%일 때 빨리 일어난다.

        • 수분함량을 15% 이하로 건조시키면 노화가 억제된다.

    ㉢ 온도

        • 0℃ 이하거나 60℃ 이상에서는 잘 일어나지 않는다.

        • 온도가 낮을수록 노화 속도가 빨라진다.

        • 0~10℃의 냉장온도에서 전분의 노화는 가장 쉽게 일어난다.

    ㉣ pH

        • 알칼리성에서는 노화가 억제되며 산성에서는 노화가 촉진된다.

⑤ 노화를 억제하는 방법

    ㉠ 수분함량 조절

        • 굽거나 튀겨 수분함량을 15% 이하로 조절 : 라면, 건빵, 쿠키

        • 설탕의 수분 보유 작용을 이용 : 케이크

        • 수분 80% 이상 유지 : 죽, 수프

    ㉡ 온도 조절

        • 0℃ 이하로 냉동 : 떡, 밥, 케이크

        • 60℃ 이상으로 온도 유지 : 보온 밥통의 밥

    ㉢ 재결정화 방지

        • 유화제 사용 : 케이크

(4) 전분의 호정화(dextrinization)

① 전분에 물을 가하지 않고 160~180℃ 가열하거나 효소나 산으로 가수분해하여 덱스트린을 형성하는 현상이다.

② 호정화된 식품 : 뻥튀기, 미숫가루, 누룽지, 루(roux) 등

③ 호정화가 되면 황갈색을 띠고 용해성이 증가되며 점성은 약해지고 단맛이 증가한다.

(5) 전분의 당화(saccharification)

① 당화 방법

- 전분에 효소 또는 효소를 가지고 있는 엿기름을 넣고 최적의 온도로 맞춘다.

- 산을 넣고 가열하면 가수분해되어 단맛이 증가한다.

② 전분을 당화시켜 만든 식품 : 식혜, 엿, 조청, 콘시럽 등

효소명	기질	분해성성물	비고
α-아밀라아제	전분	덱스트린	• 내부효소 : 전분의 α-1,4 결합을 무작위로 가수분해 • 액화효소 : 투명한 액체 상태로 만든다. • 물엿, 결정포도당 제조에 사용
β-아밀라아제	전분, 덱스트린	맥아당	• 외부효소 : 전분의 말단에서부터 가수분해 • 당화효소 : 당도를 증가시킨다. • 물엿, 식혜 제조에 사용

(6) 캐러멜화(caramelization)

① 당류의 갈색화 반응이다.

② 고온에서 당류 또는 당류의 수용액을 가열할 때 일어나는 반응이다.

③ 각종 분해 산물들은 식품의 향기나 맛에 기여한다.

④ 이당류인 설탕은 160℃ 이상 온도에서 가열할 때 갈색화 현상을 나타낸다.

⑤ 색과 향이 좋아서 약식 소스, 떡, 한과 등에 사용된다.

(7) 발효(fermentation)

① 효모나 세균 등의 미생물이 효소를 이용해서 식품의 유기물을 분해시키는 과정이다.

② 알코올, 유기산, 탄산가스 등이 생성된다.

③ 발효된 식품은 영양적으로도 우수하며 소화가 잘 된다.

3. 떡의 제조 원리

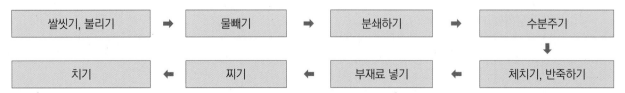

쌀씻기, 불리기 ➡ 물빼기 ➡ 분쇄하기 ➡ 수분주기

치기 ⬅ 찌기 ⬅ 부재료 넣기 ⬅ 체치기, 반죽하기

1) 제조 과정

(1) 쌀 씻기 및 불리기

① 멥쌀과 찹쌀은 맑은 물이 나올 때까지 깨끗이 씻어서 이물질을 제거한다.

② 쌀 불리기 공정은 떡을 찔 때 전분의 호화가 충분하게 진행되도록 쌀에 물을 흡수시키는 공정이다.

③ 쌀은 물에 불리면 수분 흡수에 의해 무게가 증가한다.

④ 쌀은 여름철에는 4~5시간, 겨울철에는 7~8시간 정도 불린다.

⑤ 1kg 기준으로 멥쌀은 1.2~1.25kg, 찹쌀은 1.35~1.4kg 정도로 불어난다.

> **tip** ※ 쌀 불리기의 특성
> ① 쌀의 흡수율
> - 찹쌀의 최대 수분 흡수율은 37~40%(불린 무게가 1.4배 정도)
> - 멥쌀의 최대 수분 흡수율은 25%
> - 찹쌀이 높은 수분 흡수율을 보이는 이유는 찹쌀의 높은 아밀로펙틴 함량 때문이다.
> ② 쌀을 불리는 시간
> - 여름에는 3~4시간
> - 겨울에는 7~8시간
> - 종류에 따라서 10~12시간 불리기도 한다.
> ③ 현미와 흑미는 왕겨만 벗겨낸 쌀로 물에 불리는 시간은 12~24시간을 불려야 한다.
> ④ 쌀을 물에 불리는 시간이 길어질 경우 쌀이 상할 수 있으므로 3~4시간에 한 번씩 물을 갈아주면서 불린다.

(2) 물빼기

① 불린 쌀은 소쿠리나 채반에 담아 물기를 빼준다.

② 물기는 30분 이상 충분히 빼준다.

(3) 분쇄하기

① 물기를 뺀 쌀에 소금을 넣고 방아에 내린다. 일반적으로 소금 사용량은 쌀 무게의 1.2~1.3% 정도를 사용한다.

② 멥쌀
- 가루를 곱게 빻는다.
- 멥쌀가루를 빻을 때 기본으로 두 번을 빻는다.

③ 찹쌀

- 찹쌀은 너무 곱게 빻으면 쌀가루가 잘 익지 않으므로 성글게 빻는다.
- 찹쌀가루를 빻을 때 약간 거친듯하게 한 번만 빻는 것을 원칙으로 한다.

(4) 수분주기

① 쌀가루가 잘 익을 수 있도록 물을 주는 과정이다.

② 찹쌀가루를 찔 때 물을 주지 않고 찌기도 한다(아밀로펙틴의 함량이 높아서 수분을 많이 함유).

(5) 체 치기

① 쌀가루를 체에 치는 이유

- 입자 혼합물을 일정한 크기의 체 눈으로 통과시켜 입자의 크기에 따라 분리한다.
- 발색제를 첨가하는 경우 균일한 색상과 맛을 낼 수 있다.
- 체를 치면 미세한 공기가 쌀가루에 혼입되어 떡을 찔 때 시루 내부의 쌀가루 사이로 수증기가 잘 통과하여 떡이 잘 쪄지고 촉감도 부드럽다.

② 멥쌀

- 멥쌀로 만드는 떡은 쌀가루를 체로 여러 번 친다.
- 공기가 많이 들어가서 질감이 푹신하고 부드럽다.
- 찔 때 수증기의 통과를 원활하게 해야 떡이 잘 익는다.

③ 찹쌀

- 찹쌀로 만드는 떡은 쌀가루를 체로 치지 않는다
- 체로 친 가루는 수증기의 통과를 방해하므로 떡이 제대로 익지 않는다.
- 찹쌀의 아밀로펙틴이 수증기에 의해 쉽게 호화되면서 수증기의 통과를 방해한다.

tip 메시(mesh)
체의 입자크기를 표시하는 표준 단위, 1인치 칸의 구멍의 수를 메시라고 나타낸다. 즉 100메시라 하면 표준체 가로와 세로의 길이 2.54cm 안에 구멍이 100개가 들어있는 체를 통과하는 분말의 크기를 나타낸다.

tip 쌀가루를 치는 체의 종류
- 깁체 : 아주 고운체
- 중거리, 반체 : 중간체
- 도드미, 어래미 : 굵은체

(6) 반죽하기

① 떡의 종류에 따라 반죽이 다르다.

② 쌀가루를 물로 반죽하는 경우 : 빚어 찌는 떡(송편), 삶는 떡(경단), 지지는 떡(화전)

③ 익반죽과 날반죽의 차이점

 ㉠ 익반죽

  • 곡류의 가루에 끓는 물을 넣어 반죽하는 것을 말한다.

  • 경단, 화전 등을 익반죽해서 잠시 두었다가 사용하면 반죽이 더 부드럽다.

  • 익반죽을 하는 이유 : 쌀에는 밀과 같은 글루텐을 형성하는 단백질이 적기 때문에 끓는 물을 넣어 전분의 일부를 호화시켜 점성을 높이기 위해서이다.

 ㉡ 날반죽

  • 곡류의 가루에 찬물을 넣어 반죽하는 것을 말한다.

  • 날반죽을 했을 때 반죽의 특징은 반죽이 뭉쳐지지 않아 많이 치대므로 식감이 더 쫄깃하다.

(7) 부재료 넣기

① 쌀가루와 함께 넣는 콩, 팥, 대추, 잣, 녹두, 호박고지 등의 재료를 섞는 과정이다.

② 부재료는 재료의 형태에 따라 수분주기, 반죽하기, 찌기, 치기 과정 등에서 넣을 수 있다.

③ 부재료는 쌀가루와 섞어서 무리떡으로 찌는 경우와 고물을 만들어 켜켜이 뿌려 켜떡으로 만드는 경우가 있다.

(8) 찌기

① 쌀가루를 시루나 찜기에 넣어 증기로 찌는 과정이다.

② 쌀가루를 담기 전에 찜기의 바닥에는 떡이 잘 떨어질 수 있도록 젖은 면보를 깐다.

③ 찔 때는 뚜껑에 마른 면보를 묶어서 찌는 과정에서 뚜껑에 생기는 물방울이 떡으로 떨어지지 않게 한다.

④ 찹쌀가루의 경우 찌는 과정에서 증기가 쌀가루 사이로 잘 통과하도록 가루를 듬성듬성 넣는다.

⑤ 찹쌀떡을 익히는 방법

• 켜의 층수를 줄인다.

• 찹쌀을 약간 거친듯하게 빻아 수증기가 재료 사이를 잘 통과하도록 한다.

(9) 치기

① 치는 떡을 만들 때 하는 과정이다.

② 안반이나 절구 등에 반죽을 놓고 치면 떡에 쫄깃한 식감을 주게 된다.

③ 인절미나 절편 등은 호화된 쌀전분을 균일하게 만들어 주어 매끄럽고 차진 느낌을 얻을 수 있게 한다.

Section 02 도구·장비 종류 및 용도

1. 곡물 도정 및 분쇄도구

(1) 키

곡식에 섞여 있는 쭉정이, 검부러기, 뉘, 껍질 등의 이물질을 골라낼 때 쓰는 기구로 가벼운 것은 날려 보내고, 곡식은 안쪽으로 모아서 불순물을 가려낸다. 곡물이나 찧어낸 곡식을 까불러 겨나 티끌을 걸러내는 도구로 주로 고리버들이나 대나무로 만든다.

(2) 조리

물에 불린 곡식을 일어 돌을 골라내는 기구이다.

(3) 절구와 절굿공이

곡식을 찧거나 가루로 빻을 때 또는 찐 떡을 칠 때 쓰는 도구이다. 통나무나 돌의 속을 파내서 만든 절구 속에 곡식을 넣고 절굿공이로 찧는다. 찧는 도구인 절굿공이는 긴 원통형의 나무에 가운데 손잡이 부분이 가늘게 깎여진 모양이다. 돌절구에는 돌이나 쇠로 만든 절굿공이가 쓰인다.

(4) 맷돌

곡물을 가는데 쓰이는 도구로 돌확보다 발달된 형태이다. 두 개의 둥글넓적한 돌(암쇠와 숫쇠)이 포개어져 있는 모양으로 중앙에 곡식을 넣는 구멍이 있고 손으로 잡고 돌리는 어처구니가 있다. 곡물이 갈아지면 아래로 흘러내리는 원리로 만들어졌다. 흘러내린 곡물가루를 받아내는 방석을 맷방석이라 한다. 맷돌은 콩, 팥, 녹두 등을 넣어 껍질을 벗기거나 가루로 만들 때, 물에 불린 곡식 등을 갈 때 쓴다.

(5) 돌확

석기시대부터 사용되던 도구이다. 곡식을 문질러 껍질을 벗기거나 찧을 때 사용하는 도구이다. 김치 등의 양념을 만들 때도 사용한다. 돌을 우묵하게 파고 그 안에 돌공이로 재료를 치거나 마찰시켜 분쇄하도록 만들어졌다.

(6) 방아

곡물을 넣어 껍질을 벗기거나 빻아서 가루로 낼 때 사용하는 도구로 사람, 가축(소), 물의 힘을 빌어 작동하였다. 보통 나무나 돌로 만든 것이 많다. 디딜방아, 물레방아, 연자방아 등이 있다.

2. 익히는 도구

(1) 시루

떡을 찔 때 쓰이는 용기이다. 밑바닥에 작은 구멍이 여러 개 뚫려 있어 쌀이나 떡을 찔 때 매우 유용한 '찜기'로 질그릇 시루, 옹기 시루, 동 시루 등 종류가 매우 다양하다. 떡을 찔 때는 유약을 칠하지 않은 질그릇 시루가 가장 좋다.

(2) 찜통

시루 대용으로 근래에 들어 사용되기 시작했다. 찜기(몸통)는 둥근 원통형으로 대나무나 나무로 만들고 뚜껑은 대나무를 엮어 만든다. 찜기에 한지나 베보자기를 깔고 재료를 안치고 양철통에 올려 찐다.

(3) 번철

부침개, 화전, 주악 등을 기름에 지져낼 때 사용하는 조리용 철판이다. 가마솥 뚜껑을 번철 대신 쓰기도 하였다. 번철은 무쇠로 만들어졌으며 양쪽에 손잡이가 달려 있다.

3. 모양을 내는 도구

(1) 안반과 떡메

인절미나 흰떡 등과 같이 치는 떡을 만들 때 사용하는 기구이다. 안반은 두껍고 넓은 통나무 판에 낮은 다리가 붙어 있는 형태가 일반적이지만 지방에 따라서는 떡돌이라는 돌판을 쓰기도 했다. 떡안반 위에 떡 반죽을 올려놓고 떡메로 친다. 떡메는 지름 20cm 정도 되는 통나무를 잘라 손잡이를 끼워 사용했다. 떡밥을 다 치면 떡판 위에서 잘라 고물을 묻혀 만들기도 한다.

(2) 떡살

떡본이라고도 한다. 떡의 표면을 눌러 여러 가지 모양을 새길 때 쓰는 도구이다. 떡살의 문양은 주로 부귀수복(富貴壽福)을 기원하는 것이 많다. 사기, 자기, 오지, 나무 등으로 만든다. 떡살의 크기는 대게 너비

5~7cm에 길이 30~50cm 정도로 문양의 크기에 따라 알맞게 자르는데 동고리나 석작에 담기에 알맞은 크기로 되어 있다.

절편에 따라서는 재료와 모양을 달리하여 여러 가지로 구분하는데 차륜병이나 수리취떡과 같은 동그란 형태의 절편에 눌러 박는 떡살은 떡의 크기보다 조금 작게 만들어 쓴다.

떡살문양은 떡을 아름답게 보이기도 하지만 기름 바른 절편 등을 고일 때 쉽게 고일 수 있도록 하는 기능성도 가지고 있다.

다식에 문양을 내는 다식판도 떡살과 같은 의미의 도구이다.

(3) 편칼

시루칼이라고도 한다. 인절미, 절편 등을 썰기 위한 조리용 칼이다. 형태는 편평하고 칼날이 무디어 떡을 자를 때 일정한 형태로 자를 수 있다. 놋쇠나 청동, 나무로 만들어 사용했다.

(4) 밀판과 밀방망이

떡반죽을 밀어서 넓게 펴는데 사용한 도구이다. 떡을 올려 놓는 판이 밀판이고 지름 4~6cm 정도의 막대로 일정한 두께로 밀어펴는 도구가 밀방망이이다. 밀판은 사기나 통나무판으로 만든다.

4. 기타 도구들

(1) 이남박

쌀 등을 씻을 때나 쌀 속의 돌, 뉘 등의 이물질을 골라내는 데 사용하는 도구로 넓은 바가지 모양이다. 안쪽면에 여러 줄의 골이 파여 있어서 으깨진 곡물을 씻거나 돌가루 등을 일기에 매우 편리한 도구이다.

(2) 체

분쇄된 가루를 일정한 곱기로 내리거나 거르는 도구이다. 얇은 송판을 휘어 몸통(쳇바퀴)을 만들고 그물 모양의 밑판(쳇불)을 끼워 사용한다. 쳇불 구멍의 크기에 따라 어레미(지름 3mmm 이상), 중거리(지름 2mm), 가루체(지름 0.5~0.7mm) 등으로 나뉘어진다. 어레미는 떡가루나 메밀가루 등을 내릴 때, 가루체는 송편가루 등을 내릴 때 사용한다.

(3) 쳇다리

그릇 위에 체를 올려 놓을 수 있도록 나뭇가지 모양이나 사다리꼴 모양으로 만든 받침대이다. 가루를 내리거나 액체를 거를 때 받침대로 사용한다.

(4) 동고리, 석작

동고리는 버들가지를 엮어 둥글게 만든 상자이고 석작은 대나무를 얇고 길게 잘라서 네모지게 만든 상자이다. 통풍이 잘되어 떡이나 한과의 보관과 운반에 주로 쓰였다.

(5) 채반, 소쿠리

화전·부침 등을 지져서 식히거나 재료를 넣어 말리거나 물기를 빼기 위한 용도로 쓰인다.

5. 현대의 도구들

(1) 대나무 찜기

대나무로 된 찜기로 가볍고 크기가 다양하며, 떡이 잘 섥지 않아 떡을 찌기에 편리하다.

(2) 스테인리스 틀

고명을 올리고 모양내어 자르거나 다양한 모양의 떡을 찔 때 사용하는 도구로 크기와 모양이 다양하다.

(3) 스크래퍼

쌀가루 윗면을 평평하고 고르게 하거나 떡을 자를 때 사용한다.

(4) 증편틀

증편을 찔 때 사용하는 도구이다.

(5) 마지팬 스틱

떡으로 만든 고명을 만들거나 떡에 모양을 낼 때 사용한다.

(6) 면보

흰떡이나 인절미 등을 안반에 놓고 칠 때 흩어지는 것을 방지하기 위해 찐떡을 싸거나, 찜기에 떡을 찌거나
재료를 찔 때 바닥에 까는 도구이다.

(7) 사각틀

구름떡 등의 찰떡을 굳히거나 떡의 모양을 네모로 만들 때 사용하면 편리하다.

단원별 예상문제

01 떡의 제조 과정 중에서 소금을 넣는 과정은?

① 찌기   ② 빻기

③ 치기   ④ 불리기

> **해설**
> 소금은 쌀을 빻는 과정에서 같이 넣는다. 소금을 넣지 않고
> 쌀가루를 만들었을 경우에는 물을 주기 전 가루를 체에 내릴 때
> 같이 넣어 체에 내린다.

02 다음 중 소화가 안 되는 β-전분을 소화가 잘 되는 α-전분으로 만드는 것으로 맞는 것은?

① 유화   ② 산화

③ 노화   ④ 호화

> **해설**
> 전분입자가 규칙적으로 뭉쳐 있어 소화가 어려운 β-전분에 물과
> 열이 가해져 효소반응이 용이한 α-전분으로 바뀌는 것을 호화
> 또는 알파화라 한다.

03 일반적인 전분의 입자는 아밀로오스(amylose)와 아밀로 펙틴(amylopectin)으로 구성되어 있다. 함량 비율은 얼마인가?

① 아밀로오스 40%, 아밀로펙틴 60%

② 아밀로오스 20%, 아밀로펙틴 80%

③ 아밀로오스 80%, 아밀로펙틴 20%

④ 아밀로오스 60%, 아밀로펙틴 40%

> **해설**
> 곡류의 탄수화물은 대부분이 전분인데 이 전분의 입자는
> 아밀로오스(amylose)와 아밀로펙틴(amylopectin)의 함량의
> 비율이 20:80이다. 그러나 찰옥수수나 찹쌀 등은 거의 대부분이
> 아밀로펙틴으로 되어 있다.

04 다음 중 호화에 영향을 주는 요소로 거리가 먼 것은?

① 전분의 종류   ② 가열온도

③ 수분 함량   ④ 효소의 작용

> **해설**
> 호화의 정도는 전분의 입자가 클수록, 가열온도가 높을수록,
> 가열시 첨가하는 물의 양이 많을수록, 가열하기 전 물에 담그는
> 시간이 길수록, pH가 높을수록 촉진된다.

05 다음 중 전분의 노화를 억제시키는 방법으로 적당하지 않은 것은?

① 설탕을 다량으로 첨가한다.

② 환원제를 첨가한다.

③ 유화제를 첨가한다.

④ 수분함량을 60% 정도로 유지한다.

> **해설**
> 노화는 수분 30~60%, 온도 0~10℃ 일 때 가장 잘 일어난다.
> α화한 전분을 80℃ 이상에서 급속히 건조시키거나 0℃ 이하에서
> 급속 냉동하여 수분함량을 15% 이하로 하면 노화를 방지할 수
> 있다.

06 다음 중 단백질과 지방 함량이 많아 식용유지의 원료로 이용되는 두류는?

① 낙화생   ② 녹두

③ 강낭콩   ④ 동부

> **해설**
> 단백질과 지방 함량이 많은 두류는 대두, 낙화생이며 단백질과
> 전분 함량이 많은 두류는 팥, 녹두, 강낭콩, 동부 등이 있다.

07 전분을 구성하는 주요 원소가 아닌 것은?

① 탄소(C) ② 수소(H)

③ 질소(N) ④ 산소(O)

> **해설**
> 전분의 최종 분해산물은 포도당으로 탄소(C), 수소(H), 산소(O)로 구성되어 있다.

08 감자류(서류)에 대한 설명으로 틀린 것은?

① 열량공급원이다.

② 수분함량이 적어 저장성이 우수하다.

③ 탄수화물 급원식품이다.

④ 무기질 중 칼륨(K) 함량이 비교적 높다.

> **해설**
> 감자, 고구마와 같은 감자류는 수분이 많아 저장성이 떨어진다.

09 다음 중 견과류에 속하는 식품은

① 호두 ② 살구

③ 딸기 ④ 자두

> **해설**
> 견과류는 단단한 과피와 깍정이에 싸여 있는 나무열매를 말하는 것으로 호두, 밤, 땅콩, 아몬드 등이 이에 해당한다.

10 호화와 노화에 대한 설명으로 옳은 것은?

① 쌀과 보리는 물이 없어도 호화가 잘된다.

② 떡의 노화는 냉장고보다 냉동고에서 더 잘 일어난다.

③ 호화된 전분을 80℃ 이상에서 급속히 건조하면 노화가 촉진된다.

④ 설탕의 첨가는 노화를 지연시킨다.

> **해설** 전분의 노화를 억제하는 방법
> • 호화한 전분을 80℃ 이상에서 급속히 건조시키거나 0℃ 이하에서 급속 냉동하여 수분 함량을 15% 이하로 유지한다.
> • 설탕을 다량 첨가한다.
> • 환원제나 유화제를 첨가한다.

11 멥쌀과 찹쌀에 있어 노화속도 차이의 원인 성분은?

① 아밀라아제(amylase)

② 글리코겐(glycogen)

③ 아밀로펙틴(amylopectin)

④ 글루텐(gluten)

> **해설**
> 노화란 호화된 전분을 상온에서 방치하면 β-전분으로 되돌아가는 현상으로 찹쌀은 대부분 아밀로펙틴(amylopectin)으로 되어있어 노화가 늦게 일어난다.

12 다음 중 오곡은?

① 쌀, 보리, 콩, 조, 기장 ② 쌀, 보리 콩, 조, 수수

③ 쌀, 보리, 팥, 녹두, 조 ④ 쌀. 보리, 콩, 팥, 녹두

> **해설**
> 우리나라의 오곡은 쌀, 보리, 조, 기장, 콩이다.

13 다음 중 곡류가 아닌 것은?

① 조 ② 콩

③ 수수 ④ 호밀

> **해설**
> 곡류는 쌀(찹쌀, 멥쌀), 맥류(보리, 밀, 귀리, 호밀), 잡곡(옥수수, 조, 수수, 메밀, 기장)으로 구성되어 있다.

14 다음 중 왕겨층에 대한 설명으로 옳은 것은?

① 왕겨층은 겨, 배유, 배아로 구성되어 있다.

② 낟알의 주된 부분으로 가식부이다.

③ 영양성분이 가장 많다.

④ 가장 바깥 껍질로 왕겨층만 벗겨내면 영양성분이
가장 많은 현미가 된다.

> **해설**
> 왕겨는 곤충과 외부 환경 변화로부터 보호하는 층으로 왕겨층을
> 벗겨낸 것이 현미이다.

15 쌀 도정률이 증가함에 따라 영양성분의 변화 중 옳지 않은
것은?

① 비타민의 손실이 커진다.

② 소화율이 증가한다.

③ 수분흡수 시간이 점차 빨라진다.

④ 탄수화물의 비율이 감소한다.

> **해설**
> 쌀의 도정 정도를 나타내는 방법으로 도정률, 도정도가 있다.
> 현미에서 겨와 배아가 차지하는 무게를 8%, 배유가 차지하는
> 비율을 92%로 보면 겨를 100% 제거하는 과정에서 배아도 함께
> 제거되므로 10분도미(백미)의 도정률을 92%가 된다.

16 쌀의 제거율과 도정률을 짝지은 것으로 틀린 것은?

① 현미 : 0%, 100%   ② 백미 : 8.0%, 92%

③ 7분도미 : 6.0%, 94%   ④ 5분도미 : 8.0%, 92%

> **해설**
> 5분도미는 겨층을 4%(8*5/10=4, 8-4=4)제거한 것, 도정률
> 96%(92+4)

17 현미 1000g을 도정하여 백미(10분도미)를 만들때 생산되는 양은?

① 900g   ② 920g

③ 940g   ④ 960g

> **해설**
> 백미는 겨층을 8% 제거한 것으로 도정률 92%이다. 1,000g의 92%는
> 920g이다.

18 밀가루 단백질인 글루텐의 주된 구성 성분은?

① 알부민, 글루테닌   ② 글루테닌, 글리아딘

③ 글리아딘, 글로불린   ④ 글리아딘, 프롤라민

> **해설**
> 밀가루에 들어있는 글루테닌과 글리아딘은 물과 결합하여 점성과
> 탄력성을 가진 글루텐을 형성한다.

19 서리 맞은 후 늦게 수확했다고 하여 이름이 붙여진 콩은?

① 동부   ② 서리태

③ 녹두   ④ 서목태

> **해설**
> 콩은 검은콩과 흰콩으로 분류된다. 서리태는 생육기간이 길어
> 서리를 맞은 뒤에 수확할 수 있다. 검은콩은 인체 내의 활성
> 산소를 제거하는 항산화 효과가 높으며 색이 짙을수록 항산화
> 효과가 높다.

20 다음 중 두류가 아닌 것은?

① 검은콩   ② 완두

③ 녹두   ④ 호두

> **해설**
> 호두는 견과류이다.

21 팥과 대두를 비교한 설명 중 잘못된 것은?

① 대두는 팥보다 지방과 단백질 함량이 낮다.

② 팥은 대두보다 전분 함량이 높다.

③ 팥은 대두보다 같은 조건에서 침지 시간을 길게 요구한다.

④ 대두는 팥보다 같은 조건에서 수분 흡수 속도가 빠르다.

> **해설**
> 대두는 팥과 비교할 때 필수아미노산을 골고루 함유하고 있으며 단백가가 높은 편이다.

22 쑥을 데쳐 냉동 보관하려고 한다. 푸른빛을 유지하려면 어떻게 삶는 것이 적당한가?

① 식소다를 넣고 삶는다.

② 뚜껑을 덮고 삶는다.

③ 물을 조금 넣고 삶는다.

④ 식용유를 조금 넣고 삶는다.

> **해설** **클로로필의 변색방지 방법**
> • 뚜껑을 열고 단시간에 데쳐 낸다.
> • 다량의 조리수를 사용한다.
> • 데치는 물에 소금을 넣어 변색을 방지한다.
> • 삶는 물에 식소다를 소량 첨가하면 변색이 방지된다.

23 다음 중 서류가 아닌 것은

① 고구마   ② 잣

③ 감자   ④ 토란

> **해설**
> 잣은 견과류이다.

24 다음 중 인과류인 것은?

① 감   ② 사과

③ 살구   ④ 포도

> **해설**
> • 핵과류 : 복숭아, 자두, 대추, 살구, 매실
> • 인과류 : 사과, 배, 감
> • 장과류 : 포도, 무화과

25 과일을 구성하는 성분 중 가장 많이 들어있는 성분은?

① 단백질   ② 탄수화물

③ 지방   ④ 수분

> **해설**
> 과일 속에는 수분이 85~90%로 가장 많다.

26 감의 떫은 맛은 다음 어느 성분인가?

① 카페인   ② 캡사이신

③ 탄닌   ④ 유황

> **해설**
> 탄닌은 아주 떫은 맛을 내는 폴리페놀의 일종이다.

27 설기떡을 만들 때 가루를 체에 내리기 직전에 설탕을 넣는 이유가 아닌 것은?

① 쌀가루가 질어지는 것과 덩어리지는 것을 방지하기 위하여

② 설탕이 골고루 잘 분산되어 섞이게 하기 위하여

③ 설탕이 가루 전체에 골고루 배어들어 숙성이 되게 하기 위하여

④ 쌀가루를 건조시키기 위하여

③ 칼륨, 염소 ④ 마그네슘, 염소

해설
소금의 화학명은 염화나트륨(NaCl)으로 염소와 나트륨의 화합물이다.

해설
쌀가루에 설탕을 미리 섞어 놓으면 설탕이 수분을 흡수하여 쌀가루가 질어지며 덩어리가 생길 수 있다.

28 잣의 다른 명칭이 아닌 것은?

① 송자 ② 백자
③ 임자 ④ 해송자

해설
잣은 잣나무의 종자로 송자, 백자, 식백이라고 하며 약으로 사용할 때는 해송자라고 한다. 가을에 채취하여 식용하거나 약용한다.

29 물에 대한 설명으로 옳지 않은 것은?

① 산소와 수소의 화합물이다.
② 물은 100℃에서 끓고 0℃에서 얼음이 된다.
③ 자유수와 결합수로 구분된다.
④ 떡을 만들 때는 아무런 제한 없이 물을 사용해도 된다.

해설
쌀가루의 수화속도를 고려하여 적당하게 수분을 첨가하여 혼합하는 것이 좋다.

30 경수의 범위는?

① 61~120ppm ② 0~60ppm
③ 121~180ppm ④ 181ppm 이상

해설
물의 경도는 연수 60ppm 이하, 아연수 61~120ppm, 아경수 121~180ppm, 경수 181ppm 이상으로 분류할 수 있다.

31 다음 중 소금의 구성 원소는?

① 칼슘, 염소 ② 나트륨, 염소

32 다음 중 쑥떡을 만드는 데 옳은 설명이 아닌 것은?

① 쌀의 산성 성질이 중화된다.
② 쌀가루에 쑥을 넣으면 영양소의 변화가 없다.
③ 쑥을 넣으면 초록색의 발색제 역할을 한다.
④ 떡의 수분 보유력이 증가하여 노화를 지연시킨다.

해설
쑥은 섬유질을 많이 함유하고 있으며 비타민 등을 가지고 있다.

33 다음 중 익반죽에 대한 설명으로 적합하지 않은 것은?

① 송편 반죽은 뜨거운 물로 반죽한다.
② 콩설기떡은 뜨거운 물로 반죽한다.
③ 익반죽은 뜨거운 물로 반죽하는 것이다.
④ 화전반죽은 뜨거운 물로 반죽한다.

해설
익반죽은 끈기가 적은 쌀가루에 끓는 물을 첨가하여 쌀 전분의 호화반응을 유도하여 반죽에 끈기를 얻어 낼 수 있다. 송편, 화전 반죽 등에 사용한다.

34 우리나라를 포함한 아시아와 동북부에서 재배되는 쌀로 밥을 지었을 때 끈기가 있는 종류는?

① 장립종 ② 단립종
③ 초립종 ④ 중립종

해설
단립종(자포니카형)은 길이가 짧고 둥글둥글한 형태로 물을 넣고 가열하면 끈기가 생기는 특징이 있다.

35 다음 중 서류가 아닌 것은?

① 고구마   ② 마

③ 호박   ④ 토란

> **해설**
> 호박은 채소류이다.

36 다음 분설탕이 수분을 흡수하여 덩어리가 생기는 것을 방지하기 위하여 넣는 가루는?

① 박력분   ② 전분

③ 중력분   ④ 포도당

> **해설**
> 설탕을 곱게 빻아 놓은 것을 분당이라 하며 분당은 수분을 흡수하여 덩어리지기 쉽다. 이를 방지하기 위하여 전분을 3% 정도 혼합한다.

37 감미도가 높으며 흡수가 빠르고 꿀과 과일에 많이 들어있는 단당류의 종류는?

① 과당   ② 포도당

③ 갈락토오스   ④ 설탕

> **해설**
> 감미도는 자당(설탕) 100을 기준으로 하여 단맛의 정도를 표현한다. 단당류인 과당은 꿀과 과일에 많이 들어있으며 감미도 175로 가장 높다.

38 다음 탄수화물 중 단맛을 느낄 수 없는 종류는?

① 자당   ② 올리고당

③ 과당   ④ 전분

> **해설**
> 전분은 탄수화물의 다당류로 단맛을 느낄 수 없으며 이당류, 단당류로 분해되어야 단맛을 느낄 수 있다.

39 만물의 조화를 이룬다는 다섯 가지를 잘못 연결한 것은?

① 오색 : 청색, 적색, 황색, 백색, 갈색

② 오장 : 간장, 심장, 비장, 폐장, 신장

③ 오행 : 일, 월, 토, 금, 수

④ 오미 : 단맛, 쓴맛, 신맛, 짠맛, 매운맛

> **해설**
> 오행(五行)은 동양 철학에서 우주 만물의 변화양상을 5가지로 압축해서 설명하는 이론으로 인간 사회의 다섯 개 원소로 생각된 화(火)·수(水)·목(木)·금(金)·토(土)의 운행변전(運行變轉)을 말한다. 행(行)이라는 것은 운행의 뜻이다.

40 식품의 맛에 대한 설명 중 옳지 않은 것은?

① 4원미 중 단맛이 미각의 순응 작용이 가장 강하다.

② 쓴맛은 입안에서 비교적 오래 남는다.

③ 보통 4원미라고 하면 단맛, 쓴맛, 신맛, 매운맛을 말한다.

④ 동양에서 말하는 5미는 단맛, 쓴맛, 짠맛, 신맛, 매운맛이다.

> **해설**
> 4원미는 단맛, 쓴맛, 신맛, 짠맛을 말한다.

41 떡을 찔 때 소금의 사용량으로 적합한 것은?

① 쌀 무게의 1.2~1.3%   ② 쌀 무게의 1.3~1.5%

③ 쌀 무게의 3.0~3.5%   ④ 쌀 무게의 4%

> **해설**
> 쌀 무게의 1.2~1.3% 정도 사용하며 일반적으로 방아에 내릴 때 넣는다.

42 쌀가루를 체를 치는 이유로 적합하지 않은 것은?

① 떡을 찔 때 쌀가루 사이로 증기가 잘 통과하여 떡이 잘 익도록 한다.

② 재료를 혼합하여 균일한 색상과 맛을 낸다.

③ 덩어리가 큰 입자의 쌀가루를 선별할 수 있다.

④ 쌀가루에 덩어리가 잘 생기게 할 수 있다.

> **해설**
> 쌀가루를 체를 치면 쌀가루 입자 사이에 공기가 혼입되어 덩어리를 풀 수 있다.

43 익반죽을 하는 이유로 적합하지 않은 것은?

① 멥쌀가루는 끈기가 적기 때문에 끓는 물로 반죽을 하여 점성이 생기게 한다.

② 멥쌀가루에 들어 있는 전분의 일부를 호화시켜 점성을 높게 하기 위하여 익반죽을 한다.

③ 멥쌀가루를 익반죽을 하면 잘 뭉쳐지지 않아 오래 치대게 하여 점성을 높게 한다.

④ 멥쌀가루에는 글리아딘과 글루테닌이 들어있지 않아 익반죽을 하여 쉽게 점성이 생기게 한다.

> **해설**
> 멥쌀가루를 익반죽을 하면 가루가 잘 뭉쳐지며 빠르게 점성이 생기게 한다.

44 쌀을 불리는 특징으로 맞지 않는 것은?

① 찹쌀은 물에 불리기 전보다 물에 불린 후 무게가 1.4배 이상이 된다.

② 쌀을 불릴 때, 여름철에는 3~4시간, 겨울철에는 7~8시간 불리는 것이 일반적이다.

③ 흑미와 현미는 왕겨만 벗겨낸 쌀이므로 12~24시간 정도 불린다.

④ 찹쌀의 최대 수분 흡수율은 25%이다.

> **해설**
> 멥쌀의 최대 수분 흡수율은 25%, 찹쌀의 최대 수분 흡수율은 37~40%이다.

45 떡 조리과정의 특징으로 틀린 것은?

① 쌀의 수침시간이 증가할수록 쌀의 조직이 연화되어 습식제분을 할 때 전분 입자가 미세화된다.

② 쌀가루는 너무 고운 것보다 어느 정도 입자가 있어야 자체 수분 보유율이 있어 떡을 만들 때 호화도가 더 좋다.

③ 찌는 떡은 멥쌀가루보다 찹쌀가루를 사용할 때 물을 더 보충하여야 한다.

④ 펀칭공정을 거치는 치는 떡은 시루에 찌는 떡보다 노화가 더디게 진행된다.

> **해설**
> 찹쌀가루를 찔 때 물을 주지 않고 찌기도 한다(아밀로펙틴의 함량이 높아서 수분을 많이 함유).

46 떡을 만드는 도구에 대한 설명으로 틀린 것은?

① 조리는 쌀을 빻아 쌀가루를 내릴 때 사용한다.

② 맷돌은 곡식을 가루로 만들거나 곡류를 타개는 기구이다.

③ 맷방석은 멍석보다는 작고 둥글며 곡식을 널 때 사용한다.

④ 어레미는 굵은 체를 말하며 지방에 따라 얼맹이, 얼레미 등으로 불린다.

> **해설**
> 조리는 물에 담근 쌀을 일정한 방향으로 일어 떠오르는 쌀알을 건지고 가라앉은 무거운 돌을 고를 때 사용하는 기구이다.

47 쌀가루 만드는 과정 중 주의할 점으로 옳은 것은?

① 수침 시간을 여름에는 짧게, 겨울에는 길게 한다.
② 찹쌀을 멥쌀보다 곱게 갈아 체에 여러 번 내린다.
③ 세척 단계에서는 쌀을 세게 문질러 세척한다.
④ 수침 시간을 길게 가져야 부드러운 쌀가루가 된다.

> **해설**
> 쌀 불리기 공정은 떡을 찔 때 전분의 호화가 충분하게 진행되도록 쌀에 물을 흡수시키는 공정이다. 쌀을 물에 불리는 시간이 길어질 경우 쌀이 상할 수 있으므로 3~4시간에 한 번씩 물을 갈아주면서 불리는 게 좋다. 찹쌀가루를 빻을 때 약간 거친듯하게 한 번만 빻는 것이 원칙이다.

48 팥고물을 만들 때 팥을 1회 끓여서 물을 갈아주는 이유는?

① 잘 무르게 하기 위해서
② 부드럽게 하기 위해서
③ 팥에 함유되어 있는 사포닌을 제거하기 위해서
④ 팥의 알갱이 모양을 유지하기 위해서

> **해설**
> 팥을 삶을 때는 사포닌을 제거하기 위해 한 번 끓이고, 그 물을 버리고 다시 새 물을 부어 삶는다. 사포닌은 장을 자극하는 효과가 있어 설사의 원인이 되기도 한다.

49 고물에 대한 설명으로 틀린 것은?

① 고물은 떡이 서로 달라붙는 것을 막는다.
② 고물은 가루 사이에 층을 형성해 그 틈새로 김이 잘 스며들어 떡이 잘 익도록 도와주는 기능을 한다.
③ 떡의 맛과 영양에 영향을 미치지 않는다.
④ 고물 사용에 따라 떡의 이름이 정해진다.

> **해설**
> 고물은 속고물, 겉고물, 시루의 고물 등으로 떡의 맛과 영양에 영향을 끼친다.

50 고물을 만드는 방법 중 잘못 연결된 것은?

① 녹두고물은 녹두를 여러 번 문질러 푸른 물이 완전히 빠져야 색이 곱고 깨끗하다.
② 흑임자고물은 깨끗이 씻은 후 일어 통통해질 때까지 볶아서 고물로 사용한다.
③ 흑임자고물을 검은깨를 거피하여 사용한다.
④ 붉은팥고물은 팥이 거의 익으면 물을 따라 내고 약한 불에 뜸을 들인 후 소금을 넣는다.

> **해설**
> 흑임자는 흰깨와 달리 거피하지 않고 사용한다.

51 떡에 사용하는 부재료의 전처리 방법에 대해 바르지 않은 것은?

① 쑥, 파래는 이물질과 질긴 섬유질을 제거하고 소금물에 살짝 데친 다음 그늘에 건조시켜 곱게 갈아 체에 내린다.
② 석이버섯은 그대로 말린 다음 가루를 내어 사용한다.
③ 치자는 구입 후 표면을 살짝 씻은 후 칼집을 내어 그릇에 담고 소량의 물을 부어 색 성분이 우러나게 하여 체에 밭쳐서 사용한다.
④ 모싯잎은 약간의 소금을 넣고 삶아 찬물에 빨리 헹궈 식혀 주어야 모싯잎의 초록색을 최대한 유지하고 소량씩 밀봉하여 냉동 보관한다.

> **해설**
> 석이버섯은 물에 불려 비벼 씻어서 이끼를 깨끗이 벗겨내고 가운데 돌기를 떼어낸 후 체반에 말린 다음 가루를 내어 사용한다.

52 천연색소 성분 연결이 잘못된 것은?

① 노랑색, 주황색 – 카로티노이드, 안토시아닌

② 초록색 – 클로로필

③ 갈색 – 카로티노이드

④ 미색 – 플라보노이드

> **해설**
> 갈색을 내는 색소성분은 탄닌이다.

53 콩류의 재료 전처리 방법으로 적합하지 않은 것은?

① 콩류는 조리할 때 시간이 오래 걸리므로 반드시 가열 전에 수침 과정을 거쳐야 한다.

② 압력 조리 시 거품이 과량 발생할 수 있는데 약간의 기름을 물에 가하여 거품의 발생을 줄 일 수 있다.

③ 콩을 물에 불리는 이유는 콩류에 함유된 탄닌, 사포닌 등 불순물을 제거하기 위함이다.

④ 콩을 분쇄기에 갈아 곱게 가루 내어 3~4시간 불린다.

> **해설**
> 콩가루는 콩을 충분히 불려 복은 후 분쇄기에 곱게 갈아서 준비한다.

54 발색제에 대한 설명으로 바르지 않은 것은?

① 분말과 생채소, 입자의 형태, 섬유질의 함량 등은 비슷해서 사용법은 모두 같다.

② 발색제는 떡에 예쁜 색을 나타내어 떡의 기호성을 증진시키며 식욕을 돋우는 중요한 요소이다.

③ 생채소, 과일류 등 수분을 가진 발색제 사용은 수분 첨가량을 낮추고 분말류는 수분 첨가량을 늘려준다.

④ 천연의 색은 가공 후 저장 기간이 길어질수록 본래의 색이 퇴색되고 어두운 색깔로 변하게 된다.

> **해설**
> 형태와 성분에 따라 사용방법을 달리해서 사용해야 본연의 색을 살릴 수 있다.

55 제주도에서 많이 쓰이는 가루로 침떡, 오메기떡, 차좁쌀떡 등에 사용되는 재료는?

① 차조가루

② 콩가루

③ 찰수수가루

④ 찹쌀가루

> **해설**
> 차조는 녹색이 진한 편이며 메조에 비해 단백질과 지방이 풍부하다.

56 다음 중 붉은색을 내는 재료로 적합하지 않은 것은?

① 오미자

② 복분자

③ 송화

④ 생딸기

> **해설**
> 송화는 소나무 꽃가루를 채취하여 물에 담가, 뜨는 가루를 걷어 한지를 깔고 말려서 사용하는 노란색을 내는 가루이다.

57 인절미나 절편을 칠 때 사용하는 도구로 옳은 것은?

① 안반, 맷방석

② 떡메, 쳇다리

③ 안반, 떡메

④ 쳇다리, 이남박

> **해설**
> 안반과 떡메는 인절미나 흰떡 등과 같이 치는 떡을 만들 때 사용하는 기구이다. 안반은 두껍고 넓은 통나무 판에 낮은 다리가 붙어 있는 형태가 일반적이다. 위에 떡 반죽을 올려놓고 떡메로 친다. 떡메는 지름 20cm 정도 되는 통나무를 잘라 손잡이를 끼워 사용했다.

58 포장의 목적으로 맞지 않는 것은?

① 수분의 증발 촉진
② 상품 가치의 보존 및 향상
③ 제품의 미생물 오염 방지
④ 고객의 편리성

> **해설**
> 포장의 목적에는 수분의 증발을 방지하여 제품의 노화를 지연시키는 것도 포함된다.

59 병과에 쓰이는 도구 중 어레미에 대한 설명으로 옳은 것은?

① 고운 가루를 내릴 때 사용한다.
② 도드미보다 고운체이다.
③ 팥고물을 내릴 때 사용한다.
④ 약과용 밀가루를 내릴 때 사용한다.

> **해설**
> 어레미는 지름 3mm 이상으로 떡가루나 메밀가루 등을 내릴 때 사용한다. 체는 쳇불 구멍의 크기에 따라 어레미, 도드미, 중거리, 가루체, 고운체 등으로 나뉜다.

60 두텁떡을 만드는 데 사용되지 않는 조리도구는?

① 떡살   ② 체
③ 번철   ④ 시루

> **해설**
> 두텁떡은 충분히 불린 찹쌀을 가루를 내어 꿀·간장을 넣고 고루 비빈 다음 체에 내리고 거피한 팥은 찐 뒤 꿀과 간장·후추·계핏가루를 넣어 반죽하여 넓은 번철에 팥을 말리는 정도로 볶아 어레미에 친다. 시루나 찜통에 팥을 한 켜 깔고, 그 위에 떡가루를 한 숟갈씩 드문드문 떠놓고 소를 가운데 하나씩 박고, 다시 가루를 덮고 전체를 팥고물로 덮는다.

떡제조기능사

PART 2
떡류 만들기

Chapter 01 　재료 준비

Section 01 　재료의 계량

1. 계량 단위

① 계량 단위 : 표준화하는 목적으로 미터 단위 사용

② 미터법에서 부피를 나타내는 단위 : L, mL

③ 무게를 나타내는 단위 : kg, g

2. 계량 기구

(1) 식품의 부피를 측정하는 기구

　① 계량컵

　　㉠ 계량컵은 부피를 측정하는 데 사용된다.

　　㉡ 1C, 1/2C, 1/3C, 1/4C이 한 세트이고 작은 양을 계량할 때는 계량스푼을 사용한다.

　　㉢ 1C의 국제 표준 용량은 240mL로 하고 있으나 우리나라의 경우 1컵을 200mL로 사용한다.

　② 계량스푼

　　① 계량스푼은 양념 등의 부피를 측정하는 데 사용한다.

　　② 큰술(Table spoon, Ts), 작은 술(tea spoon, ts) 두 종류가 있다.

(2) 무게 측정

　• 식품을 무게로 측정하는 것은 부피로 측정하는 것보다 정확한 방법이며 많이 사용하고 있다.

　• 식품의 무게는 저울을 사용하여 측정한다.

　① 저울

　　㉠ 저울은 아날로그식과 숫자가 바로 나타나는 디지털식이 있다.

　　㉡ 저울은 무게(중량)를 측정하는 기구로 g, kg으로 표시한다.

　　㉢ 저울을 사용할 때는 평평한 곳에 수평을 놓고 영점을 맞추고 사용해야 한다.

(3) 시간 측정

　① 조리 시간의 적절한 시간을 알기 위해서는 시간을 측정해야 한다.

　② 시간을 측정할 때는 스톱워치(stop watch)나 타이머(timer)를 사용한다.

(4) 온도 측정

① 온도계는 조리 온도를 측정하는 데 사용한다.

② 일반적으로 비접촉식으로 표면 온도를 잴 수 있는 적외선 온도계를 사용한다.

③ 기름이나 당액 같은 액체의 온도를 잴 때에는 200~300℃의 봉상 액체 온도계를 사용한다.

3. 재료 계량 방법

(1) 가루 상태의 식품

① 곡식가루

㉠ 가루 상태의 식품은 덩어리가 없는 상태에서 누르지 말고 수북이 담는다.

㉡ 편편한 것으로 고르게 밀어 수평으로 평면이 되도록 깎아서 계량한다.

② 설탕

㉠ 백설탕 : 덩어리진 것은 부수어 계량컵에 수북히 담아 표면을 편편하게 깎는다.

㉡ 흑설탕·황설탕 : 설탕을 만드는 과정에서 당밀이 남아 있어 서로 달라붙기 때문에 컵에 꾹꾹 눌러 담아 컵의 위를 편편하게 깎는다.

㉢ 분설탕 : 가루를 부순 후 체로 쳐서 계량한다.

(2) 액체 식품

㉠ 기름, 간장, 물, 식초 등의 일반적인 액체 식품은 속이 들여다보이는 계량컵을 사용한다.

㉡ 표면장력이 있으므로 계량컵이나 계량스푼에 가득 채워서 계량한다.

㉢ 컵을 수평 상태로 놓고 액체의 유리 재질의 계량컵의 눈금과 액체의 밑선, 메니스커스(meniscus, 액체 표면이 만드는 곡선)에 눈과 수평으로 맞춰서 계량한다.

㉣ 점도가 있는 액체 : 꿀과 엿 등은 컵에 가득 채운 후 위를 편편하게 깎아주고, 고추장, 마요네즈, 케찹 등은 공간이 없도록 눌러 담고 위를 깎아 측정한다. 조리용 그릇에 옮길 때는 부드러운 고무주걱으로 긁는다.

(3) 고체 식품

㉠ 고체 식품은 부피보다 무게(g)를 재는 것이 정확하다.

㉡ 버터와 마가린같이 실온에서 고체인 지방은 재료를 실온에 두어 약간 부드럽게 한 뒤 계량컵이나 계량스푼에 빈 공간이 없도록 채워서 표면을 평면이 되도록 깎아서 계량한다.

(4) 알갱이 상태의 식품

쌀, 팥, 콩, 깨 등의 알갱이 상태의 식품은 계량컵이나 계량스푼에 가득 담아 살짝 흔들어서 공극을 메운 다음 표면을 평면이 되도록 깎아서 계량한다.

4. 계량의 단위

표기형식	mL(cc) 변환	g 변환	계량스푼 양
1컵(1 Cup, 1C)	물 200mL	물 200g	약 13큰술 + 1작은술
1큰술(1 Table spoon, 1Ts)	물 15mL	물 15g	3작은술
1작은술(1 tea spoon, 1ts)	물 5mL	물 5g	

5. 재료 계량 시 주의사항

① 저울은 평평하고 단단한 곳에 놓여있고 수평이 맞는지 확인한다.

② 저울을 사용할 경우 0점을 먼저 확인하고 용기를 올린 뒤 다시 0점을 맞춘 후 계량한다.

③ 저울의 범위가 무게를 재고자 하는 범위에 맞는 저울인지 확인한다(단위 확인).

Section 02 　재료의 전처리

1. 멥쌀, 찹쌀

1) 쌀 씻기(세척)

① 쌀을 물에 3~4번 깨끗이 씻어내는 과정이다.

② 목적 : 이물질 제거

③ 쌀을 너무 세게 문지르면 쌀이 깨지고, 떡이 질어질 수 있다.

2) 쌀 불리기(수침)

① 쌀이 물을 충분히 흡수할 수 있도록 물에 불리는 과정이다.

② 목적 : 쌀을 미세하게 분쇄하여 호화가 잘 되는 부드러운 떡을 만들기 위함이다.

③ 수침시간이 너무 길어지면 비타민 B군과 같은 쌀의 수용성 영양분이 손실될 수 있다.

④ 여름철에는 4~5시간, 겨울철에는 7~8시간 정도 물에 불린다.

3) 쌀가루 내기(분쇄)

① 불린 쌀은 체에 밭쳐 물기를 뺀다(30분 정도).

② 소금을 약간 넣은 다음 가루로 빻는다. 소금의 양은 쌀 무게의 1.2~1.3% 정도 사용한다.

③ 목적 : 쌀 입자의 크기를 작게 하면 표면적이 넓어져 열 전달속도가 빠르게 되어 빨리 익는다.

④ 주의사항 : 점성이 강한 찹쌀가루는 너무 곱게 빻으면 입자끼리 달라붙어 떡이 잘 쪄지지 않으므로 멥쌀보다 굵게 빻고 여러 번 체에 내리지 않는다.

2. 현미, 흑미

① 현미와 흑미는 미강 부분이 남아 있어 멥쌀이나 찹쌀보다 오랜 시간 불린다.

② 3~4시간에 한 번씩 물을 바꿔 주면서 12~24시간 이상 불린 후 체에 밭쳐 30분간 물기를 뺀다.

3. 고물·소 만들기

백설기나 흰무리처럼 아무것도 섞이지 않는 떡을 빼고는 거의 모든 떡에 반드시 필요한 과정이다.

1) 부재료의 사용 목적

① 특별한 맛을 낸다.

② 가루 사이에 층이 생겨 김이 잘 스며들어 떡이 잘 익도록 한다.

③ 찹쌀가루를 사용할 경우 켜를 얇게 하고 고물을 깔아야 잘 쪄진다.

2) 고물류

(1) 붉은 팥고물

① 붉은 팥을 깨끗이 씻어 돌을 거른 다음 잡티를 제거한다.

② 팥에 물을 부어 끓으면 첫물을 버리는데 이는 사포닌을 제거하기 위해서이다.

③ 다시 찬물을 부어 팥이 무를 때까지 약 1시간 정도 삶는다(붉은 팥은 물에 불리지 않고 삶아서 사용한다).

④ 거의 익으면 물을 따라 내고 약한 불에 뜸을 들인다.

⑤ 용기에 쏟아 뜨거운 김을 날린 후에 소금을 넣고 대강 찧거나 으깬다.

(2) 거피 팥고물

① 팥을 반쪽이 날 정도로 타서 미지근한 물에 담가 8시간 정도 충분히 불린다.

② 불린 팥은 물을 갈아 주면서 문지르거나 손으로 비벼 씻어 껍질을 없앤다.

③ 찬물로 3~4회 헹구고 조리로 돌을 거른 뒤 30분 정도 물기를 뺀다.

④ 찜기에 면보를 깔고 김이 오른 후 찜솥에서 센불로 40분 정도 푹 쪄낸다.

⑤ 찐 팥을 용기에 쏟아 뜨거운 김을 날린 후에 소금으로 간을 하여 분쇄하여 사용한다.

⑥ 팥고물을 찐 다음 용기에 담아 뜨거운 김을 날려서 빻아야 고물이 질지 않고 보슬보슬하다.

⑦ 각종 편, 단자, 송편의 고물이나 소로 이용할 때는 체에 곱게 내려서 사용한다.

(3) 거피 볶은 팥고물

① 두텁떡 등의 고물로 사용한다.

② 분쇄한 팥을 어레미에 내린다.

③ 넓은 번철에 진간장, 백설탕, 황설탕, 계핏가루 등을 넣어서 양념한다.

④ 팥을 말리는 상태로 보슬보슬하게 볶아 체에 내린다.

---

tip

❖ 팥고물을 만들 때 주의사항
- 너무 무르지 않게 푹 삶지 말아야 한다.
- 센불에서 끓으면 중간불 정도로 낮추어 익힌다.
- 거의 익으면 낮은 불에서 뜸을 들여 밑이 타지 않도록 주의한다.

❖ 팥고물의 용도에 따른 굵기
- 거피팥 소 : 어레미에 걸러서 쓴다.
- 팥시루고물 : 다 쪄진 팥을 대강 찧거나 주걱으로 조금만 으깨어 사용한다.
- 고운 팥고물 : 볶아서 고슬고슬한 가루를 만들어 체에 내려 사용한다.

---

(4) 녹두고물

① 녹두를 반쪽으로 타서 미지근한 물에 담가 8시간 이상 불린다.

② 문지르거나 손으로 비벼 껍질을 벗기고 물로 여러 번 헹구어서 껍질을 없앤다.

③ 박박 문질러 씻어야 푸른 물이 쏙 빠져서 색이 곱고 깨끗하다.

④ 찜기에 면보를 깔고 김이 오른 후 40분 정도 푹 쪄낸다.

⑤ 쪄 낸 팥을 용기에 쏟아 뜨거운 김을 날린 후에 소금으로 간을 하여 분쇄한다.

⑥ 녹두는 각종 편, 단자, 송편의 소나 고물로 이용한다.

⑦ 녹두를 통으로 사용할 경우에는 찐 녹두를 그대로 사용하고, 고운 고물로 사용할 경우에는 중간 체나 어레미에 내려 쓴다.

---

tip

녹두고물
- 녹두를 물에 담가 3~4시간 불렸다가 껍질을 벗긴 후 찜통에 쪄서 뜨거운 김을 날리고 소금과 설탕을 넣고 분쇄하여 만든다.
- 녹두는 거피한 것을 충분히 물에 불려 제물에서 보리쌀 씻듯이 박박 문질러 닦아야 껍질이 완전히 벗겨지며, 고물 색깔이 곱고 깨끗하다.
- 거피고물을 만들 때는 물에 깨끗이 씻어서 잠시 물기를 뺀 다음 찜기에 쪄야 고물이 질지가 않다.

(5) 콩고물

① 콩은 깨끗한 것을 골라 씻어서 물기를 뺀다.

② 볶음솥에 타지 않게 볶아 식힌다.

③ 분마기나 맷돌에 굵게 갈아 껍질과 싸래기를 버린다.

④ 다시 곱게 분쇄한 후 소금을 조금 넣어 고운 체에 내려 콩가루를 만든다.

⑤ 콩고물은 인절미, 경단, 다식을 만드는 데 사용된다.

⑥ 노란콩으로 하면 노란콩가루, 푸른콩으로 하면 푸른콩가루를 만들 수 있다.

(6) 찌는 콩고물

① 반을 쪼갠 콩을 물에 빨리 씻어낸 후 물기를 뺀다.

② 찜기에 쪄서 용기에 쏟아 뜨거운 김을 날린 후 방망이로 찧는다.

③ 어레미에 내려 사용한다.

④ 찌는 콩고물은 여름철 편 떡의 고물로 사용한다.

(7) 밤고물

① 밤을 깨끗이 씻고 물을 부어 통째로 푹 삶는다.

② 찬물에 담갔다가 건져, 겉껍질과 속껍질까지 모두 벗긴다.

③ 소금을 약간 넣고 찧어서 체에 내린다.

④ 단자, 경단, 송편의 소로 사용하거나 고물로 사용한다.

(8) 동부고물

① 마른 동부는 미지근한 물에 담가 8시간 이상 충분히 불린다.

② 찜기에 면보를 깔고 김이 오른 후 40분 정도 푹 쪄낸다.

③ 쪄 낸 동부는 용기에 쏟아 뜨거운 김을 날린 후에 소금으로 간을 하여 분쇄한다.

④ 어레미에 내린다.

⑤ 풋동부를 사용할 때는 물에 불리지 않고 껍질을 벗겨서 푹 쪄서 방망이로 찧어 사용한다.

(9) 흰참깨고물

① 깨를 물에 잘 씻는다.

② 물을 조금 붓고 손으로 비벼서 껍질을 벗긴다. 물에 씻어서 위에 뜨는 빈 껍질은 버린다.

③ 물기를 제거한다.

④ 볶음솥에 타지 않게 살살 볶는다(손가락으로 비벼서 부서지면 다 볶아진 것이다).

⑤ 식힌 다음 분쇄하여 체에 내린다.

⑥ 강정고물이나 산자고물로 쓸 때는 통깨로 사용하고 편고물이나 송편, 주악의 소로 사용할 때에는 분쇄하여 사용한다.

(10) 흑임자고물

① 흑임자(검은 참깨)를 씻어 물기를 뺀다.

② 볶음솥에서 타지 않게 볶아 식힌다.

③ 분쇄하거나 빻아서 체에 내린다.

④ 흑임자 고물은 편이나 경단고물에 사용한다.

⑤ 흰참깨와 흑임자는 음식이 상하기 쉬운 여름철에 사용하기에 적당하다.

4. 고명 만들기

(1) 대추채

① 굵고 통통한 대추를 골라 면보로 껍질을 닦는다.

② 돌려깎기하여 씨를 뺀다.

③ 밀대로 얇게 밀어 곱게 채 썰어 살짝 쪄서 사용한다.

④ 많은 양의 대추를 손질할 때는 물에 재빨리 씻어 물기를 제거한다.

⑤ 대추채는 주로 대추단자, 색단자, 경단 등의 고물이나 고명으로 사용한다.

⑥ 마른 대추는 물기를 빨아들여 껍질이나 살이 물러지므로 면보로 닦아 사용하고, 대량의 대추를 손질할 때는 물에 재빨리 씻어 불지 않게 물기를 닦아 낸다.

⑦ 대추채는 그냥 사용하면 뻣뻣하므로 부드럽게 하기 위하여 김이 오르는 찜기에 넣고 살짝 쪄서 사용한다.

(2) 밤채

① 실한 밤을 골라 겉껍질, 속껍질을 깨끗이 벗긴다.

② 얇게 편으로 썬 다음, 채 썬다.

③ 밤 채를 썰 때 쉽게 부서지므로 편을 썰어 설탕물에 담가 두었다가 건조시켜서 채 썬다.

④ 삼색편 등의 고명으로도 사용한다.

(3) 석이채

① 석이를 따뜻한 물에 담갔다가 손으로 비벼 안쪽에 있는 막을 완전히 벗긴다.

② 깨끗한 물이 나올 때까지 비벼 씻는다.

③ 가운데 배꼽을 떼어내고 물기를 짠 다음 곱게 채 썬다.

④ 각색편과 단자, 증편 등의 고물이나 고명에 사용한다.

(4) 잣

① 고깔을 떼어내고 마른 면보로 닦는다.

② 한지나 종이 사이에 잣을 놓고 방망이로 밀어 기름을 뺀다.

③ 칼날로 곱게 다져 고명이나 고물로 사용한다.

5. 기타 부재료의 전처리 및 보관

(1) 콩

① 콩은 깨끗한 것으로 골라 씻는다.

② 물에 담가 불린다.

③ 불린 콩은 물기를 빼서 냉동하는 방법과 찜기에 찌거나 삶아 식혀서 냉동하는 방법이 있다.

④ 검정콩, 완두콩, 강낭콩, 울타리콩 등이 사용된다.

(2) 단호박

① 단호박을 세척한다.

② 껍질을 벗긴다.

③ 채를 쳐서 냉동하는 방법과 4등분하여 찜기에 쪄서 냉동하여 보관하는 방법이 있다.

(3) 쑥

① 쑥은 질기고 억센 부분을 다듬어 물에 씻는다.

② 소금이나 베이킹소다를 넣은 끓는 물에 데친다.

③ 데친 후 찬물에 씻어 헹군 후 물기를 뺀다.

④ 소분하여 냉동 보관한다.

(4) 진달래꽃

① 진달래꽃을 채취하여 세척한 후 물기를 제거한다.

② 비닐에 한 장씩 싸서 냉동고에 보관한다.

(5) 치자

① 치자는 물에 살짝 씻어 칼집을 낸다.

② 용기에 담아 끓는 물을 부어 색을 우려낸다.

③ 색이 완전히 빠지면 체에 밭쳐 치자 물만 따로 사용한다.

(6) 말린 과일류

① 이물질을 제거한 후 물을 뿌려 불려서 사용한다.

Chapter 02 떡류 만들기

Section 01 설기떡류 제조과정

1. 설기떡

1) 설기떡의 개요

① 설기떡은 켜를 만들지 않고 한덩이로 찌는 떡이다.

② 쌀가루에 수분을 주고 체에 내려 고물 없이 찐다.

③ 콩, 쑥, 밤, 대추, 과일 등의 부재료가 들어가기도 한다.

④ 하나의 무리로 찌는 떡으로 '무리떡' 또는 '무리병'이라고도 한다.

⑤ 조각 떡으로 작게 하려면 찜기에 올리기 전에 원하는 크기로 칼집을 넣고 찐다.

2. 설기떡의 종류

구분	종류
쌀가루	백설기
쌀가루 + 부재료	콩설기, 밤설기, 모듬설기, 호박설기, 쑥설기, 잡과병, 무지개떡

3. 설기떡 만드는 방법

1) 백설기

• 흰무리라고도 한다.

• 어린아이 백일이나 돌 때 많이 한다.

• 아무것도 섞지 않은 순수한 떡으로 순수 무구함의 의미가 있다.

(1) 재료

멥쌀가루, 소금, 물, 설탕

(2) 만드는 방법

① 쌀을 씻어 7~8시간 정도 담갔다가 건져 30분간 물기를 뺀 후 곱게 빻는다.

② 소금을 넣는다.

③ 쌀가루에 물을 준 후 체에 내린다.

　• 물의 양은 체에 내린 쌀가루를 살짝 주먹 쥐어 놓고 흔들어 보았을 때 덩어리가 깨지지 않으면 된다.

④ 설탕을 넣고 골고루 섞는다.

　• 쌀가루에 물을 준 후 설탕을 넣는 것이 좋다.

⑤ 찜기나 시루 바닥에 젖은 면보나 시루밑을 깔고 쌀가루를 고르게 넣고 평평하게 수평으로 안친다.

⑥ 면보를 덮고 찜통에 얹어 김이 오르면 뚜껑을 덮고 20분 정도 찐다.

⑦ 불을 끄고 5분 정도 뜸을 들인 후 떡을 꺼낸다.

> **tip**
> • 쌀가루에 설탕을 넣어 찌기도 하고, 설탕물을 끓여 식혀 사용하기도 한다.
> • 쌀가루에 설탕을 넣고 수분을 준 다음 함께 비비면 설탕이 녹아 수분함량이 늘어나고 쌀가루가 끈적해진다.
> • 쌀가루에 수분을 준 다음 골고루 비벼 섞어 체에 내린 후, 설탕을 넣고 가볍게 섞어 찌면 질감이 부드럽고 푹신하다.
> • 시루를 사용하여 떡을 찔 때는 밀가루를 물에 반죽해서 시루와 솥 사이에 시루번을 붙여서 틈을 막고 쪄야 잘 익는다.
> • 무리떡으로 찌는 경우는 칼집을 넣지 않고 찌는데, 조각으로 나눌 경우에는 찜기에 올리기 전에 먼저 칼집을 넣고 찐다. 대꼬치를 찔러 보아 흰가루가 묻어나지 않으면 익은 것이다.

2) 콩설기

• 멥쌀가루에 콩을 넣고 섞어서 찌면 콩설기라고 한다.

• 콩은 풋콩 또는 마른 콩을 불려서 삶거나 쪄서 사용한다.

(1) 재료

　멥쌀가루, 소금, 물, 설탕, 검은콩(마른 콩 또는 풋콩)

(2) 만드는 방법

① 쌀을 씻어 7~8시간 정도 담갔다가 건져 30분간 물기를 뺀 후 곱게 빻는다.

② 소금을 넣는다.

③ 마른 콩은 8시간 정도 불려 물기를 뺀 다음 살짝 설 삶거나 쪄서 식힌다.

④ 쌀가루에 물을 넣고 골고루 비벼 체에 내린다.

　• 물의 양은 체에 내린 쌀가루를 살짝 주먹 쥐어 놓고 흔들어 보았을 때 덩어리가 깨지지 않으면 된다.

⑤ 설탕을 넣고 골고루 섞는다.

　• 쌀가루에 물을 준 후 설탕을 넣는 것이 좋다.

⑥ 찜기나 시루 바닥에 젖은 면보나 시루밑을 깔고 콩 ½을 바닥에 골고루 펴 놓는다.

⑦ 쌀가루에 남은 콩을 넣고 가볍게 훌훌 섞어서 혼합한다.

⑧ 쌀가루를 고르게 넣고 평평하게 수평으로 하여 안친다.

⑨ 면보를 덮고 찜통에 얹어 김이 오르면 뚜껑을 덮고 20분 정도 찐다.

⑩ 불을 끄고 5분 정도 뜸을 들인 후 떡을 꺼낸다.

tip
- 마른 콩은 8시간 이상 불려서 사용한다(충분히 불리지 않으면 콩이 딱딱하다).
- 콩의 종류는 검은콩, 강낭콩, 울타리콩, 완두콩 등을 사용할 수 있다.

3) 무지개떡

① 무지개떡은 색떡이라고도 한다.

② 쌀가루를 원하는 색의 수대로 나누어 각각의 색을 들여서 고물 없이 시루에 찐 떡이다.

③ 아이 돌잔치나 집안 식구들의 생일 축하자리에 낸다.

④ 무지개떡의 색
- 흰색 : 멥쌀가루
- 분홍색 : 멥쌀가루 + 딸기가루
- 노랑색 : 멥쌀가루 + 치자물
- 갈색 : 멥쌀가루 + 계핏가루
- 녹색 : 멥쌀가루 + 쑥가루

tip
무지개떡을 시루에 찔 경우는 둥근 시루의 넓이 때문에 쌀가루의 등분에 차이를 주지만, 사각찜기에 찔 경우는 쌀가루의 양을 동일하게 등분한다.

켜떡류 제조과정

1) 켜떡의 개요

- 켜떡은 찹쌀과 멥쌀가루에 두류, 채소류 등 다양한 부재료를 켜켜이 넣고 안쳐서 찐 떡이다.
- 쌀가루를 시루에 안칠 때 켜와 켜 사이에 고물을 얹어 찐 떡이다.
- 켜를 두툼하게 안친 것을 시루떡, 켜를 얇게 안친 것을 편이라 부른다.
- 고물 대신 밤, 대추, 석이채, 잣 등을 고명으로 얹어 찌는 각색편도 있다.
- 쌀의 종류에 따라 메시루떡, 찰시루떡, 고물의 종류는 주로 팥고물과 콩고물 등이 쓰인다.
- 시루에 찔 때 찹쌀가루 켜만 올려 찌면 김이 잘 오르지 않으므로 찹쌀가루와 멥쌀가루 켜를 번갈아 안쳐서 쪄야 한다.

2. 켜떡의 재료

(1) 주재료

멥쌀, 찹쌀, 멥쌀+찹쌀

(2) 부재료

팥, 콩, 녹두, 동부, 깨, 쑥, 느티잎, 상추, 무, 당근, 호박, 밤, 대추, 석이채, 잣, 과일, 과일즙 등

3. 켜떡 만드는 방법

1) 팥고물 시루떡

- 팥고물 시루떡은 찐다고 하여 증병(甑餅)이라도 한다.
- 멥쌀이나 찹쌀을 가루로 내어 떡을 안칠 때 켜를 짓고 켜와 켜 사이에 팥고물을 넣고 찐 떡이다.
- 켜떡에 멥쌀을 사용하는 경우 쌀가루를 체에 여러 번 내려야 공기가 많이 들어가 잘 익으며 질감도 부드럽다.

(1) 재료

멥쌀, 소금, 붉은 팥 고물, 물

(2) 만드는 방법

① 쌀을 씻어 7~8시간 정도 담갔다가 건져 30분간 물기를 뺀 후 곱게 빻는다.

② 소금을 넣는다.

③ 쌀가루에 물을 넣고 골고루 비벼 체에 내린다.

④ 찜기나 시루에 젖은 면보나 시루밑을 깔고 팥고물을 뿌린다.

⑤ 그 위에 쌀가루를 평평하게 수평으로 안친 다음, 계속 팥고물과 쌀가루를 번갈아 켜켜로 안친다.

⑥ 면보를 덮고 찜통에 찌다가 김이 오른 후 15~20분 정도 찐 후 약불에서 5분간 뜸을 들인다.

2) 동부편

(1) 재료

멥쌀, 찹쌀, 소금, 설탕, 물, 동부고물

(2) 만드는 방법

① 불린 멥쌀, 찹쌀에 소금을 넣고 1차 분쇄한 후 물을 넣고 2차 분쇄한다.

② 분쇄한 쌀가루에 설탕을 섞는다.

③ 찜기나 시루에 젖은 면보나 시루밑을 깔고 동부고물 1/4을 시루에 넣고 골고루 편다.

④ 쌀가루 1/3을 넣고 골고루 편다.

⑤ 동부고물과 쌀가루 넣기를 2회 반복한다.

⑥ 맨 위에 나머지 동부고물을 골고루 뿌리고 편다.

⑦ 면보를 덮고 찜통에 찌다가 김이 오른 후 15~20분 정도 찐후 약불에서 5분간 뜸을 들인다.

tip
- 동부고물은 찐동부, 설탕, 소금을 넣고 분쇄하여 만든다.
- 기호에 따라 멥쌀과 찹쌀의 비율은 조정이 가능하다.

3) 녹두찰편

- 녹두편은 녹두병이라고도 한다.
- 녹두찰편 외에도 녹두메편 등이 있다.
- 녹두는 녹색의 콩이라는 뜻이다.

(1) 재료

찹쌀, 소금, 설탕, 물, 녹두고물

(2) 만드는 방법

① 7~8시간 정도 불린 찹쌀을 건져 30분 정도 물기를 뺀다.

② 빻아서 가루를 만든 후 소금을 넣는다.

③ 찹쌀가루에 물로 수분을 준 다음 골고루 섞는다.

④ 찜기나 시루에 젖은 면보나 시루밑을 깔고 녹두고물 1/4을 시루에 넣고 골고루 편다.

⑤ 찹쌀가루 1/3을 넣고 골고루 편다.

⑥ 녹두고물과 찹쌀가루 넣기를 2회 반복한다.

⑦ 맨 위에 나머지 녹두고물을 골고루 뿌리고 편다.

⑧ 면보를 덮고 김이 오른 후 약 20~25분 정도 찐다.

> **tip** 녹두고물
> • 녹두를 물에 담가 3~4시간 불렸다가 껍질을 벗긴 후 찜통에 쪄서 뜨거운 김을 날리고 소금과 설탕을 넣고 분쇄하여 만든다.
> • 녹두는 거피한 것을 충분히 물에 불려 제물에서 보리쌀 씻듯이 박박 문질러 닦아야 껍질이 완전히 벗겨지며, 고물 색깔이 곱고 깨끗하다.
> • 거피고물을 만들 때는 물에 깨끗이 씻어서 잠시 물기를 뺀 다음 찜기에 쪄야 고물이 질지가 않다.

> **tip** 찰편을 찔 때는 더운 김이 떡가루 사이로 잘 올라오지 못하여 중간이 설게 되기 쉬우므로 많은 양의 떡을 찔 때는 시루 밑바닥에 고물을 두껍게 한 켜 깔고, 메편을 몇 켜 안치고 그 위에 찰떡을 안쳐야 찰편이 잘 쪄진다.

Section 03 빚어 찌는 떡류 제조과정

1. 개요

• 빚어 찌는 떡은 쌀가루를 익반죽을 하거나 혹은 날반죽하여 모양을 만들어 찌는 떡이다.

• 대표적인 떡으로 송편이나 단자류가 있다.

2. 빚어 찌는 떡 만드는 방법

1) 송편

• 송편은 솔잎을 사용해서 송병(松餅)으로도 불렸다.

• 멥쌀가루를 익반죽하고 소를 넣어 오므려 붙인 뒤 반달 모양으로 빚어서 솔잎을 깔고 찐 떡이다.

- 추석에 추수가 끝난 후 햅쌀로 빚은 송편을 오려 송편이라고 부른다. 이것은 올벼가 오려로 변하여 오려 송편이 되었다.
- 송편은 다섯가지 색을 들여 오색의 송편을 만들 수 있다.
- 송편의 분량이 많을 경우는 솔잎과 송편을 번갈아 넣고 켜켜이 올려서 찐다.
- 솔잎이 없는 경우 젖은 면보를 깔고, 위에는 마른 면보를 덮어서 물이 떨어지지 않게 찐다.
- 송편의 소로는 가을에 나오는 밤, 대추, 풋콩, 거피팥, 녹두 등을 사용할 수 있다.
  - 밤소 : 밤은 껍질을 벗겨 3~4등분하여 설탕을 넣고 설 삶는다.
  - 참깨 : 볶은 참깨에 소금과 꿀을 넣고 혼합한다.
  - 풋콩(불린서리태) : 불린 서리태를 사용할 경우 살짝 삶거나 찐 후 소금을 넣어 간을 한다.
- 송편을 찔 때 깔고 찌는 솔잎은 피톤치드가 들어있어 떡이 쉽게 상하지 않게 해준다.

(1) 재료

멥쌀, 소금, 설탕, 물, 소(밤, 콩, 참깨 등), 솔잎, 참기름

(2) 만드는 방법

① 쌀을 씻어 7~8시간 정도 담갔다가 건져 30분 정도 물기를 뺀다.

② 쌀을 빻아 체에 내려 고운가루를 만든 후 분량의 소금을 넣고 섞어 익반죽한다.

③ 반죽을 떼어 가운데를 파서 둥글게 빚어, 소를 넣고 오므려 붙인다.

④ 송편 크기는 길이 5cm, 높이 3cm 정도의 반달 모양으로 만든다.

⑤ 솔잎은 씻어 건져서 물기를 빼 놓는다.

⑥ 찜기나 시루에 솔잎을 깔고 송편을 올린 다음, 김이 오른 후 15~20분 정도 찐다.

⑦ 익힌 송편은 찬물에 담가 재빨리 솔잎을 떼어내고 씻어 건진다.

⑧ 물기를 빼고 참기름을 바른다.

Section 04 약밥 제조과정

1. 개요

- 약밥(藥飯)은 약식(藥食)이라고도 한다.
- 정월대보름 절식으로 우리나라 말에 꿀을 '藥'이라 하기 때문에 꿀을 넣어 만들어 약밥으로 불렀다.

(1) 재료

　찹쌀, 밤, 대추, 잣, 건포도 등 말린 과일, 색을 내는 재료(대추씨 거른물, 황설탕, 캐러멜소스, 꿀, 계핏가루, 참기름, 간장, 소금)

(2) 만드는 방법

① 찹쌀을 깨끗이 씻어 일어서 3시간 정도 불린 후 건져 30분 정도 물기를 뺀다.

② 찜기에 젖은 면보를 깔고 찹쌀을 얹고 김이 오른 후 40분 정도 찐 후에 소금물을 끼얹은 후 주걱으로 위 아래를 뒤집어 주고 20분 정도 쪄서 1시간 정도 찐다.

③ 부재료 준비

　• 밤 : 속껍질을 벗겨 3~4등분 한다.

　• 대추 : 면보로 닦고 씨를 발라내어 3~4등분 크기로 자른다. 대추씨는 물을 조금 붓고 끓여 걸러 놓는다.

　• 잣 : 고깔을 떼어 낸다.

④ 찐 찹쌀이 뜨거울 때 용기에 쏟고 설탕, 계핏가루, 진간장, 대추씨 거른물, 캐러멜소스, 꿀, 참기름을 넣어 고루 섞는다.

⑤ 고루 섞은 찐 찹쌀에 준비된 밤, 대추, 잣을 넣어 버무린다.

⑥ 중탕으로 처음에는 센 불에서 끓이다가 물이 끓으면 중불로 낮추어 1~2시간 정도 쪄낸다.

⑦ 완성된 약밥은 작은 공기에 담거나, 모양틀에 박아서 모양을 낸다.

---

tip　캐러멜소스 만들기

• 냄비에 설탕과 물을 넣고 불에 올린 다음 젓지 말고 끓인다.

• 가장자리부터 갈색이 나기 시작하면 불을 약하게 하여 설탕이 녹으면 그때 주걱으로 고루 젓는다.

• 전체가 160℃ 이상이 되어 진한 갈색이 되면 불을 끄고 물엿을 혼합한다.

• 물을 넣어 고루저어 소스의 농도를 맞춘다.

Section 05 인절미 제조과정

1. 개요

- 인절미는 충분히 불린 찹쌀을 찰밥처럼 쪄서 안반이나 절구에 넣고 떡메로 쳐서 모양을 만든 뒤 고물을 묻힌 떡이다.
- 인절미 주재료 : 찹쌀, 흑미, 차조, 현미 등
- 부재료 : 수리취, 쑥, 백년초 등
- 고물류 : 콩(노란콩, 푸른콩), 흑임자, 흰깨, 거피팥, 붉은팥, 녹두, 동부, 카스텔라

2. 인절미 만드는 방법

(1) 재료

찹쌀, 소금, 물(노란콩가루, 소금, 설탕), (푸른콩가루, 소금, 설탕), (흑임자가루, 소금, 설탕)

(2) 만드는 방법

① 찹쌀을 씻어 일어서 물에 7~8시간 이상 담갔다가 건져 30분 정도 물기를 뺀다.

② 찜기에 젖은 면보를 깔고 40분 정도 찐다.

③ 소금물을 뿌려 위아래를 섞어 주고 다시 20분 정도 더 찐다.

④ 고물 준비하기

  가루(노란콩가루, 푸른콩가루, 흑임자가루)에 소금과 설탕을 넣어 간을 맞춘다.

⑤ 용기나 절구에 찐 밥을 넣고 방망이에 소금, 물을 잘 적셔가며 골고루 친다.

⑥ 작업대에 고물 가루를 깔고 친 떡을 쏟아 적당한 두께로 길게 밀어 모양을 잡는다.

⑦ 적당한 크기로 썬다.

⑧ 썰어 놓은 떡이 뜨거울 때 고물을 묻혀 낸다.

> **tip**
> - 인절미를 만들 때, 찹쌀을 쪄서 쳐서 만들거나 찹쌀가루를 쪄서 쳐서 만들기도 한다.
> - 안반에 찐 떡을 놓고 칠 때 떡메에 소금물을 발라주면서 꽈리가 일도록 친다. 특히 인절미는 소금간이 맞아야 고소하고 맛이 있다.

가래떡류 제조과정

1. 개요

- 가래떡류는 치는 떡의 일종으로 멥쌀가루를 쪄서 안반에 놓고 친 다음 길게 밀어서 만든다.
- 흰떡(白餅)이라고도 한다.
- 가래떡, 절편, 조랭이 떡 등이 있다.
- 절편에 여러 가지 색을 들여 떡을 만들기도 한다.
- 쑥을 넣은 쑥절편, 송기를 넣은 송기절편 등을 만든다.

2. 가래떡 만드는 방법

(1) 재료

멥쌀, 소금, 물

(2) 만드는 방법

① 쌀을 씻어 7~8시간 정도 담갔다가 건져 30분 정도 물기를 뺀다.

② 빻아 체에 내려 고운가루를 만든 후 분량의 소금을 넣는다.

③ 쌀가루에 수분을 주고 찜기나 시루에 젖은 면보나 시루밑을 깔고 쌀가루를 고루 펴서 안친다.

④ 면보를 덮고 찜통에 얹어 김이 오른 후 15~20분 정도 찐다.

⑤ 쪄낸 떡을 안반이나 용기에 넣고 친 다음 직경이 3cm 정도가 되게 길게 밀어 가래떡 모양을 만든다.

> **tip**
> - 기계를 사용하는 경우 방아에 내리면서 물을 주고, 찐 떡을 제병기의 가래떡 모양틀에 넣고 뽑아낸다.
> - 떡국용 떡은 가래떡을 하루 정도 말려 동그랗게 썰면 된다.
> - 떡볶이 떡을 만드는 방법은 가래떡과 같고 떡의 직경만 다르게 한다(직경 1cm).

3. 절편

1) 절편

멥쌀가루에 소금을 넣고, 쪄서 친 떡으로 흰색절편과 쑥절편이 대표적이다.

2) 쑥절편 만드는 방법

(1) 재료

멥쌀가루, 소금, 물, 쑥 데친 것(또는 쑥가루)

(2) 만드는 방법

① 쌀가루에 소금을 넣고 체에 내린 후, 물로 수분을 준다.

② 찜기에 젖은 면보를 깔고 쌀가루를 안친다.

③ 찜통에 올려 김이 오른 후 20~25분 정도 찐다.

④ 찐 떡에 데친 쑥을 넣고 방망이로 매우 친다.

⑤ 친 떡 반죽을 안반에 놓고 밀대로 밀어 떡살로 찍어내거나 잘라서 참기름을 바른다.

Section 07   찌는 찰떡류 제조과정

1. 개요

- 찌는 찰떡류는 켜떡과 달리 찹쌀가루에 여러 부재료를 섞어서 쪄내어 모양을 만들거나 찐 떡을 쳐서 모양을 잡아서 만든다.
- 쇠머리떡(쇠머리찰떡), 구름떡, 영양떡, 콩찰떡 등이 있다.

2. 쇠머리찰떡

1) 쇠머리찰떡

- 쇠머리떡은 모듬배기떡이라고도 부른다.
- 썰어 놓은 모양이 마치 쇠머리편육과 비슷하다고 하여 쇠머리떡이라 부른다.

2) 만드는 방법

(1) 재료

찹쌀, 소금물, 설탕, 서리태, 밤, 대추, 호박고지

(2) 만드는 방법

① 찹쌀을 깨끗이 씻어 7~8시간 정도 물에 담갔다가 30분 정도 물기를 뺀다.

② 찹쌀을 빻아 가루를 만든 후 분량의 소금을 넣는다.

③ 쌀가루에 수분을 주고, 골고루 비벼 섞어 놓는다.

④ 부재료 준비

- 불린 서리태 : 살짝 삶거나 쪄서 소금을 조금 넣고 간을 한다.

- 밤 : 껍질을 벗겨 4~5등분한다.

- 대추 : 면보로 닦아 돌려 깎기하여 4~5등분 한다.

- 호박고지 : 물에 5분 정도 불려서 씻어서 물기를 뺀 다음 3cm 정도의 길이로 자른다.

⑤ 찜기에 젖은 면보를 깔고 떡이 잘 떨어지도록 설탕을 조금 뿌려준다.

⑥ 면보 위에 서리태, 밤, 대추, 호박고지를 조금 뿌린다.

⑦ 찹쌀가루에 설탕을 혼합하고 서리태, 밤, 대추, 호박고지를 넣고 가볍게 섞어 혼합한다.

⑧ 면보 위에 가루를 덤성덤성 놓아 김이 잘 통하게 한다.

⑨ 찜솥에 안쳐서 김 오른 후 25~30분 정도 쪄 낸다.

⑩ 밑면이 위로 가도록 모양을 잡는다.

> **tip**
> - 찌는 찰떡류의 찹쌀가루는 방아로 1회만 거칠게 빻아야 스팀이 잘 올라와 떡이 잘 쪄진다.
> - 찹쌀가루는 멥쌀가루보다 아밀로펙틴의 함량이 높아 떡을 찔 때 설익을 수 있으니 주의한다.

3. 구름떡

1) 구름떡

- 찹쌀가루에 여러 가지 두류와 견과류를 넣고 팥가루로 구름 문양을 내서 찐 떡이다.
- 떡의 단면이 구름의 형상 같아 구름떡이라고 한다.

2) 만드는 방법

(1) 재료

찹쌀가루, 소금물, 팥가루 고물(팥, 설탕, 진간장, 계핏가루), 대추, 밤, 서리태(강낭콩, 완두콩), 호두, 잣, 설탕시럽

(2) 만드는 방법

① 찹쌀가루에 소금을 넣고 물로 수분을 주고 골고루 섞는다.

② 부재료 준비
- 대추 : 면보로 닦아 돌려깎기 하여 4~5등분 한다.
- 밤 : 속껍질을 벗겨 4~5등분 하여 설탕을 넣고 살짝 조린다.
- 호두 : 속껍질을 벗겨 4쪽으로 나눈다.
- 서리태는 물에 불려 삶거나 쪄서 소금을 뿌려 놓는다.
- 잣 : 고깔을 떼어 놓는다.
- 팥가루 고물 : 붉은팥은 푹 삶아서 고운체로 걸러 팥앙금을 만든다.

③ 설탕과 진간장을 넣고 팬에 볶은 후, 계핏가루를 혼합한다.

④ 찹쌀가루에 대추, 밤, 호두, 서리태, 잣을 골고루 섞는다.

⑤ 찜기에 젖은 면보를 깔고 준비한 쌀가루 반죽을 덤성덤성 올린다.

⑥ 김이 오른 후 20~25분 정도 쪄 낸다.

⑦ 작업대 위에 팥가루 고물을 고루 펴고 쪄낸 떡을 엎는다.

⑧ 그 위에 팥가루를 뿌리고, 떡 표면을 편편하게 눌러 편다.

⑨ 떡을 2~4 등분하고 시럽을 고루 뿌려가며, 길이로 2~3번 접어서 모양을 만든다.

⑩ 식으면 1~1.5cm 정도의 두께로 썬다.

4. 콩찰편

1) 만드는 방법

(1) 재료

찹쌀가루, 소금, 설탕, 불린 서리태

(2) 만드는 방법

① 찹쌀가루에 소금을 넣고 물로 수분을 준 다음 골고루 섞는다.

② 불린 서리태는 소금과 설탕을 넣고 버무렸다가 체에 받친다.

③ 찜기에 젖은 면보를 깔고 서리태 ½양을 바닥에 깐 다음 찹쌀가루를 수평으로 평편하게 올린다.

④ 그 위에 다시 서리태 ½양을 올린다.

⑤ 김이 오른 후 20~25분 정도 쪄낸다.

⑥ 쪄낸 콩찰떡은 네모를 만들어 모양을 만든다.

Section 08 단자류 제조과정

1. 개요

- 단자류는 전통적으로 시루에 쪄서 안반에 놓고 꽈리가 일도록 쳐서 만드는 궁중의 떡이다.
- 속에 소를 넣고 빚은 후 겉에 꿀을 발라 고물을 묻히거나, 잘라서 속에 소를 넣지 않고 고물을 묻힌 떡이다.
- 밤단자, 쑥단자(쑥구리 단자), 석이단자, 색단자, 유자단자, 생강단자, 은행단자, 대추단자, 두텁단자 등이 있다.

2. 밤단자

1) 만드는 방법

(1) 재료

찹쌀가루, 소금, 물, 밤(고물과 소용), 꿀, 소(밤, 유자청 건지, 소금, 설탕, 꿀, 계핏가루)

(2) 만드는 방법

① 찹쌀가루에 소금을 넣고 물을 넣어 섞어서 젖은 면보를 깐 찜기에 30분 정도 찐다.

② 충분히 익힌 다음 용기에 쏟아 꽈리가 일도록 친다.

③ 밤 준비

- 밤은 삶아서 껍질을 벗긴다.
- 밤고물 : 분량의 4/5 정도는 곱게 찧어 놓는다.
- 밤소 : 1/5 정도는 곱게 다진다.

④ 소 만들기

- 곱게 다진 밤과 유자청 건지, 소금, 설탕, 꿀, 계핏가루를 혼합한다.
- 밤톨 만큼씩 떼어 준비한다.

⑤ 찰떡 반죽을 떼어 밤소를 넣고 오므려 두께 1.5cm, 길이 3.5cm, 폭 2.5cm 정도의 크기로 빚는다.

⑥ 꿀을 바른 후 밤고물을 묻힌다.

3. 쑥단자

1) 만드는 방법

(1) 재료

찹쌀가루, 소금물, 데친쑥, 소(유자청 건지, 대추, 꿀), 고물(거피팥, 소금, 꿀)

(2) 만드는 방법

① 찹쌀가루에 소금을 넣고 물을 넣어 섞어서 젖은 면보를 깐 찜기에 25분 정도 찌다가 데친 쑥 다진 것을 넣고 5분 정도 더 찐다.

② 충분히 익힌 다음 용기에 쏟아 꽈리가 일도록 친다.

③ 소 만들기

• 유자청 건지는 곱게 다진다.

• 대추는 돌려 깍기로 씨를 발라내고 곱게 다진다.

• 다진 유자청 건지, 다진 대추를 꿀과 함께 섞는다.

• 밤톨 만큼씩 떼어 준비한다.

④ 찰떡 반죽을 떼어 소를 넣고 오므려 두께 1.5cm, 길이 3.5cm, 폭 2.5cm 정도의 크기로 빚는다.

⑤ 꿀을 바른 후 소금과 혼합한 거피팥 고물을 묻힌다.

4. 석이단자

1) 만드는 방법

(1) 재료

찹쌀가루, 소금물, 석이버섯, 고물(잣가루, 꿀)

(2) 만드는 방법

① 석이버섯가루 만들기

• 석이버섯을 뜨거운 물에 담가 손바닥으로 비벼 깨끗이 씻는다.

• 가운데 돌기를 떼어내고 물기를 빼서 햇볕에 널어 말린다.

• 분쇄기에 갈아 고운 가루로 만든다.

② 찹쌀가루에 석이버섯가루, 소금을 넣고 물을 넣어 섞어서 젖은 면보를 깐 찜기에 30분 정도 찐다.

③ 충분히 익힌 다음 용기에 쏟아 꽈리가 일도록 친다.

④ 도마에 꿀을 바르고 친 떡을 쏟아 1.5cm 두께로 납작하게 반대기를 짓는다.

⑤ 잠시 식혀서 길이 3.5cm에 폭 2.5cm로 썬다.

⑥ 꿀을 바르고 잣가루를 묻힌다.

Section 09   부풀려서 찌는 떡류 만들기

1. 증편

- 증편은 복중(伏中)의 떡으로 쌀가루를 술로 반죽하여 부풀게 한 다음 틀에 담고 찐다.
- 대추, 밤, 실백, 석이버섯 등으로 고명을 얹어 찐 떡이다.

(1) 재료

멥쌀가루, 소금, 막걸리, 설탕, 물, 고명(대추, 석이버섯, 잣 등)

(2) 만드는 방법

① 멥쌀가루에 소금을 넣고 체에 내린 후, 막걸리, 설탕, 물을 넣어 나무주걱으로 골고루 젓는다.

② 큰 그릇에 담아 면보로 덮고 위에 35~40℃의 온도가 유지되도록 하여 약 5~6시간 정도 1차 발효를 시킨다.

③ 반죽이 3배 정도 부풀어 오르면 골고루 저어 공기를 뺀 후, 다시 덮어 2시간 정도 2차 발효를 시킨다.

④ 고명을 준비한다.

- 대추 : 면보로 닦고 돌려 깎기하여 가늘게 채 썬다.
- 석이버섯 : 물에 불려 비벼 씻은 후 물기를 닦아서 가늘게 채 썬다.
- 잣 : 고깔을 떼어 낸다.

⑤ 반죽이 3배 정도 부풀면 충분히 저어 공기를 뺀 후, 찜기에 젖은 면 보자기를 깔고 발효된 반죽을 2~3cm 두께로 부어준다.

⑥ 대추채, 석이채를 얹고, 잣으로 장식하여 20분 정도 두어 3차 발효를 시킨다.

⑦ 찜기에 올려 약한 불에서 15분을 찌다가 강한 불에서 20분 정도 더 찐 후, 불을 끄고 10분쯤 뜸을 들인다.

> **tip** ❖ 증편 만들때 주의사항
> • 증편에 쓰이는 멥쌀가루는 고울수록 좋으며, 반죽의 정도는 된 죽 정도가 좋다.
> • 부풀어오르는 정도가 지나치면 맛이 시어지므로 발효 시간을 정확히 한다.
> • 증편은 큰 찜기, 작고 동그란 찜기(모양틀)나 작고 네모진 찜기(모양틀)에 담아 찌기도 한다.

Section 10 지지는 떡류 제조과정

1. 개요

• 곡물가루를 반죽하여 모양을 만들고 이것을 기름에 지져 만든 떡이다.
• 화전, 부꾸미, 주악, 산승 등이 있다.

2. 화전

1) 화전

• 찹쌀가루를 익반죽하여 반죽을 둥글고 납작하게 빚어 계절별로 다양한 꽃을 고명으로 올려 기름에 지져내는 떡이다.
• 진달래, 국화, 장미, 맨드라미, 대추, 쑥갓 등을 이용하여 만드는 계절의 떡이다.
• 올려진 꽃에 따라 화전 이름이 달라진다.

2) 만드는 방법

(1) 재료

찹쌀, 소금, 물, 꽃잎, 식용유, 꿀(또는 설탕시럽)

(2) 만드는 방법

① 쌀을 씻어 7~8시간 정도 담갔다가 건져 30분간 물기를 뺀 후 곱게 빻는다.
② 체에 내린 후 소금을 넣는다.
③ 찹쌀가루를 끓는 물로 익반죽한다. 많이 주물러 반죽하여 표면이 부드럽고 갈라지지 않도록 한다.

④ 반죽을 분할하여 직경 5cm 정도로 동글납작하게 빚는다.

⑤ 가열한 팬에 기름을 두르고 반죽을 놓는다.

⑥ 한 면이 익으면 뒤집어서 익은 면 위에 꽃잎을 올려 다시 살짝 지진다.

⑦ 꿀이나 시럽을 묻혀 낸다.

> **tip**
> • 식용꽃은 꽃술을 떼고 물에 가볍게 씻어 물기를 제거한다.
> • 대추는 표면을 면보로 닦고 돌려 깎기하여 밀대로 납작하게 밀어서 말아 썰거나 꽃 모양으로 오린다.

Section 11 경단류 제조과정

1. 개요

경단은 찹쌀가루를 끓는 물로 익반죽하여 작게 떼어 둥글게 빚은 후 끓는 물에 삶아 여러 가지 고물을 묻혀 만든 떡이다.

2. 경단

1) 경단

경단은 찹쌀가루를 익반죽하여 둥글게 만들어 끓는 물에 삶아 여러 가지 고물을 묻힌 떡이다.

2) 만드는 방법

(1) 재료

찹쌀, 소금, 물, 고물류(노랑콩, 푸른콩, 흑임자, 붉은팥, 계피팥 등)

(2) 만드는 방법

① 쌀을 씻어 7~8시간 정도 담갔다가 건져 30분간 물기를 뺀 후 곱게 빻는다.

② 체에 내린 후 소금을 넣는다.

③ 찹쌀가루에 끓는 물을 넣고 익반죽한다.

④ 반죽을 분할하여 2.5~3cm 정도로 동그랗게 빚는다.

⑤ 끓는 물에 넣어 삶는다. 끓는 물에 삶을 때 떡이 떠오르면 바로 건지지 말고 찬물을 조금 부어준 후 다시 떠오를 때 건진다.

⑥ 건져서 찬물에 헹군 뒤에 물기를 뺀다.

⑦ 준비한 고물에 굴려 고물을 묻힌다.

tip 오색의 경단을 할 경우는 노란콩고물, 푸른콩고물, 흑임자고물, 붉은팥고물, 거피팥고물 등의 오색 고물을 묻혀서 만든다.

Chapter 03 떡류 포장 및 보관

Section 01 떡의 포장방법

1. 떡의 포장

1) 포장의 정의와 목적

(1) 포장의 정의

유통과정에서 제품의 가치 및 상태를 보호하기 위하여 적합한 재료나 용기를 사용하여 장식하거나 담는 것이다.

(2) 포장의 목적

① 수분의 증발 방지(제품의 노화지연)

② 상품 가치의 보존 및 향상

③ 제품의 미생물 오염 방지

④ 고객의 편리성

2) 떡의 포장 재질

• 포장재는 종이, 플라스틱, 유리, 금속 포장재 등 다양한 종류

• 떡의 포장으로 플라스틱 포장 재질인 폴리에틸렌(PE)을 주로 사용하고 있다.

(1) 포장 용기 선택시 고려사항

① 제품에 접촉되므로 유해 물질이 함유되지 않도록 위생적이어야 한다.

② 방수성이 있고 통기성이 없어야 한다.

③ 포장했을 때 상품의 가치를 높일 수 있어야 한다.

④ 단가가 낮고 포장에 의하여 제품이 변형되지 않아야 한다.

⑤ 작업성이 좋아야 한다.

(2) 포장재별 특성

① 종이

가장 오래된 형태의 포장 재질이다. 보통 코팅된 종이나 종이접시 등을 사용한다.

② 합성수지 : 폴리에틸렌, 폴리프로필렌, 폴리스타이렌 등이 사용된다.

㉠ 폴리에틸렌(Polyethylene, PE)
- 인체에 무독성으로 식품이 직접 닿아도 되는 소재이다.
- 수분 차단성이 좋아 식품 포장용으로 많이 쓰인다.
- 식품 포장재로 가장 많이 사용되며 불투명한 것이 단점이다.

㉡ 폴리프로필렌(PP)
- 비교적 안전한 소재로 비닐포장지에 많이 사용된다.
- 투명도와 방습성이 좋다.
- 유지에도 안전해서 도넛, 쿠키, 스낵류 등에 많이 사용되고 있다.
- 강도와 내열성도 우수하다.

㉢ 폴리스타이렌(polystyrene, PS)
- 투명하고 형태를 만들기 쉬워 1회용 컵, 상자의 속포장 용기로 많이 쓰인다.
- 고온에서의 사용은 부적당하다.

③ 셀로판
- 투명하고 인쇄 적성이 좋다.
- 무미, 무취의 재질이나 찢어지기 쉬우며 내수성이 약하다.

④ 알루미늄
- 알루미늄 단독 또는 종이나 플라스틱에 붙여 사용한다.
- 내약품성이 약하고 접히는 부분이 찢어지기 쉽다.
- 광선을 차단하는 성질이 있다.

3) 떡 포장방법

(1) 기계 포장

① 포장용지 규격에 맞는 포장지를 포장기에 넣는다.
② 회전판의 위생상태를 확인한 후 기계를 작동시킨다.
② 포장이 완성된 제품의 포장지의 열 접합 부위 상태를 점검한다.
③ 식품 표시 사항을 부착한다.
④ 금속 검출기를 통과시켜 기계 포장 시 발생할지도 모를 금속류를 검출한다.

(2) 수작업 포장

① 랩으로 싸거나 폴리에틸렌(PE), 일회용 종이 접시 등을 이용하여 상품을 포장한다.
② 식품 표시 사항을 부착한다.

(3) 떡 포장 시 주의사항

    ① 떡에 따라 포장방법과 포장재를 선택한다.

    ② 떡의 김이 빠져나간 후 포장해야 한다.

    ③ 수분함량이 많으면 미생물에 의해 변질되기 쉽다.

    ④ 실온에서 냉각할 때 비닐을 덮어 수분이 날아가지 않게 식힌다.

    ⑤ 수분함량이 부족하면 노화되기 쉽다.

> **tip**
>
> ❖ 떡 냉각 시 주의사항
> - 떡을 냉각할 때는 미생물이 번식하기 좋은 30~60℃의 온도를 거쳐야 하기 때문에 되도록 빨리 온도를 낮춘다.
> - 완성된 떡을 비닐로 싸서 냉동고에서 냉각하여 온도를 떨어뜨린 후 포장한다.

Section 02   포장용기 표시사항

1. 식품 등의 표시·광고에 관한 법률

식품 등에 대하여 올바른 표시 · 광고를 하도록 하여 소비자의 알 권리를 보장하고 건전한 거래질서를 확립함으로써 소비자 보호에 이바지함을 목적으로 한다.

2. 식품 등의 표시사항

1) 식품, 식품첨가물 또는 축산물

  가. 제품명, 내용량 및 원재료명

  나. 영업소 명칭 및 소재지

  다. 소비자 안전을 위한 주의사항

  라. 제조연월일, 유통기한 또는 품질유지기한

  마. 그 밖에 소비자에게 해당 식품, 식품첨가물 또는 축산물에 관한 정보를 제공하기 위하여 필요한 사항으로서 총리령으로 정하는 사항

2) 기구 또는 용기 · 포장

  가. 재질

나. 영업소 명칭 및 소재지

다. 소비자 안전을 위한 주의사항

라. 그 밖에 소비자에게 해당 기구 또는 용기 · 포장에 관한 정보를 제공하기 위하여 필요한 사항으로서 총리령
으로 정하는 사항

3. 떡류 표시사항 및 표시기준

① 제품명 : 개개의 제품을 나타내는 고유의 명칭

② 식품의 유형 : 식품의 기준 및 규격의 최소 분류단위

③ 업소명 및 소재지

④ 유통기한 : 제품의 제조일로부터 소비자에게 판매가 허용되는 기한

⑤ 내용량

⑥ 원재료명 : 식품 또는 식품첨가물의 처리 · 제조 · 가공 또는 조리에 사용되는 물질로서 최종 제품내에 들어있
는 것

⑦ 영양성분(빵류, 만두류에 한함) 및 1회 섭취 참고량 : 떡류: 100g : 만 3세 이상 소비계층이 통상적으로 소비하는
식품별 1회 섭취량과 시장 조사 결과 등을 바탕으로 설정한 값

⑧ 용기 · 포장 재질 : 포장재로 사용된 재질의 이름

⑨ 품목보고번호 : 「식품위생법」 제37조에 따라 제조 · 가공업 영업자가 관할 기관에 품목제조를 보고할 때 부여
되는 번호

⑩ 성분명 및 함량(해당 경우에 한함)

⑪ 보관방법(해당 경우에 한함)

⑫ 주의사항

　ㄱ 부정 · 불량식품신고 표시

　ㄴ 알레르기 유발물질 : 알레르기 유발물질은 함유된 양과 관계없이 원재료명을 표시

　ㄷ 기타

Section 03 냉장, 냉동 등 보관방법

1. 냉장법(冷藏法)

① 식품의 변질을 일시적으로 방지하기 위하여 보통 0~10℃의 저온에서 식품을 저장하는 방법으로 대체로 0~4℃에 저장한다.

② 채소나 과일 등에 이용된다.

③ 저온으로 미생물의 증식을 일시적으로 억제시켜 보관성을 지속시킨다.

④ 전분의 노화가 빠르다.

2. 냉동법(冷凍法)

① -18℃ 이하로 식품 자체의 수분을 냉각시켜 저장하는 방법이다.

② 육류나 어류 등에 이용된다.

③ 식품 저장 중에 품질의 변화가 적으나 너무 오랜 기간 보관하게 되면 식품의 품질이 저하된다.

④ 전분의 노화를 지연시킨다.

3. 떡의 냉장·냉동 보관

① 떡은 냉장보관(0~10℃)하면 전분이 노화되어 딱딱해진다.

② 떡은 뜨거운 김이 나간 후에 냉동보관(-18℃ 이하) 한다.

01 재료의 계량 시 주의사항으로 바르지 않은 것은?

① 저울을 평평하고 단단한 곳에 놓아 수평을 맞춰야 한다.

② 저울의 범위가 무게를 재고자 하는 범위에 맞는 저울인지 확인한다.

③ 무게를 재기 전에 저울 위에 용기를 먼저 올리고 전원을 켜서 0점을 맞춘다.

④ 저울을 사용하지 않을 때는 저울 위에 무거운 물건을 올려두지 않는다.

> **해설**
> 저울의 전원을 켠 후 용기를 올리고 0점을 맞춘 후 무게를 측정해야 정확하다.

02 식품의 정확한 계량을 위해 눈금과 액체의 밑선 메니스커스(maniscus)의 눈금을 동일하게 맞도록 해야 하는 것은?

① 버터   ② 물

③ 흑설탕   ④ 밀가루

> **해설**
> 계량 대상이 물과 같이 액체인 경우 메니스커스의 양끝과 눈금을 동일하게 맞도록 한다.

03 찹쌀 1컵의 중량은 얼마인가?

① 100g   ② 120g

③ 180g   ④ 200g

> **해설**
> 쌀, 팥, 콩, 깨 등의 알갱이 상태의 식품은 1컵 중량은 180g이다.

04 우리나라의 경우 재료를 계량할 때 1컵은 몇 ml인가?

① 240ml   ② 200ml

③ 180ml   ④ 220ml

> **해설**
> 우리나라의 표준용량으로 1컵은 200ml이다.

05 쌀가루를 체치는 이유는?

① 쌀가루 입자가 고르게 되며 공기층이 생겨 떡이 부드럽게 된다.

② 쌀 입자가 고르게 되며 떡이 딱딱하게 된다.

③ 쌀 입자가 고르게 되며 떡이 질척하게 된다.

④ 쌀 입자가 고르게 되며 눌러서 떡이 질겨진다.

> **해설**
> 쌀가루를 체치면 쌀가루입자가 고르게 되며 이물질 제거도 되고, 공기층이 생겨 떡이 부드럽게 된다.

06 쌀가루를 만들기 전 쌀을 불리는 것과 관계가 없는 것은?

① 수침시간이 너무 길어지면 비타민 B군과 같은 쌀의 수용성 영양분이 손실될 수 있다.

② 쌀을 미세하게 분쇄하여 호화가 잘 되어 부드러운 떡을 만들기 위함이다.

③ 쌀이 물을 충분히 흡수할 수 있도록 물에 불리는 과정이다.

④ 물에 불리는 시간은 계절별로 달라지는데 여름에는 3시간, 겨울에는 24시간 이상 불린다.

> **해설**
> 물에 불리는 시간은 계절별로 달라지는데 여름 4~5시간, 겨울 7~8시간이 적당하다.

07 떡을 찌고 나서 미처 호화되지 못한 전분 입자를 호화시키는 과정은?

① 뜸들이기　　② 분쇄하기
③ 가열하기　　④ 포장하기

> **해설**
> 뜸들이는 과정은 미처 호화되지 못한 전분의 호화를 촉진시키는 역할을 한다.

08 고체 식품을 계량하는 경우 주의해야 하는 점으로 옳은 것은?

① 버터나 마가린은 얼린 상태에서 그대로 잘라 계량컵에 담아 계량한다.
② 흑설탕의 경우 컵에 꾹꾹 눌러 담아 컵의 위를 편편하게 깎아 계량한다.
③ 고체 식품은 무게보다 부피를 재는 것이 더 정확하다.
④ 마가린은 실온에 두어 부드럽게 한 후 계량스푼으로 수북하게 담아 계량한다.

> **해설**
> 버터와 마가린 같이 실온에서 고체인 지방은 재료를 실온에 두어 약간 부드럽게 한 뒤 계량컵이나 계량스푼에 빈 공간이 없도록 채워서 표면을 평면이 되도록 깎아서 계량한다. 고체 식품은 부피보다는 저울을 이용하여 무게를 재는 것이 더 정확하다.

09 찹쌀을 멥쌀보다 분쇄횟수를 줄이는 이유는 무엇 때문인가?

① 아밀로펙틴　　② 아밀로오스
③ 아밀라아제　　④ 아미노산

> **해설**
> 찹쌀은 아밀로펙틴만으로 구성된 전분으로 찰진 성분을 함유하고 있기 때문이다.

10 다음 중 떡의 고명으로 사용되지 않는 재료는?

① 석이버섯
② 대추채
③ 느타리버섯
④ 밤채

> **해설**
> 떡의 고명으로 주로 사용하는 재료는 석이버섯, 대추, 밤, 잣 등이다.

11 고물을 사용하는 목적으로 적당하지 않은 것은?

① 고물에 따라 특별한 맛을 낸다.
② 가루 사이에 층이 생겨 김이 잘 스며들어 떡이 잘 익도록 한다.
③ 백설기나 흰무리떡 등 하나의 무리로 찌는 떡에 사용된다.
④ 찹쌀가루를 사용할 경우 켜를 얇게 하고 고물을 깔아야 잘 쪄진다.

> **해설**
> 백설기와 흰무리떡은 고물을 사용하지 않고 찌는 떡이다.

12 켜떡의 켜를 낼 때 사용하는 부재료가 아닌 것은?

① 대추
② 밤
③ 석이채
④ 설탕

> **해설**
> 켜떡의 켜는 두류, 채소류 등 다양한 부재료를 켜켜이 안쳐서 찐 떡이다.

13 쌀가루로 떡을 만들 때 익반죽하는 이유는?

① 끓는 물은 노화를 빨리 시키기 때문
② 끓는 물로 인해 호화되어 점성이 생기기 때문
③ 설탕을 빨리 녹이기 위해
④ 떡의 식감을 부드럽게 하기 위해서

> **해설**
> 쌀가루는 밀가루와 달리 글루텐이라는 점성을 일으키는 성분이 없기 때문에 끓는 물을 넣어 전분에 점성을 유발하기 위함이다.

14 전분의 노화를 억제하는 방법으로 적합하지 않은 것은?

① 수분함량 조절   ② 냉동
③ 설탕의 첨가   ④ 냉장

> **해설**   노화억제 방법
> 냉동, 급속건조, 수분함량 15% 이하로 조절, 설탕 첨가, 유화제 첨가, 개별포장 등

15 전분의 노화에 관계하는 요인이 아닌 것은?

① 노화가 가장 잘 발생하는 온도는 0~4℃이다.
② 노화는 냉동 시에도 빨리 진행된다.
③ 노화는 수분의 양이 30~60%에서 가장 잘 발생한다.
④ 노화는 아밀로펙틴만으로 이루어진 전분 구조, 즉 찹쌀에서 특히 발생이 더디다.

> **해설**
> 냉동은 −18℃ 이하의 온도에서 보관하는 방법으로 노화를 억제하는 방법의 하나이다.

16 치는 떡이 아닌 것은?

① 꽃절편   ② 인절미
③ 개피떡   ④ 쑥개떡

> **해설**
> 치는 떡은 쌀가루를 호화시킨 후 쳐서 점성을 높인 떡이다. 대표적으로 가래떡, 인절미, 절편, 개피떡, 단자 등이 있다.

17 다음 중 떡의 조리 과정별 특징으로 맞지 않는 것은?

① 치는 횟수가 많을수록 반죽 중에 공기가 함유되어 떡을 만들었을 때 부드러워진다.
② 쑥이나 수리취 같은 섬유질이 많은 재료를 섞게 되면 수분함량이 높아져 노화가 빠르다.
③ 인절미와 같이 치는 떡은 많이 칠수록 점성이 증가하여 쫄깃하고 맛이 좋다.
④ 전분을 미리 물에 일정 시간 담가두면 쌀 조직이 물을 흡수해서 벌어지므로 전분의 호화를 쉽게 한다.

> **해설**
> 섬유질이 많이 첨가된 떡은 수분 함량이 높아져 노화가 더디다.

18 전통 떡의 종류 중 찌는 떡이 있는데 이를 다른 말로 일컬을 때 사용되지 않는 말은?

① 설기떡   ② 무리떡
③ 증병   ④ 유전병

> **해설**
> 유전병은 기름이 첨가된 지지는 떡으로 찌는 떡과 구별된다.

19 송편을 찔 때 솔잎과 더불어 떡을 만들게 되는데 솔잎에 들어있는 성분으로 바른 것은?

① 황화알릴   ② 폴리페놀
③ 피톤치드   ④ 알데히드

> **해설**
> 솔잎에는 특유의 향과 더불어 피톤치드라는 성분이 있어 떡이 쉽게 상하는 것을 막아준다.

20 지지는 떡의 종류로 바르지 않은 것은?

① 매작과   ② 화전

③ 우메기   ④ 주악

> **해설**
> 지지는 떡은 식용유에 지지거나 튀겨낸 떡이며, 매작과는 한과의
> 한 종류로 튀기는 과자이다.

21 곡물을 가루로 만들어 시루에 찌는 떡의 종류는?

① 경단   ② 시루떡

③ 송편   ④ 절편

> **해설**
> 찌는떡 종류로 설기떡이 해당하며 무리병이라고도 불린다.
> 종류로는 콩설기, 밤설기, 쑥설기 등 시루떡이 해당된다.

22 떡이 종류 중 치는 떡의 표기로 옳은 것은?

① 증병(甑餠)   ② 도병(搗餠)

③ 유병(油餠)   ④ 전병(煎餠)

> **해설**
> 치는 떡은 시루에 찐 떡을 절구나 안반 등에서 친 떡이다.
> 도병(搗餠)이라고 한다.

23 떡 조리과정의 특징으로 틀린 것은?

① 쌀의 수침시간이 증가할수록 쌀의 조직이 연화되어 습식제분을 할 때 전분 입자가 미세화된다.

② 쌀가루는 너무 고운 것보다 어느 정도 입자가 있어야 자체 수분 보유율이 있어 떡을 만들 때 호화도가 더 좋다.

③ 찌는 떡은 멥쌀가루보다 찹쌀가루를 사용할 때 물을 더 보충하여야 한다.

④ 펀칭공정을 거치는 치는 떡은 시루에 찌는 떡보다 노화가 더디게 진행된다.

> **해설**
> 찹쌀가루를 찔 때 물을 주지 않고 찌기도 한다(아밀로펙틴의
> 함량이 높아서 수분을 많이 함유).

24 쌀의 수침 시 수분 흡수율에 영향을 주는 요인으로 틀린 것은?

① 쌀의 품종   ② 쌀의 저장 기간

③ 수침 시 물의 온도   ④ 쌀의 비타민 함량

> **해설**
> 쌀의 수침 시 수분 흡수율에 영향을 주는 요인은 계절, 수침시간,
> 쌀의 수분 함량, 물의 온도, 쌀의 품종 등 다양하다.

25 설기떡에 대한 설명으로 틀린 것은?

① 고물 없이 한 덩어리가 되도록 찌는 떡이다.

② 콩, 쑥, 밤, 대추, 과일 등 부재료가 들어가기도 한다.

③ 콩떡, 팥시루떡, 쑥떡, 호박떡, 무지개떡이 있다.

④ 무리병이라고도 한다.

> **해설**
> 시루떡은 시루에 쌀가루와 고물을 켜켜로 얹어 가며 쪄낸
> 떡이다.

26 빚은 떡 제조 시 쌀가루 반죽에 대한 설명으로 틀린 것은?

① 송편 등의 떡 반죽은 많이 치댈수록 부드러우면서 입의 감촉이 좋다.

② 반죽을 치는 횟수가 많아지면 반죽 중에 작은 기포가 함유되어 부드러워진다.

③ 쌀가루를 익반죽하면 전분의 일부가 호화되어 점성이 생겨 반죽이 잘 뭉친다.

④ 반죽할 때 물의 온도가 낮을수록 치대는 반죽이 매끄럽고 부드러워진다.

해설
익반죽은 곡류의 가루에 끓는 물을 넣어 반죽하는 것을 말한다. 경단, 화전 등을 익반죽해서 잠시 두었다가 사용하면 반죽이 더 부드럽다.

27 찰떡류 제조에 대한 설명으로 옳은 것은?

① 불린 찹쌀을 여러 번 빻아 찹쌀가루를 곱게 준비한다.
② 쇠머리떡 제조 시 멥쌀가루를 소량 첨가할 경우 군혀서 썰기에 좋다.
③ 찰떡은 메떡에 비해 찔 때 소요되는 시간이 짧다.
④ 팥은 1시간 정도 불려 설탕과 소금을 섞어 사용한다.

해설
찹쌀은 너무 곱게 빻으면 쌀가루가 잘 익지 않으므로 성글게 빻는다. 찹쌀가루를 빻을 때 약간 거친 듯하게 한 번만 빻는 것을 원칙으로 한다.

28 떡 반죽의 특징으로 틀린 것은?

① 많이 치댈수록 공기가 포함되어 부드러우면서 입안에서 감촉이 좋다.
② 많이 치댈수록 글루텐이 많이 형성되어 쫄깃해진다.
③ 익반죽할 때 물의 온도가 높으면 점성이 생겨 반죽이 용이하다.
④ 쑥이나 수리취 등을 섞어 반죽할 때 노화속도가 지연된다.

해설
글루텐은 밀가루에 들어있는 글리아딘과 글루테닌을 물과 함께 반죽하면 형성되는 단백질로 신장성과 탄력성을 준다.

29 백설기를 만드는 방법으로 틀린 것은?

① 멥쌀을 충분히 불려 물기를 빼고 소금을 넣어 곱게 빻는다.
② 쌀가루에 물을 주어 잘 비빈 후 중간체에 내려 설탕을 넣고 고루 섞는다.
③ 찜기에 시루 밑을 깔고 체에 내린 쌀가루를 꾹꾹 눌러 안친다.
④ 물 솥 위에 찜기를 올리고 15~20분 동안 찐 후 약한 불에서 5분간 뜸을 들인다.

해설
백설기는 쌀가루에 수분을 준 다음 골고루 비벼 섞어 체에 내린 후, 설탕을 넣고 가볍게 섞어 찌면 질감이 부드럽고 푹신하다.

30 설기떡에 대한 설명으로 틀린 것은?

① 고물없이 한 덩어리가 되도록 찌는 떡이다.
② 콩, 쑥, 밤, 대추, 과일 등 부재료가 들어가기도 한다.
③ 콩떡, 팥시루떡, 쑥떡, 호박떡, 무지개떡이 있다.
④ 무리병이라고도 한다.

해설
찹쌀은 너무 곱게 빻으면 쌀가루가 잘 익지 않으므로 성글게 빻는다. 찹쌀가루를 빻을 때 약간 거친 듯하게 한 번만 빻는 것을 원칙으로 한다.

31 인절미를 뜻하는 단어로 틀린 것은?

① 인병 ② 은절병
③ 절병 ④ 인절병

해설
인절미는 잡아당겨 끊는다라는 의미를 갖고 있으며 인절병, 인재미라고도 한다.

32 5색 인절미의 고물로 사용되지 않는 재료는?

① 푸른콩가루

② 흑임자가루

③ 거피팥고물

④ 참깨고물

> **해설**
> 5색 인절미를 만들 때 5색 고물은 거피팥고물, 붉은팥고물,
> 노랑콩고물, 푸른콩고물, 흑임자가루 등을 사용한다.

33 멥쌀로 만드는 떡이 아닌 것은?

① 인절미   ② 송편

③ 백설기   ④ 가래떡

> **해설**
> 인절미는 충분히 불린 찹쌀을 찰밥처럼 쪄서 안반이나 절구에
> 넣고 떡메로 쳐서 모양을 만든 뒤 고물을 묻힌 떡이다.

34 정월대보름 절식이며, 우리나라 말에 꿀을 '藥'이라 하는데 꿀을 넣어 만들고 중탕으로 찌는 떡은?

① 송편

② 가래떡

③ 약밥(약식)

④ 인절미

> **해설**
> 약밥(藥飯)은 약식(藥食)이라고도 하며 정월대보름 절식으로
> 우리나라 말에 꿀을 '藥'이라 하기 때문에 꿀을 넣어 만들어
> 약밥으로 불렸다.

35 전통적인 약밥을 만드는 과정에 대한 설명으로 틀린 것은?

① 간장과 양념이 한쪽에 치우쳐서 얼룩지지 않도록 골고루 버무린다.

② 불린 찹쌀에 부재료와 간장, 설탕, 참기름 등을 한 꺼번에 넣고 쪄낸다.

③ 찹쌀을 불려서 1차로 찔 때 충분히 쪄야 간과 색이 잘 베인다.

④ 양념한 밥을 오래 중탕하여 진한 갈색이 나도록 한다.

> **해설**
> 약밥은 찹쌀을 물에 충분히 불려 시루에 찐 다음 간장, 설탕 등을
> 섞고 마지막에 밤, 대추, 참기름 등을 섞어 다시 찐다.

36 콩설기떡을 만드는 방법 중 올바르지 않은 방법은?

① 떡을 20분 정도 찌고 불을 끄고 5분 정도 뜸을 들인 후 떡을 꺼낸다.

② 쌀가루와 불린 콩을 혼합한 후 뭉쳐서 덩어리를 만 들어 찐다.

③ 마른 콩은 8시간 정도 불려 물기를 뺀 다음 살짝 설 삶거나 쪄서 식혀서 사용한다.

④ 쌀가루에 물을 넣고 골고루 비벼 체에 내린다.

> **해설**
> 쌀가루에 수분을 준 다음 골고루 비벼 섞어 체에 내린 후 쪄야
> 질감이 부드럽고 푹신하다.

37 인절미를 칠 때 사용되는 도구가 아닌 것은?

① 절구   ② 안반

③ 떡메   ④ 떡살

38 가래떡 제조과정의 순서로 옳은 것은?

① 쌀가루 만들기 – 안쳐 찌기 – 용도에 맞게 자르기
– 성형하기

② 쌀가루 만들기 – 소 만들어 넣기 – 안쳐 찌기 – 성
형하기

③ 쌀가루 만들기 – 익반죽하기 – 성형하기 – 안쳐
찌기

④ 쌀가루 만들기 – 안쳐 찌기– 성형하기 – 용도에
맞게 자르기

해설
가래떡 류는 치는 떡의 일종으로 멥쌀가루를 쪄서 안반에 놓고
친 다음 길게 밀어서 만든다.

39 일반적으로 물에 불린 백미는 중량이 몇 배로 증가하는가?

① 1.2배   ② 1.5배
③ 1.8배   ④ 2.0배

해설
불린 백미는 부피가 1.2배, 중량이 1.5배 증가한다.

40 떡에 간을 하기 위하여 곡식가루에 소금을 넣는 시점은?

① 수세   ② 수침
③ 증자   ④ 분쇄

해설
수침 후 물 빼기를 한 후 분쇄를 할 때 일정량의 소금을 넣어준다.

41 다음 중 송편의 소로 적당하지 않은 것은?

① 콩   ② 조
③ 깨   ④ 밤

해설
송편의 소는 콩, 깨, 녹두, 밤, 팥을 주로 사용한다.

42 반죽을 만들 때 뜨거운 물을 부어 하는 반죽은?

① 익반죽   ② 날반죽
③ 생반죽   ④ 찰진반죽

해설
익반죽은 곡류의 가루에 끓는 물을 넣어 반죽하는 것을 말한다.
경단, 화전, 송편 등을 만들 때 익반죽을 한다.

43 찌는 찰떡류의 종류가 아닌 것은?

① 쇠머리떡   ② 구름떡
③ 영양떡   ④ 콩설기

해설
찌는 찰떡류는 찹쌀가루에 여러 부재료를 섞어서 쪄내어 모양을
만들거나 찐 떡을 쳐서 모양을 잡아서 만든다. 찌는 찰떡류에는
쇠머리떡(모듬배기떡), 구름떡, 영양떡, 콩찰떡 등이 있다.

44 부풀려서 찌는떡으로 쌀가루를 술로 반죽하여 부풀게 한
다음 틀에 담고 찌는 떡은?

① 송편   ② 증편
③ 화전   ④ 경단

해설
증편은 멥쌀가루에 소금을 넣고 체에 내린 후, 막걸리, 소금,
설탕, 물을 넣어 나무주걱으로 골고루 저은 후에 35~40℃ 정도의
온도를 유지시키며 발효시켜 찌는 부풀려서 찌는 떡류이다.

45 백설기를 만드는 방법으로 틀린 것은?

① 멥쌀을 충분히 불려 물기를 빼고 소금을 넣어 곱게 빻는다.

② 쌀가루에 물을 주어 잘 비빈 후 중간체에 내려 설탕을 넣고 고루 섞는다.

③ 찜기에 시루밑을 깔고 체에 내린 쌀가루를 꾹꾹 눌러 안친다.

④ 물 솥 위에 찜기를 올리고 15~20분 동안 찐 후 약한 불에서 5분간 뜸을 들인다.

> **해설**
> 백설기는 쌀가루에 수분을 준 다음 골고루 비벼 섞어 체에 내린 후, 설탕을 넣고 가볍게 섞어 찌면 질감이 부드럽고 푹신하다.

46 백병이라고도 하며 멥쌀가루를 쪄낸 다음 절구에 쳐서 둥글고 길게 비벼서 만든 떡은?

① 인절미   ② 잣구리

③ 가래떡   ④ 화전

> **해설**
> 가래떡을 흰떡이라 하여 한자로 백병(白餠)이라고 한다.

47 떡의 종류로 바르게 짝지어진 것은?

① 지지는 떡류 – 화전, 대추단자

② 가래떡류 – 가래떡, 절편

③ 치는 찰떡류 – 송편, 약밥

④ 설기떡류 – 두텁단자, 콩찰편

> **해설**
> 지지는 떡류에는 화전, 부꾸미, 주악, 산승 등이 있다.
> 치는 찰떡류에는 쇠머리떡(쇠머리찰떡), 구름떡, 영양떡, 콩찰떡 등이 있다.
> 설기떡류에는 백설기, 콩설기, 밤설기, 모듬설기, 호박설기 등이 있다.

48 떡류의 보관관리에 대한 설명으로 틀린 것은?

① 당일 제조 및 판매 물량만 확보하여 사용한다.

② 오래 보관된 제품은 판매하지 않도록 한다.

③ 진열 전의 떡은 서늘하고 빛이 들지 않는 곳에서 보관한다.

④ 여름철에는 상온에서 24시간까지는 보관해도 된다.

> **해설**
> 온도가 높은 여름철에는 보관 온도를 낮추어 냉장 또는 냉동 보관해야 하는데 0~4℃ 사이인 냉장온도는 떡이 노화되기 가장 쉬운 온도이므로 냉동 보관한다.

49 설기 제조에 대한 일반적인 과정으로 옳은 것은?

① 멥쌀은 깨끗하게 씻어 8~12시간 정도 불려서 사용한다.

② 쌀가루는 물기가 있는 상태에서 굵은 체에 내린다.

③ 찜기에 준비된 재료를 올려 약한 불에서 바로 찐다.

④ 불을 끄고 20분 정도 뜸을 들인 후 그릇에 담는다.

> **해설**
> 설기떡은 면보를 덮고 찜통에 얹어 김이 오르면 뚜껑을 덮고 20분 정도 찐다. 불을 끄고 5분 정도 뜸을 들인 후 떡을 꺼낸다.

50 떡의 저장 방법으로 알맞은 것은?

① 냉장(0~10℃) 보관한다.

② 냉동(-18℃ 이하) 보관한다.

③ 상온(15~25℃) 보관한다.

④ 실온(1~35℃) 보관한다.

> **해설**
> 떡은 미생물 번식에 의한 변질 방지와 노화를 지연시키기 위하여 냉동 보관한다.

51 냉동과 냉장 방법에 대하여 설명이 바르지 않은 것은?

① 냉동온도는 -18℃ 이하에서 보관하는 것이다.

② 냉동에서는 모든 식품의 미생물이 사멸된다.

③ 냉장온도(0~10℃) 전분의 노화가 가장 빠르게 일어나는 온도이다.

④ 냉장은 채소나 과일 등의 저장에 이용한다.

> **해설**
> 냉동은 모든 식품의 미생물을 완전히 사멸시키는 것이 아니라 미생물의 증식을 억제시켜 보존기간을 연장시키는 방법이다.

52 비교적 안전한 소재로 투명도와 방습성이 좋고 유지에도 안전해서 도넛, 쿠키, 스낵류 등에 많이 사용되는 포장재는?

① 폴리프로필렌

② 알루미늄

③ 셀로판

④ 폴리스타이렌

> **해설**
> 폴리프로필렌(PP)은 비교적 안전한 소재로 비닐포장지에 많이 사용된다.
> – 투명도와 방습성이 좋고 유지에도 안전해서 도넛, 쿠키, 스낵류 등에 많이 사용되고 있다.
> – 강도와 내열성도 우수하다.

53 떡류의 포장 재질로 주로 사용되는 포장재는?

① 종이　　　　　　② 폴리에틸렌

③ 도자기　　　　　④ 유리

> **해설**
> 폴리에틸렌은 인체에 무독성으로 식품이 직접 닿아도 되는 소재이다. 수분 차단성이 좋아 식품 포장용으로 많이 쓰인다.

54 냉장 방법에 대하여 설명이 바른 것은?

① 냉장온도는 -18℃ 이하에서 보관하는 것이다.

② 냉장에서는 모든 식품의 미생물이 사멸된다.

③ 전분의 노화가 가장 빠르게 일어나는 온도이다.

④ 냉장은 육류나 어류 등의 저장에 이용한다.

> **해설**
> 냉장은 식품의 변질을 일시적으로 방지하기 위하여 보통 0~10℃의 저온에서 식품을 저장하는 방법으로 채소나 과일 등에 이용한다.

55 떡류 제품의 표시사항으로 적당하지 않은 것은?

① 가격　　　　　　② 제품명

③ 식품의 유형　　　④ 유통기한

> **해설**
> 식품의 표시사항은 식품에 대한 올바른 표시를 하도록 하여 소비자의 알 권리를 보장하고 건전한 거래질서를 확립함으로써 소비자 보호에 이바지함을 목적으로 하는 것으로 제품명, 식품의 유형, 업소명 및 소재지, 유통기한, 내용량, 원재료명 등을 표시한다.

56 떡의 포장 방법으로 알맞지 않은 것은?

① 떡의 포장지에는 표시사항을 부착한다.

② 기계 포장 시에는 금속 검출기를 통과시켜 기계 포장 시 발생할지도 모를 금속류를 검출한다.

③ 수분함량이 많이 남아 있는 상태에서 포장을 한다.

④ 포장지에 습기가 차지 않도록 떡을 냉동고에 잠깐 넣어 온도를 떨어뜨린 후 포장을 한다.

> **해설**
> 떡에 수분함량이 많이 남아 있는 상태에서 포장을 하게 되면 미생물에 의해 변질되기 쉬우며, 수분함량이 부족하면 노화되기 쉽다.

57 다음 포장재에서 합성수지가 아닌 것은?

① 폴리에틸렌
② 폴리프로필렌
③ 알루미늄
④ 폴리스타이렌

해설
알루미늄은 알루미늄 단독 또는 종이나 플라스틱에 붙여 사용한다. 광선을 차단하는 성질이 있다.

58 포장용기 선택 시 고려사항이 아닌 것은?

① 유해물질이 함유되지 않고 위생적이어야 한다.
② 방수성이 없고 통기성이 있어야 한다.
③ 포장했을 때 상품의 가치를 높일 수 있어야 한다.
④ 단가가 낮고 포장에 의하여 제품이 변형되지 않아야 한다.

해설
포장용기의 선택에서 포장용기는 방수성이 있고 통기성이 없어야 제품의 노화를 지연시킬 수 있다.

59 포장의 목적으로 맞지 않은 것은?

① 수분 증발 촉진
② 상품 가치의 보존 및 향상
③ 제품의 미생물 오염 방지
④ 고객의 편리성

해설
포장의 목적에는 수분 증발을 방지하여 제품의 노화를 지연시키는 것도 포함된다.

60 식품 등의 기구 또는 용기·포장의 표시기준으로 틀린 것은?

① 재질
② 영업소 명칭 및 소재지
③ 소비자 안전을 위한 주의사항
④ 섭취량, 섭취방법 및 섭취 시 주의사항

해설
식품 등의 표시·광고에 관한 법률
제4조(표시의 기준)
1. 식품 등에는 다음 각 호의 구분에 따른 사항을 표시하여야 한다. 다만, 총리령으로 정하는 경우에는 그 일부만을 표시할 수 있다.
- 기구 또는 용기·포장
가. 재질
나. 영업소 명칭 및 소재지
다. 소비자 안전을 위한 주의사항
라. 그 밖에 소비자에게 해당 기구 또는 용기·포장에 관한 정보를 제공하기 위하여 필요한 사항으로서 총리령으로 정하는 사항으로 섭취량, 섭취방법 및 섭취 시 주의사항 등은 식품, 식품첨가물 또는 축산물의 표시에 해당한다.

떡제조기능사

PART 3
위생·안전관리

Chapter 01 개인 위생관리

Section 01 개인 위생관리 방법

1. 개인 위생관리

1) 건강검진 및 위생교육

(1) 건강검진

① 연 1회 종사원 건강검진을 실시한다.

② 건강검진 결과서는 검진일로부터 1년간 유효하다.

③ 음식을 통해 전염될 수 있는 감염성질환(장티푸스균, 이질균, 대장균, A형 간염 등)을 검사한다.

④ 건강진단결과 감염성 질환자는 식품을 취급할 수 없다(식품위생법 제 40조).

(2) 매일 개인 건강 상태 점검

① 매일 영업 시작 전, 전 종사원의 건강상태를 체크한다.

② 설사, 구토 등의 증세가 있을 시 식품 취급을 금지한다.

③ 설사, 구토, 황달, 계속되는 기침 또는 콧물 증상이 있는 경우, 감염성 질환이 의심되므로 음식물 취급 작업에서 배제해야 한다.

(3) 위생교육

① 종사원 대상 월 1회 이상 정기적인 위생교육을 실시한다.

② 영업자 연 1회 의무교육을 실시한다.

③ 식품접객업 영업자의 종업원은 매년 식품위생에 관한 교육을 받아야 한다(식품위생법 제41조).

2) 복장 및 용모

(1) 복장

① 위생모는 머리카락이 외부로 노출되지 않도록 착용한다.

② 위생복은 밝은 색, 긴 소매, 주머니가 없는 것이 적합하다.

③ 위생화는 바닥이 미끄럽지 않은 방수 소재로 착용한다.

④ 앞치마는 조리 작업용과 청소용으로 구분하여 착용한다.

⑤ 앞치마는 이물이 묻기 쉬워 청결이 유지되도록 관리한다.

⑥ 마스크는 음식 만들 때나 제공시에 착용하여 구강 분비물 혼입을 방지한다.

⑦ 청결하지 못한 복장은 조리하는 음식을 오염시킬 수 있으며 마스크나 위생모의 착용은 이물의 혼입을 방지해 준다(식품위생법 제3조).

(2) 용모

① 두발, 손톱은 짧고 청결하게 관리한다.

② 각종 장신구 및 시계 착용을 금지한다.

③ 시계와 장신구(반지, 팔찌)는 손을 올바르게 씻는 것을 방해한다.

④ 매니큐어, 광택제 사용 금지 : 매니큐어의 화학성분이 음식물에 혼입될 수 있다.

(3) 장갑

① 일회용 장갑은 1회만 사용한다.

② 같은 작업을 지속하더라도 4시간마다 장갑을 교체한다.

③ 일회용 장갑을 착용 전 올바른 손 씻기 방법에 준한 손 세정을 한다.

④ 일회용 장갑을 교체하지 않고 작업하다가 파손될 시 교차오염을 일으킬 수 있다.

⑤ 고무장갑은 작업에 맞게 색깔별로 구분하여 사용하여 교차오염을 방지한다.

⑥ 고무장갑은 철저하게 세척 및 살균 소독한다.

(4) 복장의 보관

① 위생복(상단)과 평상복(하단)은 구분하여 보관한다.

② 위생화(상단)과 실외화(하단)는 구분하여 보관한다.

③ 위생복(화)과 평상복(화)를 함께 보관하면 교차오염을 일으킬 수 있으므로 구분하여 보관 · 관리가 필요하다.

3) 손

(1) 손 씻는 시설

① 세면대 구비

② 손 씻는 비누 또는 소독제, 손톱 세척 솔, 일회용 티슈 또는 건조기, 페달식 휴지통 등 구비

(2) 손 씻는 시점

① 작업장에 들어오기 전

② 원재료를 다듬거나 세척 작업 후

③ 생고기, 가금류, 어패류, 달걀을 만진 후

④ 청결하지 못한 물품, 접시, 기구 등을 다룬 후

⑤ 청소를 하거나 살균 · 소독 등 화학약품을 다룬 후

⑥ 장갑 사용 전 · 후

⑦ 화장실 이용 후

⑧ 코를 풀거나 재채기를 하고 난 후

⑨ 핸드폰을 사용한 후

⑩ 신체부위(귀, 입, 코, 머리카락)를 만지고 난 후

(3) 손 위생

① 손을 씻을 때는 역성비누를 이용하여 흐르는 물에 깨끗이 씻는다.

② 역성비누는 손 소독에 사용되며 일반 비누와는 달리 살균효과는 좋지만 세척력은 약하다.

③ 손 소독을 할 때는 70%의 에틸알코올을 희석하여 분무용기에 담아 뿌려 사용한다.

(4) 손에 상처가 났을 때

① 상처 부위의 감염된 세균이 음식물을 오염시킬 수 있으므로 음식물 취급을 금지한다.

② 처치방법 : 응급 처치 및 소독 → 밴드 부착 → 골무 끼고 라텍스 장갑을 착용한다.

4) 작업 시 위생적인 행동

(1) 화장실 이용 시

① 위생화를 벗고 외부용(화장실 전용) 신발을 이용한다.

② 화장실 사용 후 올바른 손 씻기를 준수한다.

(2) 조리 중 행동 수칙

① 조리 중 흡연, 껌 씹기, 음식물 섭취 금지 : 담뱃재나 다른 음식물에 의해 조리되는 음식이 오염될 수 있다.

② 싱크대에서 손 씻기 금지 : 손에 있던 오염물질이 싱크대에 남거나 물이 튀어 조리에 사용되는 식재료나 기구를 오염시킬 수 있다.

③ 맛을 볼 때는 용기에 덜어서 맛을 본다. 국자나 수저로 음식을 직접 맛을 보면 타액에 의해 오염될 수 있다.

④ 조리 중 옆 사람과 잡담하지 않는다. 조리 중 이야기를 나누면 타액이 음식을 오염시킬 수 있다.

오염 및 변질의 원인

1. 미생물에 의한 식품의 오염

1) 미생물의 정의 및 크기

① 미생물의 정의 : 단세포 또는 균사의 형태인 생물로 육안으로 볼 수 없는 미세한 생물군을 말한다.

② 미생물의 크기 : 곰팡이 〉 효모 〉 세균 〉 바이러스의 순이다.

2) 미생물의 종류 및 특성

(1) 세균류(Bacteria)

① 형태에 따른 분류 : 구균, 간균, 나선균

② 2분법으로 증식하고 세균성 식중독, 경구 감염병, 부패의 원인이 된다.

(2) 곰팡이(Mold)

① 균류 중 실모양의 균사를 형성하는 미생물이다.

② 식품의 제조와 변질에 관여한다.

(3) 효모(Yeast)

① 빵, 술 등의 식품 제조와 변질에 관여하며 병원성을 갖는 것은 드물다.

② 출아법으로 번식하며 비운동성이다.

(4) 바이러스(Virus)

① 미생물 중에서 가장 작은 것으로 살아있는 세포에서만 생존한다.

② 천연두, 인플루엔자, 일본뇌염, 광견병, 소아마비 등의 병원체이다.

3) 미생물의 생육에 필요한 인자

(1) 식품

식품은 미생물이 필요로 하는 탄소, 질소, 비타민, 무기질 등의 영양소를 가진 좋은 영양 배지가 된다.

(2) 수분

① 미생물의 몸체의 주성분이며, 생리기능을 조절하는 데 필요하다.

② 수분활성도(Aw) : 식품의 수분 중에서 미생물의 증식에 이용될 수 있는 상태인 수분의 양을 수분활성도라 한다. 세균 0.95, 효모 0.87, 곰팡이 0.80 이하일 때 증식이 저지된다.

(3) 온도

① 미생물의 종류에 따라 성장 가능한 온도가 다르다.

② 미생물과 온도

　　㉠ 저온성균 : 0~25℃(최적온도 10~20℃)

　　㉡ 중온성균 : 15~55℃(최적온도 25~37℃)

　　㉢ 고온성균 : 40~70℃(최적온도 50~60℃)

(4) 최적 pH(수소이온농도)

① 일반적으로 세균은 중성 또는 알칼리성에서 잘 증식하고 pH 4.5 이하에서는 증식하지 못한다.

② 효모, 곰팡이 : pH 4.5~6(산성)

③ 세균 : pH 6.5~7.5(중성, 알칼리성)

(5) 산소

① 혐기성균 : 산소가 있으면 생육에 지장을 받고 없어야 증식이 되는 균

② 호기성균 : 산소가 존재하는 상태에서만 증식하는 균

③ 통성혐기성균 : 산소가 있어도 이용하지 않으며 산소가 있거나 없어도 증식 가능한 균

(6) 삼투압

① 세균 증식은 식염, 설탕에 의한 삼투압에 영향을 받는다.

② 일반 세균은 3% 식염에서 증식이 억제되나 호염세균은 3%의 식염에서 증식한다.

2. 식품의 변질

1) 식품 변질의 종류

구분	내용
부패(putrefaction)	단백질과 같은 함질소 유기물이 미생물의 분해되는 과정에서 악취를 내거나 인체에 유해한 물질을 생성하여 먹을 수 없게 되는 현상
변패(deterioration)	질소를 함유하지 않는 탄수화물, 지방이 미생물의 작용에 의해 변질되는 현상
산패(rancidity)	지방이 공기, 빛 등에 의해 분해되어 악취를 내고 변색되는 현상으로 미생물에 의한 식품의 변질 현상은 아님
발효(fermentation)	탄수화물이 미생물이나 효소의 작용에 의해 분해되어 유기산, 알코올, 탄산가스 등을 생성하는 현상으로 분해 산물을 이용할 수 있음

2) 식품의 부패 판정법

① 관능검사

　㉠ 가장 간단한 방법으로 눈, 코, 입 등의 감각기관을 이용한 방법

ⓛ 부패의 순서는 냄새의 발생, 색깔의 변화, 조직의 변화, 이상한 맛이나 불쾌한 맛의 발생 순이다.

　　ⓒ 개인차가 있어서 객관적 표준이 되지는 못한다.

　② 미생물학적 검사(생균수 검사) : 식품의 초기부패 단계는 식품 1g당 또는 1mL당 $10^7 \sim 10^8$이다.

　③ 물리적 검사 : 식품의 점성, 탄성, 경도 등을 측정하는 방법

　④ 화학적 검사

　　⊙ 휘발성 염기질소(단백질 부패 시 아민류, 암모니아 등 생성) · 초기부패 : 30~40mg%

　　ⓛ 트리메탈아민(TMA, 어류의 비린내 성분) · 초기부패 : 4~6mg%

　　ⓒ 히스타민(histamine, 알레르기 유발물질) · 초기부패 : 4~10mg%

　⑤ pH 검사 : 초기부패 pH 6.2~6.5

3) 식품의 변질 방지 방법

(1) 물리적 방법

　① 냉장 및 냉동법

　　⊙ 미생물의 증식을 억제시키려는 목적으로 식품을 저온에 보존하는 방법이다.

　　ⓛ 보통 0℃ 이하에서 보존하는 것을 냉동, 1~10℃에서 보존하는 것을 냉장이라 한다.

　　　• 움저장법 : 10℃ 전후 움 속에서 저장하는 방법, 감자, 고구마, 채소, 과일류의 보존에 이용

　　　• 냉장법 : 일반적으로 식품을 0~4℃로 보존하는 방법으로 일반 식품의 단기간 저장에 이용되나 장기
　　　　간 보존은 불가능, 채소, 과일류의 보존에 이용

　　　• 냉동법 : 식품을 냉동(-15~-18℃) 상태에서 동결시켜 보존하는 방법으로 식품의 조직에 변화를 주는
　　　　단점이 있으나 장기간 보존이 가능, 육류, 어류, 알류, 과일, 채소 등 광범위하게 이용

　② 건조법

　　식품 중의 수분을 감소시켜 수분활성도를 낮추어 세균의 발육을 저지함으로써 식품을 보존하는 방법이다.

　　⊙ 일광건조법 : 농산물과 해산물 등을 햇볕에 건조시키는 방법으로 품질이 저하된다는 점과 넓은 면적이
　　　필요한 단점이 있다.

　　ⓛ 인공건조법

　　　• 고온건조법 : 식품을 90℃ 이상의 고온에서 건조시키는 방법

　　　• 열풍건조법 : 가열한 공기를 보내서 식품을 건조시키는 방법 단시간에 건조되어 품질의 변화는 적으
　　　　나 경비가 많이 든다. 육류, 어류, 난류 등에 이용

　　　• 배건법 : 식품을 직접 불로 건조 시키는 방법으로 보리차, 홍차 등에 이용

　　　• 동결건조법 : 식품을 냉동시킨 후 저온에서 건조시키는 방법으로 한천, 건조두부, 당면 등에 이용

　　　• 분무건조법 : 액체식품을 분무하여 열풍으로 건조시키는 방법으로 분유, 커피 등에 이용

• 감압동결건조법 : 식품을 동결시킨 후 감압 하에서 건조시키는 방법으로 채소, 알류 등에 이용

ⓒ 가열살균법 : 식품을 가열하여 미생물을 사멸하는 것과 동시에 효소를 파괴하여 식품의 변질을 방지하여 보존시키는 방법

  • 저온장시간살균법(LTLT, pasteurization) : 62~65℃에서 30분간 살균하는 방법으로 우유, 술, 과즙, 소스, 간장 등에 이용

  • 고온단시간살균법(HTST, high temperature short time method) : 70~72℃에서 15초간 살균하는 방법으로 과즙, 우유 등에 이용

  • 초고온살균법(UHTH, ultra high temperature heating method) : 130~150℃에서 1~2초간 살균하는 방법으로 우유나 과즙 등에 이용

  • 고온장시간살균법(HTLT, high temperature long time method) : 95~120℃에서 30~60분간 가열하는 방법으로 통조림 살균에 이용

ⓔ 조사살균법

  • 자외선 살균법 : 일광 또는 자외선 살균 등을 이용하여 살균하는 방법

  • 방사선 살균법 : 식품에 코발트 60(Co^{60}) 등의 방사선을 조사하여 균을 죽이는 방법

(2) 화학적 방법

① 염장법

  ㉠ 소금에 절이는 방법으로 식품에 소금을 넣으면 삼투압이 높아져서 식품은 탈수되어 미생물 발육이 억제된다.

  ㉡ 해산물, 육류, 채소 등의 저장에 주로 사용된다.

② 당장법

  ㉠ 설탕 액에 담그는 방법으로 설탕 농도 50% 이상이면 미생물 발육이 억제(삼투압 이용)된다.

  ㉡ 젤리, 잼, 연유 등의 저장에 주로 사용된다.

③ 산저장법

  ㉠ pH가 낮은 젖산, 초산, 구연산 등을 이용하여 저장하는 방법이다.

  ㉡ 채소 및 과일 등의 저장에 사용된다.

④ 화학물질 첨가

  ㉠ 합성보존료, 산화방지제 등을 식품에 첨가하는 것이다.

  ㉡ 식품첨가물 첨가 시 식품위생법에 의한 사용기준과 첨가량을 준수해야 한다.

⑤ CA저장(가스저장)

  ㉠ 탄산가스나 질소가스와 같은 불활성 가스를 충전하여 산소 함량을 적게 하여 호흡을 차단한다.

ⓒ 채소, 과일 등의 저장에 주로 사용된다.
⑥ 훈연법
　ⓐ 활엽수를 태워서 나는 연기와 함께 알데하이드, 페놀 등의 살균물질을 침투시켜 저장하는 방법이다.
　ⓑ 햄, 소시지 같은 육류 식품에 사용된다.

Section 03　감염병 및 식중독의 원인과 예방대책

1. 감염병의 개요

- 병원체의 감염으로 인해 질병이 발생 되었을 경우를 감염성질환이라 한다.
- 감염성 질환이 전염성을 가지고 새로운 숙주에게 질병을 전파시키는 것을 감염병이라 한다.

1) 감염병 발생의 3대 요소

(1) 감염원(병원체를 내포하는 모든 것)
　① 병원체 : 병의 원인이 되는 미생물로 세균, 바이러스 등
　② 병원소 : 병원체가 증식하고 생존하여 질병이 전파될 수 있는 상태로 저장되는 장소(인간(환자, 보균자),
　　동물, 토양 등)
　※ 보균자 : 병의 증상은 나타나지 않지만 몸 안에 병원균을 가지고 있어 평상시에 또는 때때로 병원체를 배
　　출하고 있는 사람
(2) 감염경로(병원체 전파 수단이 되는 것)
(3) 숙주의 감수성 : 숙주에게 병원체가 침입하여 질병이 발생하는 경우 감수성이 있다고 한다.

2. 감염병의 종류

1) 법정감염병

(1) 개요
　① 질환별 특성(물/식품매개, 예방접종대상 등)에 따른 군(群)별 분류에서 심각도 · 전파력 · 격리수준을 고
　　려한 급(級)별 분류로 개편(2020. 1. 1 현재)

② 제1급 감염병

　㉠ 정의 : 생물테러감염병 또는 치명률이 높거나 집단 발생 우려가 커서 발생 또는 유행 즉시 신고하고 음압격리가 필요한 감염병(17종)

　㉡ 에볼라바이러스병, 두창, 페스트, 탄저, 야토병, 중증급성호흡기증후군(SARS), 중동호흡기증후군(MERS), 신종코로나 포함 신종감염병증후군 등

③ 제2급 감염병

　㉠ 정의 : 전파가능성을 고려하여 발생 또는 유행시 24시간 이내에 신고하고 격리가 필요한 감염병(20종)

　㉡ 결핵, 수두, 홍역, 콜레라, 장티푸스, 파라티프스, 세균성이질, A형간염 등

④ 제3급 감염병(26종)

　㉠ 정의 : 발생 또는 유행 시 24시간 이내에 신고하고 발생을 계속 감시할 필요가 있는 감염병

　㉡ 파상풍, B형간염, 일본뇌염, 발진티푸스, 발진열, 말라리아 등

④ 제4급 감염병(23종)

　㉠ 정의 : 제1급~제3급 감염병 외에 유행 여부를 조사하기 위해 표본감시 활동이 필요한 감염병

　㉡ 인플루엔자, 매독, 회충증, 편충증, 요충증, 수족구병 등

2) 경구감염병

(1) 개요

① 오염된 식품, 손, 물, 곤충, 식기류 등에 의해 병원체가 입을 통하여 침입하여 감염을 일으키는 소화기계통 감염병을 말한다.

② 적은 양으로 감염이 잘되며 2차 감염이 되는 경우가 많다.

(2) 경구감염병의 구분

① 세균성 경구 감염병

　㉠ 장티푸스 : 파리가 매개체이며 우리나라에서 가장 많이 발생하는 급성 감염병으로 잠복기가 길며 40℃ 이상의 고열이 2주가 계속된다.

　㉡ 세균성이질 : 비위생적인 시설에서 많이 발생하며 기후와 밀접한 관계가 있다. 환자, 보균자의 직접 접촉에 의한 것이 많다.

　㉢ 파라티푸스 : 증상이 장티푸스와 비슷하다.

　㉣ 콜레라 : 잠복기가 가장 짧다.

② 바이러스성 경구감염병 : 소아마비(급성회백수염 또는 폴리오), 유행성 간염, 천열, 감염성 설사

3) 인수 공통 감염병

(1) 개요

① 인간과 척추동물 사이에 자연적으로 전파되는 질병이다.

② 인간과 동물이 동일한 병원체에 의해서 발생하는 질병이나 감염상태이다.

(2) 인수공통감염병의 종류

① 탄저병

- 소, 말, 산양 등의 가축에 나타난다.

- 사람의 탄저는 감염 부위에 따라 피부, 장, 폐탄저가 된다.

- 기도를 통하여 감염되는 폐탄저는 급성 폐렴을 일으켜 패혈증이 된다.

② 브루셀라증(파상열)

- 동물에게 유산을 일으킨다.

- 사람에게 침입하면 고열이 나는데 발열현상이 간격을 두고 나타나기 때문에 파상열이라 한다.

③ 야토병

- 산토끼나 설치류 사이에 유행하는 감염병이다.

- 오한과 발열 등 열성 증상을 일으킨다.

④ 결핵

- 병에 걸린 소의 유즙이나 유제품을 거쳐 사람에게 경구 감염된다.

- 정기적인 투베르클린(tuberculin) 반응 검사를 실시하여 감염여부를 확인한다.

- 사람이 음성인 경우에는 BCG접종을 한다.

⑤ Q열

- 쥐, 소, 양, 염소 등 병원균이 존재하는 동물의 배설물에 접촉하면 감염된다.

- 발열과 함께 호흡기 증상이 나타난다.

⑥ 돈단독

- 돼지, 소, 말, 양, 닭 등 가축의 장기나 고기를 다룰 때 피부의 창상으로 균이 침입하거나 경구 감염된다.

- 보통 증상이 가볍지만 급성패혈증을 일으키는 경우가 있다.

3. 기생충과 위생동물

1) 기생충

- 인체에 기생하는 기생충은 주로 식품을 매개체로 하여 경구감염시킨다.

- 소화기계를 비롯하여 여러 기관에 기생한다.

(1) 채소류에서 감염되는 기생충

종류	증상 및 예방법
회충	• 우리나라의 대표적인 기생충, 분변을 이용하여 채소를 재배하여 발생, 채소를 통하여 경구감염 • 예방법 : 분변 비료사용 금지, 채소의 청정재배(淸淨栽培), 차아염소산 용액(200~300배 희석액)에 담갔다 흐르는 물에 세척
구충 (십이지장충)	• 세계적으로 널리 분포, 종류에 따라 입이나 피부로 감염 • 예방법 : 분변 사용금지, 가열조리와 채소 세척 등 위생관리 철저, 구충제 복용
요충	• 소장 하부에 기생하며 야간에 항문 주위나 회음부로 이동하여 산란한 후 다시 장으로 들어가 기생, 침구, 의자, 욕조를 통해 경구감염 • 예방법 : 손의 청결 유지와 소독 철저, 침구류와 의류 자주 교환 및 세탁, 집단 감염이 되므로 구성원 모두가 한 번에 구충제를 복용
편충	• 세계 각처에서 발견되며 발현률 높다. • 예방법 : 인분을 위생적으로 처리하고 손을 자주 씻어 청결하게하고 채소를 깨끗이 씻어 먹는다.
동양모양선충 (동양털화충)	• 채소를 통해 경피(피부)감염(염에 강하기 때문에 김치를 통해 감염) • 예방법 : 분변 사용금지, 가열조리와 채소 세척 등 위생관리 철저

(2) 육류에서 감염되는 기생충

종류	증상 및 예방법
무구조충 (민촌충)	• 경구감염, 분변과 함께 배출된 충란, 체절 → 소 → 사람 • 예방법 : 소의 사료나 목초 등이 분뇨에 오염되지 않도록 관리, 쇠고기를 생식을 피하고 충분히 가열 섭취
유구조충 (갈고리촌충)	• 경구감염, 분변과 함께 배출된 충란, 체절 → 돼지 → 사람 • 예방법 : 돼지고기의 생식이나 불안전한 가열조리식품, 염장육·훈제육 등에 주의
선모충	• 전 세계적으로 분포, 경구감염, 쥐 → 돼지→사람에게 감염, 돼지고기를 날것으로 먹어서 감염 • 예방법 : 쥐를 잡고, 위생적인 돼지 사육과 돼지고기의 충분한 가열

(3) 어패류에서 감염되는 기생충

종류	상세설명
간디스토마 (간흡충)	• 충란 → 왜우렁이(제1중간숙주) → 담수어(잉어·참붕어·붕어 등)(제2중간숙주) → 사람 • 예방법 : 담수어의 생식 금지, 충분한 가열조리, 왜우렁이 제거
폐디스토마 (폐흡충)	• 충란 → 다슬기(제1중간숙주) → 갑각류(게, 가재 등)(제2중간숙주) → 사람 • 예방법 : 갑각류의 생식 금지, 충분한 가열조리, 조리에 사용하는 조리기와 손의 청결 및 소독 필요
아니사키스 (고래 회충)	• 충란이 고래의 분변과 함께 배출 → 해산 갑각류 → 대구 청어, 명태, 오징어, 고등어 → 사람 • 예방법 : 생선회를 생으로 먹지 않거나, 냉동시켜 기생충을 사멸시킨 다음 섭취

(4) 기생충 감염 예방

① 조리도구는 세척·소독하여 사용한다.

② 어패류나 육류는 반드시 익혀 섭취한다.

③ 채소는 흐르는 물에 세척한다.

④ 개인위생 관리를 철저히 하고 구충제를 복용한다.

⑤ 채소는 분변으로 만든 비료를 사용하지 않고 청정재배한다.

2) 위생동물과 위생곤충

식품과 관련 있는 위생동물과 위생곤충에는 쥐, 파리, 바퀴벌레, 진드기 등이 있다.

(1) 위생동물과 위생곤충에 의한 감염병

종류	질병의 종류 및 구제 방법
쥐	• 전파 질병 : 결핵, 유행성 출혈열, 페스트, 발진열, 서교증, 아메바성 이질, 쯔쯔가무시병, 살모넬라 식중독 등 • 쥐가 건물이나 먹이에 침입할 수 없도록 통로를 차단 • 살서제나 쥐덫 등을 이용
파리	• 전파 질병 : 이질, 콜레라, 장티푸스, 디프테리아, 결핵, 파라티푸스, 회충, 십이지장충, 요충, 편충, 화농성 질환 등 • 환경위생을 개선하여 파리의 발생 원인을 제거 • 방충망, 덮게 설치, 살충제, 끈끈이 테이프 등을 이용하여 구제
바퀴벌레	• 전파 질병 : 이질, 콜레라, 장티푸스, 페스트, 소아마비, 민촌충, 회충 등 • 발생 원인 및 서식처를 제거하고 음식물을 철저히 관리 • 살충제나 유인제를 이용한 접착제, 독이법, 훈증법 등을 이용하여 구제
진드기	• 전파 질병 : 유행성 출혈열, 양충병, 쯔쯔가무시병, 재귀열 등 • 식품을 밀봉하여 보관, 냉장·냉동 보관, 식품을 건조 시켜 보관 • 살충제 등을 이용하여 구제

(2) 구제 방법

① 모든 식품은 자격을 갖춘 신용있는 공급처에서 구입한다.

② 모든 식품과 기구는 청결하게 보관한다.

③ 쉽게 오염될 수 있는 음식물은 냉장 보관한다.

④ 식품의 선입 선출

⑤ 쓰레기는 지정된 장소로 즉시 처리한다.

⑥ 살충제 사용

⑦ 전문 구제업체와의 협력

⑧ 덫, 접착식 쥐덫, 쥐약 사용

4. 식중독

1) 식중독의 개요

(1) 식중독의 분류

식중독은 일반적으로 유해미생물, 유해물질이 함유되어 있는 식품을 섭취함으로써 발생하는 건강장해를 말한다.

① 세균성 식중독

    ㉠ 감염형 : 식품과 함께 식품 중에 증식한 세균을 먹고 발병하는 식중독

    ㉡ 독소형 : 원인균의 증식과정에서 생성된 독소를 먹고 발병하는 식중독

② 화학성 식중독

    ㉠ 유해첨가물 : 유독성 화학물질을 함유한 식품을 섭취함으로써 일어나는 식중독

    ㉡ 중금속 : 납, 아연, 카드뮴 등의 중금속에 의한 식중독 및 만성중독

③ 자연독에 의한 식중독

    ㉠ 유독성 물질이 함유되어 있는 식품을 섭취함으로써 발병하는 식중독

    ㉡ 분류 : 식물성, 동물성, 곰팡이독

(2) 세균성 식중독과 경구 감염병의 비교

특징	세균성 식중독	경구 감염병
필요한 균수	대량의 균에 의해서 발병된다.	소량의 균이라도 발병된다.
감염	원인식품에 의해서만 감염. 2차감염이 없다.	원인병원균에 의해 오염된 물질에 의한 2차 감염이다.
잠복기	경구 감염병에 비해 짧다.	일반적으로 길다.
면역	면역성이 없다.	면역이 성립되는 것이 많다.

2) 세균성 식중독

(1) 감염형 식중독

① 살모넬라(Salmonella)균에 의한 식중독

    • 원인균 : 살모넬라균

    • 원인식품 : 육류 및 가공품, 어패류 및 그 가공품, 우유 및 유제품, 알류 등

    • 감염경로 : 쥐, 파리, 바퀴벌레 등 곤충류에 의해 전파

    • 생육 최적온도 : 37℃ 이며 60℃에서 20분에 사멸

    • 증상 : 구토, 급성위장염, 설사 등

• 예방 : 쥐, 파리, 바퀴 등의 구제, 식품의 가열 살균, 저온 보존

② 장염 비브리오(Vibrio)균에 의한 식중독

• 원인균 : 호염성 비브리오균으로 3~4% 염분농도에서 증식

• 원인식품 : 생선회, 어패류의 생식

• 감염원 : 육지로부터 오염되기 쉬운 연안의 해수, 바다 벌 등에 분포하며 플랑크톤에 기생

• 감염경로 : 1차 오염된 어패류의 생식, 2차 오염된 조리 기구의 사용

• 잠복기 : 10~18시간으로 섭취된 균의 양에 따라 차이

• 증상 : 점액혈변, 복통, 발열 등 급성 위장염 증상

• 예방 : 열에 약한 특징(60℃에서 사멸), 식품을 가열조리 해 섭취, 도마, 행주 등의 조리기구 및 손 등의 소독, 어패류의 충분한 세척·가열·살균 등 철저

③ 병원성 대장균에 의한 식중독

• 원인균 : 병원성 대장균

• 원인식품 : 병원성 대장균에 오염된 식품, 우유, 치즈, 햄, 야채류 등

• 환자와 보균자의 분변이나 분변에 오염된 식품을 통해 감염, 분변오염의 지표가 된다.

• 증상 : 설사, 식욕부진, 구토, 복통, 두통, 치사율 거의 없음

• 예방 : 식품의 오염 예방, 식품 가열조리, 조리기구의 세척 및 소독

(2) 독소형 식중독

① 포도상구균에 의한 식중독

• 원인균 : 사람이나 동물의 화농성 질환의 대표적인 균으로 황색포도상구균

• 원인독소 : 장관독인 엔테로톡신(enterotoxin)으로 내열성이 있어 열에 쉽게 파괴되지 않는다.

• 특징 : 잠복기가 가장 짧다(평균 3시간).

• 원인식품 : 우유 및 유제품

• 증상 : 구토, 복통, 설사증상

② 보툴리누스균에 의한 식중독

• 원인균 : 보툴리누스균

• 원인독소 : 신경독인 뉴로톡신(neurotoxin)으로 독소는 열에 약해 80℃에서 30분이면 파괴된다.

• 특징 : 식중독 중 치사율이 가장 높다.

• 원인식품 : 완전 가열살균 되지 않은 병조림, 통조림, 소시지, 훈제품 등

• 증상 : 신경마비, 시력장애, 동공확대 등

③ 웰치(Welchii)균에 의한 식중독

- 원인균 : 웰치균
- 원인독소 : 엔테로톡신(enterotoxin)
- 원인식품 : 육류 및 가공품, 어패류 및 가공품 등
- 증상 : 심한설사, 복통
- 예방 : 분변에 의한 오염 방지, 조리 후 급랭, 저온 보관

3) 자연독에 의한 식중독

유독성 물질이 함유되어 있는 식품을 섭취함으로써 발병하는 식중독

(1) 식물성 식중독

① 감자 : 솔라닌(solanine), 감자 발아 부위와 녹색 부위에 존재

② 독버섯 : 무스카린(muscarine), 무스카리딘, 팔린 등

③ 면실유 : 고시폴(gossypol), 면실유가 불완전 정제되었을 때

④ 청매, 은행, 살구씨 : 아미그달린(amygdalin)

(2) 동물성 식중독

① 복어

- 독소 : 테트로도톡신(tetrodotoxin)
- 부위 : 복어의 장기와 특히 산란 직전의 난소, 고환
- 증상 : 지각이상, 호흡장애
- 동물성 자연독 중 가장 치사율이 높다.

② 섭조개, 대합

- 독소 : 삭시톡신(saxitoxin)
- 증상 : 복통, 위장장애, 호흡곤란

③ 모시조개, 굴, 바지락

- 독소 : 베네루핀(venerupin)
- 증상 : 전신권태, 구토, 복통 등

(3) 곰팡이 독

① 곰팡이는 효모나 세균에 비해서 수분이 적은 유기물에서 잘 번식한다.

② 식품의 변패 또는 부패에 영향을 끼친다.

③ 곰팡이독(mycotoxin) : 곰팡이의 대사산물로 질병이나 이상 생리작용을 유발하는 물질

④ 곰팡이 독의 종류

　㉠ 누룩곰팡이속 곰팡이

　　• 아플라톡신(간장독)

　　　- 탄수화물이 풍부한 쌀, 보리, 옥수수 등을 주요 기질로 생성한다.

　　　- 농산물을 수확하면 건조하여 수분함량을 낮추고 저장고의 상대습도를 70% 이하로 보관

　　• 오크라톡신(간장 및 신장장애) : 옥수수를 기질로 생성, 유행성 신장병 발생

　㉡ 푸른곰팡이속 곰팡이

　　• 황변미에 의한 중독

　　　- 수분을 14~15% 이상 함유한 저장미에서 곰팡이가 생성하는 대사산물이다.

　　　- 쌀이 황색으로 변하며, 이로 인한 중독 작용을 황변미 중독이라 한다.

(4) 맥각에 의한 중독

① 호밀, 보리 등이 맥각균이라는 곰팡이의 균핵이 존재하는데 이것을 맥각이라 한다.

② 교감신경 마비와 임산부의 유산이나 조산의 원인이 된다.

(5) 알레르기성(부패성) 식중독

① 세균 오염에 의한 부패 산물이 원인으로 일어나는 식중독이다.

② 단백질인 히스티딘(histidine)이 히스타민(histamine)으로 변환되어 알레르기를 유발한다.

③ 꽁치, 고등어, 참치 등 붉은색 어류나 그 가공품이 원인이다.

(6) 바이러스성(Virus) 식중독

① 바이러스성 식중독은 미량의 개체(10~100)로도 발병이 가능하다.

② 2차 감염으로 인해 대형 식중독을 유발할 가능성이 높다.

종류	설명
노로바이러스 (norovirus)	• 겨울철 주로 발생된다. • 사람의 분변 → 구강 경로를 통해 발생 • 오염된 물, 식품 등에 의해 발생 • 손씻기 등 개인위생을 철저히 해야 한다. • 원인식품 : 패류, 샐러드, 과일, 냉장식품, 빙과류 등
로타바이러스 (rotavirus)	• 겨울철에 주로 발생 • 생후 3~24개월 된 영유아에게 장염을 발생 • 주변 환경을 깨끗이 하고 사람의 접촉이 많은 곳을 피한다.

(7) 잠재적 위해식품(PHF)

① 잠재적 위해식품(PHF : Potentially Hazardous Food) : 수분과 단백질 함량이 높은 식품에서는 세균이 쉽게 증식할 수 있는 식품

② 잠재적 위해 식품 : 달걀, 유제품, 곡류식품, 콩식품, 단백식품, 육류, 가금류, 조개류, 갑각류 등

③ 잠재적 위해 식품 온도구간(Food Danger Zone) : 5℃~60℃에서는 미생물 증식이 높아지기 때문에 조리된 식품을 2시간 이상 실온에 방치하지 않는다.

(8) 교차오염(cross contamination)

① 식재료나 조리기구, 물 등에 오염되어 있던 미생물이 오염되지 않은 식재료나 조리기구, 물 등에 접촉 되거나 혼입되면서 전이되는 현상

② 식품을 취급하는 과정에서 교차오염(cross · contamination)이 예방 방법

- 칼, 도마, 조리기구 등은 식품군별(채소류, 육류, 생선류 등)로 구별하여 사용한다.
- 생식품 또는 오염된 조리기구에 사용된 행주나 수세미 등은 깨끗이 세척 한 후 소독하여 사용한다.
- 생식품에 사용된 칼, 도마, 식기 등은 깨끗이 세척하고 소독하여 사용한다.

4) 화학성 식중독

화학적 식중독이란 사람이 유독성화학물질(유해성 식품첨가물, PCB, 수은, 비소, 중금속, 농약 등)에 오염된 식품을 섭취함으로써 일으키는 식중독이다.

(1) 유해성 식품첨가물에 의한 식중독

유해성 식품첨가물

구분	종류	내용
유해성 착색료	아우라민(Auramine)	• 황색 타르색소 • 단무지, 면류, 카레가루 등 사용
	로다민 B(Rhodmine B)	• 핑크색 타르색소 • 붉은 생강, 어묵, 과자, 토마토케첩 등 사용 • 구토, 설사, 복통 등
	파라니트로아닐린 (ρ · Nitroaniline)	• 황색 착색료 • 청색증, 두통 등
	실크스칼렛(Silk scarlet)	• 적색 타르색소 • 대구 알젓 등에 사용 • 구토, 복통, 마비 등

유해성 감미료	둘신	설탕의 250배 감미도 간종양을 일으키고 적혈구 생산 억제 1966년 이후 사용 금지
	싸이클라메이트	설탕의 40~50배 감미도 발암 성분 때문에 사용 금지
	에틸렌글리콜	자동차 엔진 냉각수의 부동으로 사용 무색액체, 신경장애, 호흡 곤란
	파라니크로올소톨루이딘	설탕 200배의 감미도 위통, 사망 등
	페릴라틴	설탕 2,000배의 감미도 신장을 자극하여 염증 발생
유해성 표백제	롱갈리트	감자, 물엿, 연근 등 표백 이용
	삼염화질소	밀가루 표백과 숙성에 사용
	형광표백제	국수, 어육연제품 등
	과산화수소	어묵, 국수 등 표백사용
	아황산염	도라지, 연 뿌리 등 표백
유해성 보존료	불소화합물	육류, 알코올 음료 등에 사용 반상치 생성, 골연화 등
	승홍	주류 등에 사용
	붕산	햄, 베이컨 등에 사용 치사량 0.2~1.0g
	포름알데히드	주류, 장류, 육류 등에 사용 세균의 발육억제(0.002%)
	베타 · 나프톨	간장 등에 사용 신장장애, 단백뇨증
	살리실산	현재 사용금지
메틸알코올(메탄올)	주류 대용으로 사용. 중독 시 증상은 복통, 두통, 실명, 사망 등	

(2) 중금속이 일으키는 식중독

종류	내용
수은(Hg)	• 수은으로 오염된 어패류 섭취 • 증상 : 구토, 복통, 신장 장애, 경련 등 • 미나마타병(사지 떨림, 발음 장애, 지각 이상, 행동 장애 등)

카드뮴(Cd)	• 카드뮴을 사용하는 공장(도자기, 도금 등)과 광산 폐수로 인한 식수, 어패류, 농작물의 오염 • 증상 : 메스꺼움, 구토, 설사, 복통, 신장장애, 골연화증 • 이타이이타이병(신장장애, 골연화증)
납(Pb)	• 독성이 강한 중금속 • 농약, 안료, 통조림의 땜납, 납 성분이 들어있는 수도관 등 • 증상 : 적혈구 혈색소 감소, 피로, 체중감소, 마비, 빈혈, 시력 장애 등
비소(As)	• 불순물로 식품 등에 들어가거나 가루로 오인하여 섭취하여 발병 • 증상 : 급성인 경우 구토, 경련, 위장장애 증상, 만성인 경우 피부질환 등
주석(Sn)	• 주석 성분이 포함된(주석도금) 통조림음식 섭취 • 증상 : 급성 위장염
구리(Cu)	• 구리로 만든 조리도구(예) 놋그릇)의 녹청 • 녹청 자체는 독성이 낮다. • 증상 : 오심, 구토, 설사, 위통
아연(An)	• 녹는점이 낮은 아연합금의 주물장에서 발생, 캔에 담긴 음료수에 녹아 내린 아연 흡수(물에 녹기 쉽다) • 증상 : 오한, 열

tip 식중독 신속 보고 체계
- 발생 신고 : 의심환자 발생 시설 운영자, 이용자, 의사 · 한의사 → 보건소에 신고
- 발생 보고 : 보건소(감염부서) → 시, 군, 구(위생부서) → 시 · 도, 식약처

(3) 식품첨가물

① 식품첨가물의 정의

식품을 제조 · 가공 또는 보존함에 있어 식품에 첨가, 혼합, 침윤 등의 방법으로 사용되는 물질

② 식품첨가물의 사용 목적

- 식품의 외관을 만족시키고 기호성을 높이기 위해
- 식품의 변질을 방지하기 위해
- 식품의 품질을 개량하여 저장성을 높이기 위해
- 식품 제조에 사용하기 위해
- 식품의 향과 풍미를 좋게 하고 영양을 강화하기 위해

③ 식품첨가물의 조건

- 사용방법이 간편하고 경제적이어야 함
- 미량으로 효과가 있어야 함

- 무미, 무취이고 자극성이 없을 것
- 독성이 없거나 극히 적을 것
- 이화학적 변화에 안정, 가격이 저렴

---

tip 식품첨가물 관련 용어
- LD₅₀(50% lethal dose) : 일정 조건하에서 검체를 한 번 투여하여 반수의 동물이 죽는 양, 즉 반수치사량으로 LD₅₀의 값이 작다는 것은 독성이 높다는 것을 의미한다.
- ADI(acceptable daily intake) : 사람이 일생 동안 섭취하였을 때 현시점에서 알려진 사실에 근거하여 바람직하지 않은 영향이 나타나지 않을 것으로 예상되는 화학물질의 1일 섭취량

④ 식품첨가물의 종류 및 용도

분류	용도	종류
보존료(방부제)	식품의 변질 및 부패를 방지하고 신선도를 유지	• 프로피온산 칼슘, 프로피온산 나트륨(빵류, 과자류) • 안식향산(간장, 청량음료) • 소르브산(어육 연제품, 식육제품, 된장, 고추장)
살균제	부패 원인균이나 병원균 사멸	표백분, 차아염소산나트륨
산화방지제(항산화제)	유지의 산화에 의한 변질 방지	비타민 E(토코페롤), PG, BHT, BHA
표백제	본래의 색을 없애거나 퇴색, 변색된 식품을 무색 또는 백색	과산화수소, 차아황산나트륨, 아황산나트륨
밀가루 개량제	제분된 밀가루의 표백과 숙성기간을 단축	브롬산칼륨, 아조디카본아마이드, 과산화벤조일, 이산화염소, 염소, 과황산암모늄
호료(증점제)	식품의 점착성 증가, 유화 안정성, 선도 유지, 형체 보존	카세인, 젤라틴, 메틸셀룰로오스, 알긴산나트륨
착색료	인공적으로 착색시켜 천연색을 보완, 미화	캐러멜색소, β · 카로틴
강화제	영양소를 강화할 목적으로 사용	비타민류, 무기염류, 아미노산류
유화제(계면활성제)	서로 혼합되지 않는 두 종류의 액체를 유화 부피가 커지며 노화지연	대두 인지질, 글리세린, 레시틴, 모노 · 디 · 글리세리드
소포제	거품을 없애기 위해 첨가	규소수지
이형제	제품을 틀에서 쉽게 분리	유동 파라핀
용제	잘 녹지 않는 물질을 용해시켜 균일하게 흡착시키기 위하여 사용	글리세린, 프로필렌글리콜
감미료	식품에 단맛을 부여하기 위하여 사용	사카린나트륨, D · 솔비톨, 아스파탐, 스테비오사이드

5. 소독과 살균

1) 소독과 살균의 정의

(1) 소독

① 정의 : 물리·화학적인 방법으로 병원균만을 사멸시키는 것으로 미생물을 죽이거나 병원성 미생물의 병원성을 약화시켜 감염을 없애는 것이다.

② 소독제의 구비 조건

- 살균력이 있어야 한다.
- 냄새가 나지 않아야 한다.
- 침투력이 크며 사용법이 간단해야 한다.
- 경제적이며 안정성이 있어야 한다.

(2) 살균

① 정의 : 미생물에 물리·화학적 자극을 주어 이를 단시간 내에 사멸시키는 것이다.

② 병원성 미생물 뿐 아니라 모든 미생물을 사멸시켜 완전한 무균상태가 되게 한다.

(3) 방부

① 미생물 번식으로 인한 식품의 부패를 방지하는 방법이다.

② 미생물의 증식을 정지시킨다.

2) 소독 및 살균법

(1) 물리적 방법

① 가열살균법

㉠ 저온장시간살균법 : 62~65℃에서 30분간 살균, 우유의 살균에 주로 이용

㉡ 고온단시간살균법(HTST) : 70~72℃에서 15초간 살균

㉢ 초고온순간살균법(UHTH) : 132℃에서 2초간 살균

② 자외선 살균법 : 일광 또는 자외선 살균 등을 이용하는 방법으로 2,500~2,800Å의 파장일 때 가장 효과적이다.

③ 방사선 살균법 : 코발트 60 등의 방사선을 조사하여 균을 죽이는 방법

④ 세균 여과법 : 세균여과기로 세균을 걸러내는 방법이며 바이러스는 너무 작아 걸러지지 않는다.

⑤ 열탕소독법(자비멸균법) : 끓는 물에 넣어 10~30분간 가열하는 방법으로 손쉬운 방법이지만 아포를 죽일 수 없는 단점이 있다.

⑥ 간헐 멸균법 : 하루 1회 100℃ 정도의 열로 30분간 가열하여 총 3일에 걸쳐서 진행하는 멸균 방법으로 아포까지 멸균 가능

⑦ 증기 멸균법 : 냄비, 찜기 등과 같이 뚜껑이 있는 용기에 물을 넣고 끓여 올라오는 증기로 살균하는 방법으로 조리도구 등 작은 기기 소독

⑧ 고압 증기 멸균법 : 고압증기솥(오토클레이브)을 사용해 121℃의 온도에서 15~20분 동안 증기열로 멸균방법으로 모든 균 사멸(아포 포함)

(2) 화학적 방법

소독제	사용용액 함량	용도
염소	0.1~0.2ppm	음료수 소독에 사용, 자극성과 부식성이 있다.
차아염소산나트륨	50~100ppm	채소, 과일, 가열이 부적당한 기구, 설비소독
역성비누	1%	용기 및 기구 소독
	5~10%	손 소독에 사용 역성비누의 특징 • 양이온 계면활성제로 '양성비누'라고도 한다. • 무색, 무미, 무해하다. • 보통 비누와 같이 사용하면 효과와 살균력이 떨어지기 때문에 같이 쓰지 않는다. • 기구, 용기 등의 소독에 사용된다. • 유기물이 존재하면 살균효과가 떨어지므로 보통 비누와 같이 사용하지 않는다.
석탄산(페놀)용액	3~5%	손, 의류, 오물, 기구 등의 소독 순수하고 살균이 안정되어 살균력 검사 시 표준이 되는 소독제 **석탄산계수** : 소독제의 살균력을 나타내기 위한 계수로 석탄산을 기준
표백분	50~200ppm	손, 음료수, 식품, 기구 등의 소독에 이용 소독, 방취, 표백 작용
과산화수소	3%	피부, 상처 소독
에틸알코올(에탄올)	70%	금속ㆍ유리 기구, 손 소독
크레졸	1~3%	오물 소독, 손 소독
포름알데히드(포르말린)	30~40%	오물 소독
승홍	0.1%	비금속성 기구 소독

Section 04   식품위생법 관련 법규 및 규정

1. 식품위생의 목적 및 정의

1) 식품위생의 목적(제1조)

식품으로 인하여 생기는 위생상의 위해를 방지하고, 식품영양의 질적 향상을 도모하며 식품에 관한 올바른 정보를 제공하여 국민 보건의 증진에 이바지함을 목적으로 한다.

2) 식품위생의 정의(제2조)

(1) 식품위생의 정의

① 세계보건기구(WHO)의 정의 : 식품위생이란 식품원료의 재배, 생산, 제조로부터 유통과정을 거쳐 최종적으로 사람에게 섭취되기까지의 모든 수단에 대한 위생을 말한다.

② 우리나라 식품위생법에서의 정의 : 식품위생이란 식품, 첨가물, 기구 또는 용기 · 포장을 대상으로 하는 음식에 관한 위생을 말한다.

3) 식품위생의 대상범위

① 식품, 식품 첨가물, 기구, 용기 · 포장을 대상범위로 한다.

② 식품이란 모든 음식물(의약으로 섭취하는 것은 제외한다)을 말한다.

Chapter 02 · 작업환경 위생관리

Section 01 · 공정별 위해요소 관리 및 예방

1. HACCP 제도

(1) HACCP 제도의 필요성

① 최근 세계적으로 대규모화되고 있는 식중독 사고 발생에 대한 위해미생물과 화학물질 등의 제어에 대한 중요성 대두

② 새로운 위해 미생물의 출현

③ 환경오염에 의한 원료의 이화학적 · 미생물학적 오염 증대

④ 새로운 기술에 의해 제조되는 식품의 안전성 미확보

⑤ 국제화에 대응한 식품의 안전대책 강화요구(규제기준 조화)

⑥ 규제완화에 의한 사후관리 강화

⑦ 정부의 효율적 식품위생 감시 및 자율관리체제 구축에 의한 안전식품 공급

⑧ 식품의 회수제도, 제조물배상제도 등 소비자 보호정책에 적극적인 대처

⑨ 제조공정에서 위해예방과 관련되는 중요 관리점을 실시간 감시하는 시스템으로 발전

(2) HACCP의 도입 효과

① 안전한 식품을 생산하기 위해 논리적이고 명확하며 체계적인 과학성을 바탕으로 제품을 생산함으로써 식품의 안전성에 높은 신뢰성을 줄 수 있다.

② 위해를 사전에 예방할 수 있다.

③ 문제의 근본원인을 정확하고 신속하게 밝힘으로써 책임소재를 분명히 할 수 있다.

④ 원료에서 제조, 가공 등의 식품공정별로 모두 적용되므로 종합인 위생대책 시스템이다.

⑤ 일단 설정된 이후에도 계속 수정, 보완이 가능하므로 안전하고 더 좋은 품질의 식품개발에도 이용할 수 있다.

(3) HACCP 적용 순서

① 위해요소 분석(HA)

② 중요관리점(CCP) 결정

③ 한계기준 설정

④ 모니터링 체계 확립

⑤ 개선조치 방법 수립

⑥ 검증 절차 및 방법 수립

⑦ 문서화 및 기록 유지

(4) 용어의 정의

① 식품 및 축산물 안전관리인증기준(HACCP) : 식품(건강기능식품을 포함)·축산물의 원료 관리, 제조·가공·조리·선별·처리·포장·소분·보관·유통·판매의 모든 과정에서 위해한 물질이 식품 또는 축산물에 섞이거나 식품 또는 축산물이 오염되는 것을 방지하기 위하여 각 과정의 위해요소를 확인·평가하여 중점적으로 관리하는 기준

② 위해요소(Hazard) : 인체의 건강을 해할 우려가 있는 생물학적, 화학적 또는 물리적 인자나 조건

③ 위해요소분석(Hazard Analysis) : 식품·축산물 안전에 영향을 줄 수 있는 위해요소와 이를 유발할 수 있는 조건이 존재하는지 여부를 판별하기 위하여 필요한 정보를 수집하고 평가하는 일련의 과정

④ 중요관리점(Critical Control Point, CCP) : 안전관리인증기준(HACCP)을 적용하여 식품·축산물의 위해요소를 예방·제어하거나 허용 수준 이하로 감소시켜 당해 식품·축산물의 안전성을 확보할 수 있는 중요한 단계·과정 또는 공정

⑤ 한계기준(Critical Limit) : 중요관리점에서의 위해요소 관리가 허용범위 이내로 충분히 이루어지고 있는지 여부를 판단할 수 있는 기준이나 기준치

⑥ 모니터링(Monitoring) : 중요관리점에 설정된 한계기준을 적절히 관리하고 있는지 여부를 확인하기 위하여 수행하는 일련의 계획된 관찰이나 측정하는 행위 등

⑦ 개선조치(Corrective Action) : 모니터링 결과 중요관리점의 한계기준을 이탈할 경우에 취하는 일련의 조치

⑧ 선행요건(Pre·requisite Program) : 안전관리인증기준(HACCP)을 적용하기 위한 위생관리프로그램

⑨ 안전관리인증기준 관리계획(HACCP Plan) : 식품·축산물의 원료 구입에서부터 최종 판매에 이르는 전 과정에서 위해가 발생할 우려가 있는 요소를 사전에 확인하여 허용 수준 이하로 감소시키거나 제어 또는 예방할 목적으로 안전관리인증기준(HACCP)에 따라 작성한 제조·가공·조리·선별·처리·포장·소분·보관·유통·판매 공정 관리문서나 도표 또는 계획

⑩ 검증(Verification) : 안전관리인증기준 관리계획의 유효성과 실행 여부를 정기적으로 평가하는 일련의 활동(적용 방법과 절차, 확인 및 기타 평가 등을 수행하는 행위를 포함)

2. 작업환경 관리

(1) 작업장

• 독립된 건물, 식품취급외의 용도로 사용되는 시설과 분리

- 오염물질 차단 · 밀폐가능 구조
- 청결구역과 일반구역으로 분리, 제품의 특성과 공정에 따라 분리, 구획, 구분
- 매장과 주방의 크기는 1:1이 이상적

(2) 건물 바닥, 벽, 천장

- 바닥, 벽, 천장, 출입문, 창문 : 내수성, 내열성, 내약품성, 항균성, 내부식성 등의 재질
- 바닥 : 파여 있거나 갈라진 틈이 없고 마른 상태 유지

(3) 배수 및 배관

- 배수가 잘 되어야 하고 배수에 퇴적물 쌓이지 않고 역류가 되지 않도록 관리
- 공장 배수관의 최소 내경은 10cm 정도가 좋음

(4) 출입구

- 출입구에 구역별 복장 착용방법 게시
- 개인위생관리를 위한 세척, 건조, 소독 설비 구비, 작업자는 오염가능성 물질 제거 후 작업

(5) 통로

- 통로에 물건적재, 다른 용도 이용금지, 이동 경로 표시

(6) 창

- 유리 파손 시 비산되지 않도록 조치

(7) 채광 및 조명

- 자연채광 및 인공조명장치를 이용 밝기 220룩스 이상, 선별 및 검사 구역은 540룩스 이상 유지
- 채광 및 조명시설은 내부식성 재질 사용, 파손이나 이물 낙하 등의 오염을 방지하기 위한 보호장치

(8) 화장실, 탈의실 등

- 화장실, 탈의실은 환기시설, 화장실 벽, 바닥, 천장, 문 · 내수성, 내부식성 재질 사용
- 화장실 출입구에는 세척, 건조, 소독 설비 구비
- 탈의실은 외출, 위생복장 간의 교차오염 방지 : 분리, 구분 보관

(9) 동선 계획 및 공정간 오염방지

- 물류 및 종업원의 이동 동선 설정, 준수
- 모든 단계에서 혼입될 수 있는 이물에 대한 관리계획 수립, 준수, 관리
- 청결, 일반구역별 출입, 복장, 세척 소독 기준 등의 위생 수칙 설정, 관리

(10) 온도 · 습도 관리

- 공정별로 온도관리계획 수립 : 온도계 설치 관리, 필요에 따라 습도관리 계획 수립 운영

(11) 환기시설 관리

- 악취나 이취, 유해가스, 매연, 증기 등을 배출할 수 있는 환기시설 설치

(12) 방충 · 방서 관리

- 흡 배기구 등에 여과망, 방충망 등 부착 : 관리계획에 따라 청소, 세척, 교체
- 해충, 설치류 등의 유입, 번식 방지 관리, 유입 여부 확인
- 해충, 설치류 등의 구제 : 적절한 보호조치 후 실시, 오염물질 제거

(13) 세척 또는 소독관리

- 기계 · 설비, 기구 · 용기 등 세척하거나 소독할 수 있는 시설이나 장비 구비
- 올바른 손세척 방법 등에 대한 지침이나 기준을 게시

Chapter 03 안전관리

Section 01 개인 안전 점검

1. 개인 안전 관련 주요 재해 유형

유형	설명
미끄러짐과 넘어짐	작업장 바닥이나 계단을 미끄럽게 만드는 물이나 음식 잔재물, 기름기 등이 주원인이 되는 것으로 가장 빈번하게 발생하는 재해 형태
화상	스팀, 오븐, 가스 기기 등을 사용하여 떡을 제조하는 과정에서 발생
근골격계 질환	무거운 원·부재료를 옮기거나 장시간 반복적인 작업 중에 발생
감김, 끼임, 베임, 절단	오븐, 절단기, 믹서, 칼 등을 취급하는 과정이나 청소하는 과정에서 발생, 작업복장의 불량(헐렁한 옷, 긴소매, 장갑 착용 등)으로 인한 사고
낙하	보관된 원·부재료나 작업도구의 낙하로 인한 부상
충돌	원·부재료 및 완제품 이동 중 다른 작업자와의 충돌, 또는 작업장의 기물이나 벽, 문 등과의 충돌
추락	물건의 적재 및 이동 시 불안정한 발판이나 작업자의 부주의에 의한 작업자 추락

Section 02 도구 및 장비류의 안전 점검

1. 분쇄기, 절단기 등 전처리 도구·장비 안전 관리

① 작업장의 조명은 220룩스(lux) 이상으로 유지하고 주위를 잘 정리 정돈
② 장비의 흔들림이 없도록 작업대 바닥면과 고정 상태를 확인하고 수평을 유지
③ 장비 주위에 경고 표지를 부착하여 작업자가 위험에 대해 인식
④ 전원 불량 및 접지 확인, 누전 차단기 설치
⑤ 젖은 손으로 플러그, 스위치 조작 금지
⑥ 비상 정지 스위치 점검
⑦ 바닥의 물기 제거 및 배수 시설 점검
⑧ 개인 보호 장구 착용, 작업복 등의 복장 확인

2. 반죽기, 성형기 등의 제조 도구·장비 안전관리

① 작업장의 조명은 220룩스(lux) 이상으로 유지

② 개인 보호 장구(보안경, 작업모, 작업화, 작업복 등) 착용

③ 장비와 작업대 바닥 고정 확인

④ 전원 불량 및 접지 확인

⑤ 장비 작동 여부 확인

⑥ 바닥의 물기 제거 등의 미끄러움 요인 제거 및 점검

3. 찜기, 튀김기, 오븐 등 가열 도구·장비의 취급 시 안전관리

① 작업장의 조명은 220룩스(lux) 이상으로 유지

② 가스 장비 사용하기 전 창문을 여러 작업장을 환기

③ 가스 가열 장비 주위에 가연성 물질 제거

④ 배관 부식, 가스 누설 경보기, 벨브 접속부 등 수시 점검

⑤ 스팀 장비 고압 안전벨트의 이상 유무 확인, 스팀 배출기 확인

⑥ 전원 불량 및 접지 확인

⑦ 가열 장비 주위에 소화기 설치

4. 도구 및 설비의 고장, 안전관리 상태 점검 및 조치 실시

① 장비별로 매일 점검하여 기록한다.

② 기록사항 : 점검일자, 점검자(승인자), 안전 관리 상태(가스, 전기, 식용유 등), 개선 조치 사항, 특이 사항

③ 작업자는 점검한 결과 이상 사항의 발생시 우선적 조치를 취하고 책임자에게 보고

④ 책임자는 이상 사항을 확인하고 직접 조치 또는 해당 부서에 조치 지시

⑤ 작업자는 조치를 취하고 결과를 기록 관리

01 식품위생의 대상과 가장 거리가 먼 것은?

① 영양 결핍증 환자
② 세균성 식중독
③ 농약에 의한 식품 오염
④ 방사능에 의한 식품오염

> **해설**
> 식품 위생이란 식품, 식품첨가물, 기구 또는 용기·포장을 대상으로 하는 음식에 관한 위생을 말한다.

02 식품위생의 대상인 것은?

① 식품
② 식품, 첨가물
③ 식품, 용기, 포장
④ 식품, 용기, 포장 첨가물

> **해설**
> 식품위생이라 함은 식품, 식품첨가물, 기구 또는 용기·포장을 대상으로 하는 음식에 관한 위생을 말한다.

03 떡 제조에 종사해도 무관한 질병은?

① 이질   ② 약물 중독
③ 결핵   ④ 변비

> **해설** 종사하지 못하는 질병
> • 음식을 통해 전염될 수 있는 감염성 질환(장티푸스균, 이질균, 대장균, A형 간염 등)
> • 결핵(비전염성 경우에는 제외)
> • 피부병, 기타 화농성 질환
> • B형 간염(전염병의 우려가 없는 비활동성 간염은 제외)
> • 후천성 면역결핍증(성병에 관한 건강진단을 받아야 하는 영업에 종사하는 자에 한함)

04 개인위생에 대한 설명으로 적절하지 않은 것은?

① 두발, 손톱은 짧고 청결하게 관리한다.
② 각종 장신구 및 시계 착용 금지한다.
③ 시계와 장신구(반지, 팔찌)는 손을 올바르게 씻는 것을 방해할 수 있다.
④ 일회용 장갑을 사용하면 매니큐어, 광택제를 사용할 수 있다.

> **해설**
> 매니큐어, 광택제 사용을 금지한다. 매니큐어의 화학성분이 음식물에 혼입될 수 있다.

05 미생물에 의한 단백질이 악취 유해물로 변화하는 현상은?

① 노화
② 부패
③ 변패
④ 산패

> **해설**
> 부패란 단백질이 혐기적인 상태에서 미생물에 의해 분해되어 악취와 유해 물질을 생성하는 것이다. 이와 달리 변패는 단백질 이외의 성분을 갖는 식품이 변질되는 것으로 당질이 변패가 일반적이다.

06 발효가 부패와 다른 점은?

① 성분의 변화가 일어난다.
② 미생물이 작용한다.
③ 가스가 발생한다.
④ 생산물을 식용으로 할 수 있다.

> **해설**　발효와 부패
> • 발효 : 미생물을 이용하여 고분자구조의 유기체조직을 부드럽게 이완시켜 저분자구조로 만들어 효소를 풍부하게 생성시키는 방법이다.
> • 부패 : 발효와 같은 개념이지만 유기체가 유기물질의 상태로 유지하지 못하고 무기물질로 바뀌, 이것을 먹으면 식중독 현상이 나타나므로 식품으로서의 가치는 상실한다.

07 다음 세균 중 부패세균이 아닌 것은?

① 어위니아균(Erwina)
② 슈도모나스균(Pseudomonas)
③ 고초균(Bacillus subtilis)
④ 티포이드균(Salmonella typhi)

> **해설**　장티푸스(Typhoid Fever)
> 병원체는 티포이드균(Salmonella typhi), 감염원은 환자, 보균자의 분변, 오줌 등이며, 경구감염으로 환자, 보균자와의 직접 접촉, 음식물 매개로 인한 간접 접촉으로 감염

08 크림빵, 김밥, 도시락, 찹쌀떡이 주원인 식품이며, 조리사의 화농병소와 관련이 있고, 봄·가을철에 많이 발생하는 독소형 식중독은?

① 살모넬라 식중독
② 포도상구균 식중독
③ 장염비브리오 식중독
④ 보툴리누스 식중독

> **해설**　포도상구균 식중독
> • 원인균 : 황색포도상구균(Staphylococcus aureus)
> • 원인독소 : 장독소(Enterotoxin)
> • 증상 : 급격한 발병, 처음에는 타액의 분비가 증가. 심한 구토, 복통, 경련 및 설사를 일으킨다.

09 부패 미생물이 번식할 수 있는 최저의 수분활성도(Aw)의 순서가 맞는 것은?

① 세균 〉 곰팡이 〉 효모
② 세균 〉 효모 〉 곰팡이
③ 효모 〉 곰팡이 〉 세균
④ 효모 〉 세균 〉 곰팡이

> **해설**　수분활성도(Aw)
> 세균 0.95, 효모 0.87, 곰팡이 0.80 이하 일 때 증식이 저지된다.

10 식품의 부패에 관여하는 인자가 아닌 것은?

① 대기압 　　　　② 온도
③ 습도 　　　　　④ 산소

> **해설**　미생물 발육에 필요한 조건
> 수분, 온도, 영양소, pH(수소이온농도), 산소

11 다음 중 성질이 다른 세균 형태는?

① 사상균
② 간균
③ 구균
④ 나선균

> **해설**　세균의 형태
> • 사상균(mould) : 곰팡이가 만드는 가는 실 모양의 영양체인 균사체와 자실체로 이루어진 덩어리
>
> **세균의 대표적 형태 분류**
> • 간균 : 간균과에 속하는 막대 모양을 한 세균의 속(屬)
> • 구균 : 구형(球形)의 세균. 구균이 쌍을 이루면 쌍구균, 그러한 균들이 열을 지어 배열하거나 사슬처럼 연결되어 있을 때는 연쇄상구균, 포도송이같이 덩어리진 균을 포도상구균
> • 나선균 : 나선 모양의 세균속(細菌屬)

12 대장균에 대한 설명으로 옳지 않은 것은?

① 젖당을 발효시킨다.

② 사람의 변을 통해 나온다.

③ 대장균은 건조식품에는 존재하지 않는다.

④ 세균오염의 지표가 된다.

> **해설**
> 병원성대장균(E. coli, 편모성 간균, 그람음성균)은 설사, 장염을 일으키는 병원성을 가진 대장균으로서 식품위생상 대장균은 식품이나 물이 분변에 오염이 되었는지의 지표로 쓰인다.

13 파리 및 모기 구제의 가장 이상적인 방법은?

① 살충제를 뿌린다.

② 발생지를 제거한다.

③ 음식물을 잘 보관한다.

④ 유충을 구제한다.

> **해설**
> 가장 이상적인 구제방법은 원인을 제거하는 것이다.
> • 화학적 방법 : 접촉제, 독살제(Formalin;포르말린), 훈향제
> • 물리적 방법(기계적 방법) : 파리통, 파리채, 끈끈이 테이프법 (성충구제)
> • 환경적 방법(발생원 및 서식처 제거) : 부엌의 청결, 분뇨의 관리, 쓰레기장의 관리, 퇴비장의 관리, 하수구의 청결 등
> • 유충구제는 화학약품 및 생석회를 이용

14 다음 중 방충망의 적당한 규격은(1인치당)?

① 5메쉬 　　② 10메쉬

③ 20메쉬 　　④ 30메쉬

> **해설**
> 메쉬(mesh)는 입자의 크기를 나타내는 단위로 1inch×1inch의 면적에 정사각형 격자의 갯수로 표현된다. 1inch = 25.4mm이므로 mesh가 100이면 10×10의 격자가 있다.

15 냄새가 강해 기물 및 오물소독에 쓰이는 것은?

① 석탄산(페놀) 　　② 염소제

③ 역성비누 　　④ 과산화수소

> **해설**　소독제
> • 석탄산(페놀) : 3~5%의 수용액으로 사용하며 손, 발, 의류, 기구, 배설물 소독에 사용, 냄새가 독하고, 금속부식성이 있다.
> • 역성비누(양성비누) : 과일, 야채, 식기, 손 소독에 사용
> • 과산화수소(3%) : 자극성이 적어서 피부·상처 소독에 적합

16 소독의 정의로 맞는 것은?

① 모든 생물을 사멸시키는 것

② 병원성 미생물을 사멸시키는 일

③ 물리, 화학적인 방법으로 병원균만 파괴시키는 것

④ 오염 물질을 깨끗이 없애는 것

> **해설**　용어설명
> • 소독(Disinfection) : 병원 미생물을 사멸시키거나 약화시켜 감염의 위험을 제거하는 것
> • 멸균(Sterilization) : 강한 살균력을 작용시켜 병원균, 비병원균, 아포 등 모든 미생물을 사멸시키는 것
> • 방부(Antiseptic) : 미생물의 발육을 저지 또는 정지시켜 부패를 방지하는 것

17 다음 중 인축 공통 감염병이 아닌 것은?

① 야토병

② 결핵

③ 동양모양선충

④ 브루셀라증

> **해설**　인축공통감염병
> • 정의 : 감염병 가운데 사람과 사람 이외의 동물 사이에서 동일한 병원체에 의해서 발생하는 질병이나 감염상태를 말한다.
> • 종류 : 탄저병, 브루셀라증, 야토병, 결핵, Q열, 광견병, 돈단독

18 다음 중 경구감염병이 아닌 것은?

① 유행성 간염

② 이질

③ 콜레라

④ 뇌염

> **해설**　경구감염병(소화기계 감염병)
> 장티푸스(Typhoid Fever), 파라티푸스, 콜레라(Cholera), 세균성 이질, 아메바성 이질, 소아마비(급성 회백수염, 폴리오), 유행성 간염(A형간염)

19 다음 감염병 중 잠복기가 가장 짧은 것은?

① 후천성 면역결핍증

② 광견병

③ 콜레라

④ 매독

> **해설**　잠복기를 갖는 전염병
> •1주일 이내의 잠복기 : 콜레라(잠복기가 가장 짧다), 이질, 성홍열, 파라티푸스, 디프테리아, 뇌염, 황열, 인플루엔자 등
> •잠복기가 1~2주일 : 발진티푸스, 두창, 홍역, 백일해, 급성 회백수염, 장티푸스, 수두, 유행성 이하선염, 풍진
> •잠복기가 긴 것 : 나병, 결핵(잠복기가 가장 길며 일정하지 않다)

20 식품 등을 통해 전염되는 경구전염병의 특징과 거리가 먼 것은?

① 원인 미생물은 세균, 바이러스 등이다.

② 미량의 균량에서도 감염을 일으킨다.

③ 2차 감염이 빈번하게 일어난다.

④ 화학물질이 원인이 된다.

> **해설**　세균성 식중독과 경구전염병의 비교
>
> | 특징 | 경구 전염병 | 세균성 식중독 |
> |---|---|---|
> | 필요한 균수 | 소량의 균이라도 발병 | 대량의 균에 의해서 발병 |
> | 감염 | 원인병원균에 의해 오염된 물질에 의한 2차 감염이다. | 원인식품에 의해서만 감염, 2차감염이 없다. |
> | 잠복기 | 일반적으로 길다. | 경구 전염병에 비해 짧다. |
> | 면역 | 면역이 성립되는 것이 많다. | 면역성이 없다. |

21 다음 감염병 중 쥐를 매개체로 전염되는 질병이 아닌 것은?

① 돈단독증

② 쯔쯔가무시증

③ 신증후군출혈열(유행성출혈열)

④ 렙토스피라증

> **해설**
> 쥐는 세균성 질병(페스트, 와일씨병, 서교증, 살모넬라 등), 리케차성 질병(발진열), 바이러스 질병(유행성 출혈열) 등을 유발한다. 참고로 돈단독은 주로 돼지에 급성패혈증 등이 있다.

22 산양, 양, 돼지, 소에게 감염되면 유산을 일으키고, 주 증상은 발열로 고열이 2~3주 주기적으로 일어나는 인축공통전염병은?

① 광우병

② 공수병

③ 파상열

④ 신증후군출혈열(유행성출혈열)

> **해설**
> 파상열이란 브루셀라증이라고도 하며 산양, 양, 돼지, 소에게 감염되며 동물에게는 유산을 일으키고, 사람에게는 감염기간 동안 주기적으로 고열을 일으키기 때문에 파상열이라고도 한다.

23 감염병 발생을 일으키는 3가지 조건이 아닌 것은?

① 충분한 병원체
② 숙주의 감수성
③ 예방접종
④ 감염될 수 있는 환경조건

> **해설** 감염병의 3요인
> 감염원(병원체, 병원소), 감염경로(환경), 숙주의 감수성

24 투베르쿨린(tuberculin) 반응검사 및 X선 촬영으로 감염 여부를 조기에 알 수 있는 인축공통전염병은?

① 결핵
② 탄저
③ 야토병
④ 돈단독

> **해설**
> 병에 걸린 소의 유즙이나 유제품을 거쳐 사람에게 경구 감염된다. 정기적인 투베르쿨린(Tuberculin) 반응 검사를 실시하여 감염 여부를 확인한다.

25 다음 중 병원성 미생물(식중독균)인 것은?

① 장염 비브리오균
② 제빵용 효모
③ 누룩 곰팡이
④ 발효유 젖산균

> **해설** 장염 비브리오(Vibrio)균에 의한 식중독
> • 원인균 : 호염성 비브리오균으로 3~4% 염분농도에서 증식한다.
> • 원인식품 : 생선회, 어패류의 생식
> • 증상 : 점액혈변, 복통, 발열 등 급성 위장염증상

26 다음 중 신경친화성 독소로 치사율이 가장 높은 것은?

① 보툴리누스균
② 살모넬라균
③ 포도상구균
④ 웰치균

> **해설** 보툴리누스(Botulinus) 식중독
> 원인독소는 뉴로톡신(Neurotoxin)으로 식중독 중 치사율이 가장 높다.

27 버섯의 독소로 맞는 것은?

① 솔라닌
② 무스카린
③ 맥각
④ 삭시토신

> **해설** 독소
> • 감자 : 감자의 싹, 녹색 부분의 솔라닌(Solanine)
> • 독버섯 : 무스카린(Muscarine)
> • 삭시톡신(Saxitoxin) : 섭조개(홍합), 대합(플랑크톤을 섭취한 조개류에서 검출)
> • 맥각 : 에르고톡신(간장독)으로 보리, 밀, 호밀

28 밀가루와 비슷하게 생겼으며 섭취 시 화학성 식중독이 발생하는 것은?

① 납
② 수은
③ 비소
④ 구리

> **해설** 비소
> 살충제, 농약제 등에 널리 사용, 비산, 아미산, 비산납 등의 비소화합물에 의해 식중독을 일으킨다. 조제분유 사건, 간장중독 사건

29 아폴라톡신과 관계가 깊은 것은?

① 감자독
② 효모독
③ 세균독
④ 곰팡이독

> **해설**
> 아플라톡신은 원인식품이 곶감, 변질된 땅콩과 옥수수 등이며, 인체에 간장독, 암 유발의 원인인 곰팡이 중독이다.

30 다음 중 유해 표백제는?

① 페르라르틴, β-니트로, α-글루아딘

② 삼염화질소

③ 오다민, 로다민B

④ 둘신, 사이클라메이트

> **해설** 유해한 식품첨가물
> • 유해 표백제 : 롱가리트(Rongalite), 삼염화질소(NCl₃), 과산화수소(H₂O₂), 아황산염(SO₂)
> • 유해 감미료 : 페르라르틴, 둘신, 사이클라메이트
> • 유해착색료 : 로다민B

31 백색의 결정으로 열량에 잘 녹고, 감미도는 설탕의 250배로 청량음료수, 과자류, 절임류 등에 사용되었으나 만성중독인 혈액독을 일으켜 우리나라에서는 1966년 11월부터 사용이 금지된 인공 감미료는?

① 둘신

② 사이클라메이트

③ 에틸렌글리콜

④ 파라-니트로-오르토-톨루이딘

> **해설** 둘신(Dulcin)
> 백색 분말의 인공감미료. 단맛은 설탕의 250~280배, 사카린과 함께 쓰면 설탕의 400배 정도, 혈액독, 간장, 신장 장해, 간종양 발생, 소화력 약화, 혈액독(血液毒), 중추신경계 유해작용. 현재 사용 금지

32 핑크색 합성 색소로서 유해한 것은?

① 아우라민(auramine)

② ρ-니트로아날린(nitroanlilin)

③ 로다민(rhodamine) B

④ 둘신(dulcin)

> **해설** 식품첨가물
> • 로다민 B(Rhodamine B) : 핑크색의 염기성 타르색소 – 과자, 어묵, 생강, 우메보시에 사용 –전신 착색, 핑크색 오줌. 부종, 단백뇨, 현재 사용 금지
> • 아우라민(Auramine) : 황색 타르(tar)색소, 과자, 단무지 등에 사용. 두통, 심계항진, 맥박감소, 의식불명, 간장에 대한 발암성. 현재 사용 금지
> • 파라 니트로아닐린(ρ-Nitroaniline) : 공업용 황색색소, 혈액 신경독, 두통, 청색증, 발암성
> • 둘신(Dulcin) : 백색 분말의 인공감미료. 단맛은 설탕의 250~280배, 사카린과 함께 쓰면 설탕의 400배 정도, 혈액독, 간장, 신장 장해, 간종양 발생, 소화력 약화, 혈액독(血液毒), 중추신경계 유해작용. 현재 사용 금지

33 식품 보존료로서 갖추어야 할 요건은?

① 변패를 일으키는 각종 미생물 증식을 저지

② 사용법이 까다로울 것

③ 일시적 효력이 나타날 것

④ 열에 의해 쉽게 파괴될 것

> **해설** 보존료(방부제, Food Preservative)
> 식품 중의 미생물 발육을 억제하여 부패를 방지하고 식품의 선도를 유지하기 위하여 사용. 살균작용보다 부패미생물에 대한 정균작용(Bacteriostatic Action)으로 보존기간을 연장시킨다.

34 미생물에 의한 부패나 변질을 방지하고 화학적인 변화를 억제하며 보존성을 높이며 영양가 및 신선도를 유지하는 목적으로 첨가하는 것은?

① 감미료

② 보존료

③ 산미료

④ 조미료

35 다음 식품첨가물 사용 시 유의할 사항 중 잘못된 것은?

① 사용 대상식품의 종류를 잘 파악한다.
② 첨가물의 종류에 따라 사용량을 지킨다.
③ 첨가물의 종류에 따라 사용 조건은 제한하지 않는다.
④ 보존방법이 명시된 것은 보존기준을 지킨다.

해설
식품첨가물은 지정제도에 의하여 품목과 규격기준을 설정하여 사용을 엄격하게 규제하고 있다.

36 어떤 첨가물의 LD₅₀의 값이 적다는 것은 무엇을 의미하는가?

① 독성이 크다.
② 독성이 적다.
③ 저장성이 적다.
④ 안전성이 크다.

해설
반수치사량(LD₅₀)은 한 무리의 실험동물 50%를 사망시키는 독성물질의 양으로 LD₅₀에 해당하는 약물 량이 커질수록 약물의 안전성은 높아진다. 즉 반수치사량이 커질수록 더 많은 약물을 투여해야만 실험한 동물의 50%를 죽일 수 있기 때문이다.

37 식용유의 산화방지에 사용되는 것은?

① 비타민 E
② 비타민 A
③ 니코틴산
④ 비타민 K

해설
비타민 E는 영양강화의 목적으로도 사용하며 항산화력이 있다.

38 떡 제조시 작업자의 복장에 대한 설명으로 틀린 것은?

① 지나친 화장을 피하고 인조 속 눈썹을 부착하지 않는다.
② 반지나 귀걸이 등 장신구를 착용하지 않는다.
③ 작업 변경 시마다 위생장갑을 교체할 필요는 없다.
④ 마스크를 착용하도록 한다.

해설
일회용 위생장갑은 1회만 사용한다. 같은 작업을 지속하더라도 4시간마다 장갑을 교체하며 작업 변경 시마다 위생장갑을 교체한다.

39 적혈구의 혈색소 감소, 체중감소 및 신장장해, 칼슘대사 이상과 호흡장해를 유발하는 유해성 금속물질은?

① 구리(Cu)
② 아연(Zn)
③ 카드뮴(Cd)
④ 납(Pb)

해설　**납(Pb)**
통조림의 땜납, 도기의 유약성분, 법랑제품의 유약성분, 농약, 페인트, 완구류와 화장품의 안료로 인해 중독

40 기구, 용기, 포장재에서 용출되는 유독성분은?

① 아질산염
② 테트리메틸납
③ 시안화합물
④ 유해금속

• 식품의 제조·가공, 보존과정 중에 고의 또는 오용에 의한 첨가 또는 혼입되는 경우(불허용 첨가물 등)
• 식품의 제조·가공과정 중에 혼입되는 경우(유해금속 등)
• 기구·용기·포장 등에서 용출되어 식품으로 이행되는 경우(유해금속, formaldehyde 등)
• 식품의 제조·가공·보존과정 중에 생성되는 경우(nitrosamine, 변이원성물질, formaldehyde 등)
• 환경오염물질로서 식품에 잔류하는 경우(농약, 유해금속, 방사성물질, 항생물질, 유해유기화합물 등)

41 두통, 현기증, 구토, 설사 등과 시신경 염증을 초래하여 실명의 원인이 되는 화학물질은?

① 유기염소제 농약　　② 비소화합물
③ 메탄올　　　　　　　④ 사에틸납

해설 　메탄올(Methanol, Methyl alcohol, CH_3OH)에 의한 식중독
• 급성 : 두통, 현기증, 구토, 복통, 설사 및 시신경 이상 증세(섭취 수 시간 내)
• 중증 : 심장쇠약과 호흡장애로 사망
• 만성 : 두통, 흉통, 신경염
• 메탄올은 체외 배설이 늦어 체내에서 산화되면 산독증 (Acidosis)을 일으키고 Formic Acid가 시신경세포에 영향을 미쳐 실명하게 된다.

42 마이코톡신(mycotoxin)의 특징과 거리가 먼 것은?

① 감염형이 아니다.
② 탄수화물이 풍부한 곡류에서 많이 발생한다.
③ 원인식품의 세균이 분비하는 독성분이다.
④ 중독의 발생은 계절과 관계가 깊다.

해설　진균독소(마이코톡신. Mycotoxin)는 곰팡이류가 생성하는 저분자 2차 대사산물로 사람, 가축, 어류 등 고등생물에 중독을 일으키는 유해물질군의 총칭이다. 신경계, 간장, 신장 또는 다른 특정기관에 장애를 유발하며, 그 결과 번식장애, 유산, 경련, 면역결핍 등의 질병을 일으킨다.

43 제품의 포장용기에 의한 화학적 식중독에 대한 주의를 특히 요하는 것과 거리가 가장 먼 것은?

① 형광 염료를 사용한 종이 제품
② 착색된 셀로판 제품
③ 페놀수지 제품
④ 알루미늄박 제품

해설　화학성 식중독은 화학물질에 의한 것으로서 특히 식품가공 과정 중에 사용한 불법식품첨가물, 잔류농약·산업폐수에 의한 식품의 중금속오염, 또는 식품과 관련이 있는 각종 용기·기구·포장 등에서 용출되는 독성물질이 문제가 된다.

44 폐디스토마의 제1중간 숙주는?

① 쇠고기　　　　　　　② 배추
③ 다슬기　　　　　　　④ 붕어

해설 　중간숙주
• 간디스토마(간흡충) : 제1중간숙주(왜우렁이), 제2중간숙주 (민물고기)
• 폐디스토마(폐흡충) : 제1중간숙주(다슬기류), 제2중간숙주(민물 게, 가재)

45 식중독 발생시의 조치 사항 중 잘못된 것은?

① 환자의 상태를 메모한다.
② 보건소에 신고한다.
③ 식중독 의심이 있는 환자는 의사의 진단을 받게 한다.
④ 먹던 음식물은 전부 버린다.

해설　식중독 발생시 현장 역학조사 및 보존식 등 관련식품의 신속한 수거 검사 사용 식재료 및 식재료공급업소에 대한 신속한 추적조사가 요구된다.

46 기존 위생관리 방법과 비교하여 HACCP의 특징에 대한 설명으로 옳은 것은?

① 주로 완제품 위주의 관리이다.
② 위생상의 문제 발생 후 조치하는 사후적 관리이다.
③ 시험분석방법에 장시간이 소요된다.
④ 가능성 있는 모든 위해요소를 예측하고 대응할 수 있다.

> **해설** HACCP의 도입 효과
> • 안전한 식품을 생산하기 위해 논리적이고 명확하며 체계적인 과학성을 바탕으로 제품을 생산함으로써 식품의 안전성에 높은 신뢰성을 줄 수 있다.
> • 위해를 사전에 예방할 수 있다.
> • 문제의 근본원인을 정확하고 신속하게 밝힘으로써 책임소재를 분명히 할 수 있다.
> • 원료에서 제조, 가공 등의 식품공정별로 모두 적용되므로 종합인 위생대책 시스템이다.
> • 일단 설정된 이후에도 계속 수정, 보완이 가능하므로 안전하고 더 좋은 품질의 식품개발에도 이용할 수 있다.

47 구매한 식품의 재고 관리 시 적용되는 방법 중 구입 순서에 따라 먼저 구입한 재료를 먼저 소비하는 것은?

① 선입선출(First in First out)
② 후입선출법((Last in Last out)
③ 총평균법
④ 최소-최대관리법

48 냉동실 사용 시 유의사항으로 맞는 것은?

① 해동시킨 후 사용하고 남은 것은 다시 냉동 보관하면 다음에 사용할 때에도 위생상 문제가 없다.
② 액체류의 식품을 냉동시킬 때는 용기를 꽉 채우지 않도록 한다.
③ 육류의 냉동 보관 시에는 냉기가 들어갈 수 있게 밀폐시키지 않도록 한다.
④ 냉동실의 서리와 얼음 등은 더운물을 사용하여 단시간에 제거하도록 한다.

> **해설**
> 순수한 물이 얼음이 되면 약 7%의 부피가 증가한다. 액체류 식품을 냉동시킬 때 용기를 꽉 채우게 되면 냉동 팽압에 의해 용기가 깨지거나 부서질 수 있다.

49 식품의 냉장효과를 가장 바르게 나타낸 것은?

① 식품의 영구보존
② 식품의 동결로 세균의 사멸
③ 오염 세균의 사멸
④ 식품의 보존 효과 연장

> **해설**
> 저온으로 미생물의 증식을 일시적으로 억제시켜 보관성을 지속시킨다.

50 미생물의 증식 위험성이 높은 식품을 무엇이라고 하는가?

① PHF(potential hazardous foods)
② HA(hazard analysis)
③ CCP(critical control point)
④ HACCP(hazard analysis critical control point)

> **해설** 잠재적 위해식품(PHF : potentially hazardous food)
> 수분과 단백질 함량이 높은 식품에서는 세균이 쉽게 증식할 수 있는 식품으로 잠재적 위해 식품에는 달걀, 유제품, 곡류식품, 콩식품, 단백질식품, 육류, 가금류, 조개류, 갑각류 등이 있다.

51 HACCP 12절차 중 위해요소를 예방, 제거 또는 허용 수준까지 감소시킬 수 있는 최종 단계 또는 공정을 결정하는 절차를 무엇이라 하는가?

① 한계 기준 설정　　② 중요 관리점 설정
③ 개선 조치 방법 설정　④ 모니터링 설정

> **해설** 중요관리점(Critical Control Point, CCP)
> 안전관리인증기준(HACCP)을 적용하여 식품·축산물의 위해요소를 예방·제어하거나 허용 수준 이하로 감소시켜 당해 식품·축산물의 안전성을 확보할 수 있는 중요한 단계·과정 또는 공정을 말한다.

52 다음 중 위해요소의 종류가 아닌 것은?

① 생물학적 위해요소 　② 물리적 위해요소
③ 화학적 위해요소 　④ 한계적 위해요소

> **해설** 위해요소(Hazard)
> 인체의 건강을 해할 우려가 있는 생물학적, 화학적 또는 물리적 인자나 조건을 말한다.

53 우유의 초고온순간살균법에 가장 적합한 가열 온도와 시간은?

① 200℃에서 2초간 　② 162℃에서 5초간
③ 150℃에서 5초간 　④ 132℃에서 2초간

> **해설** 저온장시간살균법
> 62~65℃에서 30분간 살균, 우유의 살균에 주로 이용
> •고온단시간살균법(HTST) : 70~72℃에서 15초간 살균
> •초고온순간살균법(UHTH) : 132℃에서 2초간 살균

54 다음 중 자외선을 이용한 살균 시 가장 유효한 파장은?

① 2,500~2,600 Å 　② 3,500~3,600 Å
③ 4,500~4,600 Å 　④ 5,500~5,600 Å

> **해설** 자외선 살균법
> 일광 또는 자외선 살균 등을 이용는 방법으로 2,500~2,800Å의 파장일 때 가장 효과적이다.

55 다음 중 소독의 정의로 맞는 것은?

① 모든 생물을 사멸시키는 것
② 병원성 미생물을 사멸시키는 것
③ 물리, 화학적인 방법으로 모든 균을 파괴시키는 것
④ 오염물질을 깨끗이 없애는 것

> **해설**
> •소독은 물리·화학적인 방법으로 병원균만을 사멸시키는 것으로 미생물을 죽이거나 병원성 미생물의 병원성을 약화시켜 감염을 없애는 것이다.
> •살균은 미생물에 물리·화학적 자극을 주어 이를 단시간 내에 사멸시키는 것이다.
> •멸균은 병원성 미생물 뿐 아니라 모든 미생물을 사멸시켜 완전한 무균상태가 되게 한다.
> •방부는 미생물 번식으로 인한 식품의 부패를 방지하는 방법이다.

56 다음 중 식품위생법상 식품의 정의에 대한 설명으로 맞는 것은?

① 의약품으로 섭취되는 것을 제외한 모든 음식물을 말한다.
② 첨가물을 제외한 모든 음식물을 말한다.
③ 화학적 합성품을 제외한 모든 음식물을 말한다.
④ 영양강화식품을 제외한 모든 음식물을 말한다.

> **해설**
> 식품이란 모든 음식물(의약으로 섭취하는 것은 제외)을 말한다.

57 다음 식품위생법에서 식품위생의 목적과 거리가 먼 것은?

① 식품의 위해 방지
② 식품의 안전성 확보
③ 식품의 판매 촉진
④ 식품영양의 질적 향상 도모

> **해설**
> 식품위생법의 목적은 식품으로 인하여 생기는 위생상의 위해를 방지하고, 식품영양의 질적 향상을 도모하며 식품에 관한 올바른 정보를 제공하여 국민 보건의 증진에 이바지함을 목적으로 한다.

58 식품 중에 자연적으로 생성되는 천연 유독 성분에 대한 설명이 잘못된 것은?

① 아몬드, 살구씨, 복숭아씨 등에는 아미그달린이라는 천연의 유독 성분이 존재한다.

② 천연 유독 성분 중에는 사람에게 발암성, 돌연변이, 기형유발성, 알레르기성, 영양장애 및 급성 중독을 일으키는 것들이 있다.

③ 유독 성분의 생성량은 동·식물체가 생육하는 계절과 환경 등에 따라 영향을 받는다.

④ 천연의 유독 성분들은 모두 열에 불안정하여 100℃로 가열하면 독성이 분해되므로 인체에 무해하다.

> **해설**
> 천연의 유독성분 중에는 열에 안정하여 100% 이상으로 가열하여도 독성이 분해지지 않는 성분들이 있다.

59 떡을 만드는 데 사용되는 제조 기구들의 안전관리 방법으로 적절하지 않은 것은?

① 재료를 기계에 넣을 때는 작업할 수 있는 분량을 나누어 넣는다.

② 작업장의 밝기는 50룩스 이상으로 해야 한다.

③ 젖은 손으로 장비의 스위치를 조작하지 않는다.

④ 기계를 사용하고 나서는 반드시 전원 스위치를 내린다.

> **해설**
> 작업장의 조명의 밝기는 220룩스(lux) 이상으로 해야 한다.

60 떡 제조 도구 및 장비의 위험 요소에 대한 설명으로 적절하지 않은 것은?

① 장비의 흔들림이 없도록 작업대 바닥면과 고정 상태를 확인하고 수평을 유지한다.

② 장비 주위에 경고 표지를 부착하여 작업자가 위험에 대해 인식을 하도록 한다.

③ 젖은 손으로 플러그, 스위치 조작이 가능하다.

④ 바닥의 물기 제거 및 배수 시설 점검한다.

> **해설**
> 젖은 손으로 장비의 스위치를 조작하지 않는다.

PART 4
우리나라 떡의
역사와 문화

1. 떡의 역사
2. 떡 문화

Chapter 01

떡의 역사

Section 01 떡의 기원

1. 떡의 어원

① 떡의 사전적 정의 : 곡식가루를 찌거나 삶아 익힌 음식의 총칭

② 떡은 곡식 또는 곡식가루를 물과 반죽하여 찌거나, 치거나, 삶거나, 지져서 만든 음식을 통틀어 이르는 말이다.

③ 오랜 세월 동안 우리 생활에 밀착되어 각종 제례나 예식, 농경의례, 토속 신앙을 배경으로 한 각종 제사의식에 사용되었다.

④ 사람이 태어나서 죽을 때까지 치르는 통과 의례, 시절 및 명절의 행사 등에서 빼놓을 수 없는 우리나라 고유의 음식 중 하나이다.

⑤ 떡이란 말은 '찌다'의 동사가 명사화되면서 찌기 → 떼기 → 떠기 → 떡으로 어원이 변화한 것이다.

⑥ 떡이란 말은 한글로 1800년도 『규합총서』에 기록되어 있다.

⑦ 떡의 어원은 중국의 한자에서 비롯되었으며, 다양한 한자어가 사용된다.

⑧ 중국 한 대(漢代) 이전에는 떡을 이(餌)로 표기

표시 한자어	설명
병(餠 떡 병)	• 우리나라에서 떡을 한자로 표현할 때 주로 사용 • 한 대(漢代) 이후 밀가루로 만들어진 떡
고(糕 떡 고, 餻 떡 고)	떡을 한자로 표현할 때 주로 사용
이(餌 먹이 이)	• 한 대(漢代) 이전에 떡을 '餌'로 표기 • 『성호사설』에는 밀가루 이외의 곡분을 그대로 시루에 넣어서 쪄낸 떡의 의미로 사용 • 『조선무쌍신식요리제법』에 쌀가루를 찐 것이라 표현
편(片 조각 편, 䭏 떡 편)	• 『규곤시의방(음식디미방)』에 떡을 편이라 칭함
병이(餠, 餌 먹이 이)	• 『조선무쌍신식요리제법』에 '떡은 병이(餠餌)라 하였으며 떡이란 것은 밀가루를 반죽하여 합하는 것이다'라고 함
자(瓷 오지그릇 자)	• 『성호사설』에는 『주례』의 주(註)에 이르기를 '만드는 것'쌀을 쪄서 문드러지게 치는 까닭에 합쳐서 찐다고 함
혼돈(餛飩)	• 『조선무쌍신식요리제법』에 쌀가루를 쪄서 둥글게 만들어 가운데 소를 넣은 것으로 기록
유병(油餠)	• 『조선무쌍신식요리제법』에 기름에 지진 것으로 기록

표시 한자어	설명
당궤(餹饋)	『조선무쌍신식요리제법』에 꿀에 반죽한 것으로 기록
박탁(餺飥)	『조선무쌍신식요리제법』에서 가루를 반죽하여 썰어 국에 삶는 것으로 기록 / 예) 떡국
떡	『규합총서』에서 한글로 된 떡이라는 단어가 기록
교이(絞餌)	쌀가루를 엿에 섞은 것
탕중뢰환(湯中牢丸)	꿀에 삶는 것
부류, 유어	밀가루에 술을 쳐서 끈적거리게 하여 가볍게 하는 것
담(餤)	떡을 얇게 만들어 고기를 싼 것
만두	밀가루를 부풀게 하여 고기소를 넣는 것

tip 구이분자(糗餌粉餈)

『주례』에 나온 말을 조선시대 『성호사설』에서는 "이(餌)는 곡물을 빻아 그대로 시루에 쪄낸 떡, 자(餈)는 곡물을 그대로 쪄내어 쳐서 만든 떡, 구(糗)는 볶은 콩, 분(粉)은 가루를 말한다."라 하였다. 쳐서 만든 떡에 콩가루를 묻힌 형태의 떡은 현대의 인절미와 비슷하고 할 수 있다.

Section 02 │ 시대별 떡의 역사

• 우리 떡의 조상에 해당되는 구체적인 형태와 제조법을 언제부터 갖추게 되었는지는 정확하게 알 수 없다.
• 다만 우리 고대 유적과 중국의 문헌 등을 통해 미루어 짐작할 수 있다.
• 삼국시대(고구려·신라·백제) 이전의 유적에서 시루 등이 출토되는 것으로 보아 대부분 삼국이 성립되기 이전 부족국가 시대부터 만들어진 것이라 추론하고 있다.

1. 삼국시대 이전

(1) 구석기 시대(B.C 70만년~B.C 8,000년)

수렵과 채취가 주된 식량 확보의 수당으로 채취한 곡식을 그대로 부수어 먹은 것으로 나타나며 구석기 후기에 불을 이용한 것으로 추측된다.

(2) 신석기 시대(B.C 8,000년~B.C 1,000년)

① 농경생활이 시작되며 식생활과 관련된 몇 가지 유물 등장

② 주거형태 : 움집으로 강가에 땅을 파고 가운데 화덕을 배치한 다음 지붕으로 덮은 형태

③ 본격적으로 불을 이용했고 농사를 시작

④ 유물

- 갈돌 : 곡식을 갈아 먹었음을 증명

- 빗살무늬 토기 : 그릇을 이용하여 음식을 보관하거나 만들어 먹었음

- 이용 곡물 : 피, 기장, 조, 숫, 콩, 보리 등

(3) 청동기시대(B.C 10세기~B.C 4세기)

① 벼농사를 짓고 밥을 해 먹기 시작

㉠ 유물

- 돌확(확돌) : 경기도 구룡산 북변리, 동창리 유적에서 발견

- 곡식을 갈아 먹었음을 증명하는 유물 발견

- 시루 : 나진 초도 조개더미에서 발견

- 바닥에 구멍이 여러 개 있고 손잡이가 달려 있음

- 곡물을 돌확에 갈아 시루에 쪄먹었다는 것을 볼 때 우리의 떡은 신석기 후기와 청동기 전기쯤에 원형이 만들어진 것으로 보임

② 곡물을 가루로 만들어 시루에 찐 음식은 '시루떡'을 의미

우리 민족은 삼국시대 이전부터 곡물을 가루로 찐 시루떡을 해먹다가 차차로 시루에 찐 떡을 안반에 놓고 떡메로 쳐서 만드는 인절미, 절편 등 도병류(桃餠류)를 즐겼을 것으로 보인다.

(4) 고조선시대

고조선은 제정일치의 정치체제를 갖추었고, 제례 등이 존재한 사회로 신께 올리는 음식 등이 필요한 시대로 떡은 중요한 제례음식이었을 것으로 보인다.

2. 삼국시대와 통일신라시대

① 쌀을 중심으로 한 곡물의 생산량이 증대

② 쌀 이외 곡물을 이용한 떡도 다양

③ 『삼국사기』, 『삼국유사』 등의 문헌에 당시 식생활에서 떡의 위치를 알아 볼 수 있다.

- 『삼국사기』 신라본기 왕위계승과 관련한 기록 : 떡을 깨물어 본 결과 치아 수가 더 많아 왕위에 올랐다. → 흰떡이나 인절미, 절편류로 추정

- 『삼국사기』 백결선생(百結先生) : 가난하여 떡을 치지 못하는 아내의 안타까운 마음을 달래주기 위하여 거문고로 떡방아소리 : → '떡메로 치는'방식으로 만든 떡인 흰떡이나 인절미와 같은 절편으로 볼 수 있다.
- 『삼국유사』 제향을 모실 때의 차림 음식이 기록 : '조정의 뜻을 받들어 세시마다 술, 감주, 떡, 밥, 차, 과실 등 여러 가지를 갖추어 제사를 지냈다.' → 떡이 당시에 제사음식으로 쓰임
- 『삼국유사』 : "설병(雪餠) 한 합과 술 한 병을 가지고 노복을 거느리고 찾아가서 술과 떡을 먹었다"고 기록 → 삼국유사에 처음으로 설병 떡의 이름이 문헌에 나타났으며 설기 또는 설기떡, 인절미나 절편으로 추측할 수 있다.

3. 고려시대

① 불교의식 등에 따라 다양한 모습으로 발전
② 상류층이나 세시행사와 제사 음식만으로서가 아니라 하나의 별식으로서 일반에 이르기까지 널리 보급
③ 쌀가루만은 이용하던 떡류가 찹쌀가루에 밤·쑥·감·대추 등을 섞어 찐 다양한 형태의 떡이 발전
④ 『지봉유설』에 『송사』를 인용하여 '고려에서는 상사일(上巳日, 음력 3월 3일)에 청애병(靑艾餠, 쑥떡)을 으뜸가는 음식으로 삼았다.'→ 절식음식으로 떡 사용
⑤ 『해동역사』에 고려 사람들이 밤설기떡인 율고(栗餻)를 잘 만들었다고 칭송한 중국인의 견문 수록
⑥ 『목은집』에 유두일에는 수단을 만들었고, 찰수수로 전병을 만들어 팥소를 싸서 만든 차전병이 매우 맛이 좋았다라고 수록, '점서(粘黍)'라고 하는 찰기장으로 만든 송편이 등장한다. → 절식음식으로 떡이 사용
⑦ 『고려가요』에 고려에 와있던 아라비아 상인과 고려 여인과의 남녀관계를 노래한 속요 가운데 「쌍화점」이 등장·최초의 떡집이 생겨났고 떡이 상품화되어 일반에 널리 보급 → 쌍화점에서 만든 떡은 밀가루를 부풀려 채소로 만든 소와 팥소를 넣고 찐 증편류인 상화(霜花)이다.
⑧ 『고려사』에는 광종이 걸인들에게 떡으로 시주, 신돈이 부녀자에게 떡을 던져 주었다는 기록

4. 조선시대

① 떡은 혼례·빈례·제례 등 각종 행사와 대·소연회에 필수적인 음식
② 농업기술과 음식의 조리 및 가공기술이 발달하여 식생활 문화가 향상
③ 떡은 궁중과 반가를 중심으로 더욱 사치스럽게 발전
④ 조선시대 음식 관련 조리서에 등장하는 떡의 종류 198가지
⑤ 떡을 만드는 데 사용된 재료 95가지
⑥ 음식을 높이 고이는 풍조 : 관·혼·상·제때는 신분과 지위의 높고 낮음에 따라 음식이나 떡·한과를 고이는 높이 다름

⑦ 떡의 고급화, 전성기

⑧ 『도문대작』은 우리나라의 식품전문서로 가장 오래된 책으로 19종류의 떡이 기록

⑨ 『음식지미방』은 우리나라 최초의 한글 조리서로 8가지 떡 만드는 방법 수록

⑩ 『수문사설』에는 오도증(烏陶甑, 시루밑)이라는 떡을 만드는 도구

⑪ 『규합총서(閨閤叢書)』에 '맛이 차마 삼키기 안타까운 고로 석탄병이라 한다'고 '석탄병(惜呑餠)'의 유래에 대해 소개, 이외에 백설기, 혼돈병, 서여향병, 석이병 등 27종의 떡 이름과 만드는 법이 기록

⑫ 『조선세시기』는 열 두 달로 나누어 각 달마다 먹는 음식을 기록

5. 근대·현대 이후

① 일제 강점기부터 1960년대 까지는 떡의 암흑기

② 중요한 행사나 제사, 명절에는 떡이 빠지지 않고 차려지는 음식

Chapter 02 떡 문화

Section 01 시·절식으로서의 떡

① 떡은 우리의 식생활을 비롯하여 풍속과 밀접한 관련이 있다.

② 제철에 나는 식품 재료를 부재료로 사용한다.

③ 명절을 중심으로 세시풍속 행사에 누구나 만들어 먹었다.

절기	떡의 종류	떡에 담긴 의미
설날(정월 초하루)	흰 떡국 인절미, 찰떡	• 천지만물이 시작되는 경건한 날 • 첨세병(添歲餠) : 떡국을 먹음으로써 나이를 한 살 더 먹는다.
정월 보름 (上元, 음력 정월 초하루)	약식	• 신라 소지왕을 구한 까마귀의 깃털색을 표현하여 까마귀에게 보은
2월 중화절 (中和節, 음력 2월 1일)	노비송편(삭일송편)	• 새해 농사를 시작하는 데 수고해달라 의미로 상전이 노비에게 송편을 나이 수(數)대로 대접
3월 삼짇날(중삼절, 음력 3월 3일)	진달래화전	• 만물이 활기를 띠고 강남 갔던 제비도 돌아온다. • 봄의 미각을 음미
한식 (동지로부터 105일째 되는 양력 4월 5일경)	쑥절편, 쑥단자	• 멥쌀에 쑥을 버무려 찌고 조상님께 먼저 올린 다음 먹었다.
4월 초파일 (음력 4월 8일)	느티떡, 장미화전	• 석가탄일 경축 • 느티나무 어린 순을 따서 멥쌀가루에 넣고 켜켜이 팥고물을 넣어 찐 시루떡
5월 단오(수릿날, 천중절, 중오절 음력 5월5일)	차륜병(수리취떡), 도행병	• 조선시대 3대 명절로 창포 머리감기, 그네뛰기, 씨름 등의 민속놀이를 즐김 • 차륜병 : 수레바퀴 모양의 떡살로 찍어낸 절편 떡 • 도행병 : 복숭아나 살구의 과일즙으로 반죽하여 만든 단오절식
6월 유두 (유두절, 음력 6월 15일)	떡수단, 상화병, 밀전병	• 곡식이 여물어갈 무렵 조상과 농신께 가족의 안녕과 풍년을 기원 • 수단 : 멥쌀가루를 쪄서 구슬같이 둥글게 빚어 꿀물이나 오미자 국물에 넣어 음료로 즐김 • 콩이나 깨에 꿀을 섞은 소를 밀가루를 반죽 싸서 찐 상화병이나 밀전병
7월 칠석(음력 7월 7일)	백설기, 밀국수, 밀전병	• 햇벼가 익으면 흰쌀로만 백설기를 만들어 사당에 천신 • 밀가루 음식이 철이 지나면 밀 냄새가 난다고 하여 칠석까지만 먹었음

삼복	증편, 주악	• 여름에 쉽게 상하지 않는 떡 • 증편 : 술로 반죽하여 발효시킨 떡 • 주악 : 찹쌀로 익반죽하여 소를 넣고 기름에 지진 떡
8월 한가위 (음력 5월 15일, 중추절, 가배)	시루떡, 송편	• 햅쌀로 시루편과 송편을 빚어 조상께 감사함 • 올벼(햅쌀)로 빚은 오려송편은 차례상에 올리는 귀한 떡 • 2월 중화절에 빚는 삭일송편과 구별 • 송편 : 떡끼리 눌러 붙지 않도록 솔잎을 켜켜이 깔고 그 위에 떡을 얹어 쪘기 때문에 붙여진 이름
9월 중양절 (음력 9월 9일, 중구절)	국화전, 밤떡	• 양수인 9가 겹치는 날 • 햇벼가 나지 않아 추석 때 제사를 지내지 못한 북쪽이나 산간 지방에서 지내던 절일
10월 상달 (음력 10월)	시루떡(붉은 팥), 무시루떡, 애단자, 밀단고	• 곡식과 과일이 가장 풍부한 달로 1년 중 가장 으뜸가는 달 • 당산제와 고사를 지내 집안의 풍파를 없애는 기원 • 상달의 마지막 날에는 백설기나 팥시루떡을 쪄서 고사를 지냈다.
동지	팥죽 (찹쌀경단)	• 작은설, 낮의 길이가 가장 짧고 밤의 길이가 가장 긴 날 • 찹쌀경단(새알심)을 만들어 나이 수 만큼 팥죽에 넣어 먹었다.
납일(臘日)(음력 12월)	골무떡	• 한 해 동안 무사히 지내도록 도움을 준 천지만물의 신령과 조상들에게 감사하는 마음으로 제사를 지내는 날 • 납일이란 동지 뒤에 셋째 미일(未日) • 골무떡 : 멥쌀가루를 시루에 쪄 쳐서 팥소를 넣고 골무 모양의 떡
섣달그믐(음력 12월 31일)	온시루떡	• 설날에는 흰 떡국을 먹어야 하므로 집에 남아있는 재료들을 모두 넣어서 따뜻하게 떡을 만들어 먹음

Section 02   통과의례 떡

1. 통과의례와 떡

① 통과의례 : 사람이 태어나서 죽을 때까지 거치게 되는 중요한 의례

② 의례는 한 사람이 평생 꼭 한 번 겪는 일로 이러한 일들을 잘 넘기기를 기원하는 마음으로 이 날을 기념

③ 각각의 의례에는 고유한 의미를 가진 떡이 함께 차려졌다.

2. 삼칠일(三七日)

① 아이가 태어난 지 21일째를 축하하는 날이다.

② 아이와 산모가 어느 정도 안정을 찾게 되는 것을 기념하는 날이다.

③ 백설기는 집안에 모인 가족이나 친지들과 나누어 먹고 밖으로는 내보내지 않았다.

④ 떡의 의미 : 아무 것도 넣지 않은 흰색의 백설기를 만드는데, 아이와 산모를 속세와 섞이지 않고 산신(産神)의 보호 아래 둔다는 의미

3. 백일(百日)

① 아이가 출생한 지 100일째를 축하하는 날이다.

② 백(百)이라는 숫자는 완전함, 성숙 등의 뜻을 의미하는데 아이가 속인의 세계에 섞여서 살 수 있을 만큼 완성되었음을 축복하는 의미이다.

③ 백일떡은 이웃 백 집에 돌리는 풍습으로 떡을 나누어 먹으면 아이가 병 없이 장수하고 큰 복을 받는다고 하였고 떡을 받은 집에서는 무명실이나 쌀을 담아 보냈다.

④ 상차림 떡 : 백설기, 붉은 차수수 경단, 오색송편

⑤ 떡의 의미

• 백설기는 삼칠일과 같은 의미를 기원한다.

• 붉은 차수수경단 : 붉은 색이 귀신을 쫓는다는 의미로 액을 미리 막아준다는 기원의 의미

• 오색송편 : 다섯 개의 색 → 오행(五行), 오덕(五德), 오미(五味)와 마찬가지로 만물과 조화를 이루면서 살아가라는 의미

• 송편 → 송편은 속이 꽉 찬 사람이 되라는 뜻으로 속이 있는 송편과 마음을 넓게 가진 사람이 되라는 뜻으로 속이 빈 송편 두 가지를 만들었다.

4. 첫 돌

① 아이가 태어난 지 만 1년이 되는 날

② 아이의 장수복록(長壽福祿)을 축원하며 돌 의상을 만들어 입히고 돌상을 차림

③ 상차림 떡 : 백설기, 붉은 차수수경단, 오색 송편, 인절미, 무지개떡

④ 떡의 의미

• 백설기, 붉은 차수수경단, 오색송편은 백일 때와 의미가 같다.

• 인절미 : 찰떡처럼 끈기 있는 사람이 되라는 기원

• 무지개떡 : 밝고 조화로운 미래를 기원

5. 책례(冊禮)

① 아이가 서당에 다니면서 한 권의 책을 끝낼 때마다 축하하고 앞으로 더욱 정진하라는 격려의 의미로 행하는 의례

② 상차림 떡 : 작은 모양의 오색송편, 경단

③ 떡 이외에도 떡국, 국수장국 등 다른 음식들도 만들어 이웃, 선생님과 나누어 먹었다.

6. 성년례(成年禮)

① 아이가 나이가 들어 어른이 되었음을 축하하고 책임과 의무를 일깨워 주려는 의례

② 각종 떡과 약식을 포함한 다양한 음식을 차린다.

7. 혼례(婚禮)

① 남녀가 만나 부부가 되기 위해 올리는 의례로 육례(六禮)라 하여 여섯 단계의 절차를 거쳐 진행될 정도로 중요한 통과의례(혼담, 사주, 택일, 납폐, 예식, 시행)

② 혼례의 절차 중 신랑집에서 신부집에 함을 보내는 납폐에는서 봉치떡(혹은 봉채떡)을 하는 풍습
  - 봉치떡은 찹쌀 3되, 팥 1되를 사용하여 2켜의 시루떡을 안치고 가운데에 대추 7개(혹은9개)를 원형으로 올리고, 가운데 밤을 한 개 올린다.
  - 봉치떡의 의미 : 떡의 2켜는 부부를 의미하고 찹쌀은 부부간의 금슬을, 붉은 팥고물은 액막이, 대추 7개는 아들 칠형제를 상징한다.

③ 혼례식 당일의 혼례상에는 달떡과 색떡을 올린다.
  - 달떡 : 둥글게 빚은 절편으로 부부가 세상을 보름달처럼 밝게 비추고 서로 둥글게 채워가며 살기를 기원하는 의미
  - 색떡 : 여러 가지 색으로 물들인 절편을 암·수의 닭 모양으로 쌓아 신랑신부를 의미

8. 회갑(回甲)

① 태어난 지 60년이 되어 육십갑자가 다시 시작되는 해의 생일

② 회갑연에는 큰상이라고 하여 여러 가지 음식을 높이 고여 담아 놓는다.

③ 한국의 상차림 중에서 가장 화려하고 성대한 상차림

④ 큰상차림의 떡
  - 갖은편이라 하여 백편, 녹두편, 꿀편, 승검초편 등을 사용

- 만들어진 편을 사각형으로 썰어 층층이 높이 괸다.
- 화전이나 주악, 단자, 부꾸미 등을 웃기로 얹어 장식
- 색떡으로 나뭇가지에 꽃이 핀 모양의 모조화(模造花)를 만들어 장식

9. 제례(祭禮)

① 고인된 조상들을 추모하기 위해 자손들이 올리는 의식

② 제례에 사용되는 떡은 편류(녹두고물편, 꿀편, 거피팥고물편, 흑임자고물편) 등을 층층이 높이 괸다.

- 주악이나 단자를 웃기떡으로 올린다.
- 제례에는 조상신을 모셔오는 의례이므로 붉은색 떡은 사용하지 않는다.

Section 03 향토떡

1. 향토떡

① 우리나라의 지역적 특색으로 인하여 지역별 다양한 식재료를 가지고 있다.

② 이러한 각 지역의 특색 있는 식재료들은 음식뿐만 아니라 떡에도 향토색 짙은 떡이 지역별로 남아 있다.

③ 향토떡은 각 지역에서 나오는 특별한 재료를 가지고 그 지역의 정서에 맞게 만든 떡이다.

2. 서울, 경기도

① 떡의 종류가 많고 모양도 멋을 부려 화려하다.

② 고려의 수도였던 개경의 영향을 받아 개성지역의 떡도 많다.

③ 종류 : 색떡, 여주산병, 배피덕, 개성우메기, 개성주악, 조랭이떡, 상추설기, 강화근대떡, 쑥버무리떡, 석이단자, 대추단자, 느티떡, 건시단자, 화전 등

3. 강원도

① 바다를 끼고 있는 영동지역과 산간지역인 영서지역의 떡이 다르게 발전했다.

② 종류 : 감자시루떡, 감자떡, 감자녹말송편, 도토리송편, 칡송편, 감자경단, 옥수수설기, 옥수수보리개떡, 메밀전병(총떡), 팥소흑임자, 우무송편, 방울증편, 각색차조인절미, 모시잎 송편 등

4. 충청도

① 양반과 서민의 떡이 구분되어 있다.

② 맛과 모양이 소박하다.

③ 종류 : 증편, 해장떡, 모듬백이떡(쇠머리떡), 약편, 곤떡, 호박송편, 호박떡, 볍씨쑥버무리, 칡개떡, 햇보리개떡, 꽃산병, 막편, 수수팥떡, 사과버무리떡, 장떡

5. 전라도

① 곡식이 가장 많이 생산되어 농산물이 풍부하여 떡의 종류도 많고 화려하다.

② 종류 : 감시루떡, 감고지떡, 감인절미, 나복병, 수리취떡, 고치떡, 삐삐떡(삘기송편), 깨떡(깨시루떡), 호박메시루떡, 복령떡, 송피떡, 호박고지차시루편, 전주경단, 해남경단, 우찌기, 차조기떡, 섭전, 꽃송편, 구기자떡

6. 경상도

① 지역에 따라 특색있는 떡이 발달했다.

② 상주와 문경 : 밤, 대추, 감으로 만든 설기떡

③ 경주 : 열다섯 종류에 달하는 제사떡

④ 종류 : 설기떡, 편떡, 제사떡, 모시잎송편, 밀비지, 만경떡, 쑥굴레, 잣구리, 잡과편, 부편, 거창송편, 칡떡, 모듬백이, 결명자찹쌀부꾸미

7. 제주도

① 쌀보다 잡곡이 흔하여 잡곡을 이용한 떡이 많으며 쌀떡은 제사 때만 썼다.

② 종류 : 오메기떡, 돌래떡(경단), 빙떡(메밀부꾸미), 빼대기(감개떡), 상애떡, 달떡, 도돔떡, 침떡(좁쌀시루떡), 차좁쌀떡, 속떡(쑥떡), 중괴, 약괴, 은절미

8. 평안도

① 다른 지방에 비해 매우 큼직하고 소담하다.

② 종류 : 장떡, 조개송편, 찰부꾸미, 노티, 송기떡, 골미떡, 꼬장떡, 뽕떡, 무지개떡, 찰부꾸미, 감자시루떡, 강냉이골무떡

9. 황해도

① 평야지대가 넓어 곡물 중심의 떡이 발달되었으며 떡의 모양이 푸짐하다.

② 종류 : 잔치 메시루떡, 무설기떡, 오쟁이떡, 큰송편, 우기, 수수무살이, 닭알범벅, 혼인인절미, 수리취인절미, 증편(징편), 꿀물경단, 찹쌀부치기, 잡곡부치기, 닭알떡

10. 함경도

① 잡곡 위주의 떡이 만들어졌다.

② 장식 없이 소박하게 만든 특징이 있다.

③ 종류 : 찰떡인절미, 달떡, 오그랑떡, 찹쌀구이, 괴명떡, 꼽장떡, 언감자떡, 가랍떡, 감자찰떡, 콩떡, 기장인절미, 구절떡, 깻잎떡, 함경도인절미, 귀리절편

01 떡의 어원 변화를 바르게 설명한 것은?

① 찜 – 찌다 – 떠기 – 떼기 – 떡
② 찌기 – 찜 – 떼기 – 떠기 – 떡
③ 찌다 – 찌기 – 떼기 – 떠기 – 떡
④ 찜 – 찌기 – 떠기 – 떼기 – 떡

> **해설**
> 떡이란 말은 찌기 → 떼기 → 떠기 → 떡으로 어원이 변화

02 떡이라는 말이 한글로 처음 기록된 책은?

① 성호사설
② 규합총서
③ 조선무쌍신식요리제법
④ 음식디미방

> **해설**
> 떡이란 말은 한글로 1800년도 『규합총서』에 기록

03 절식으로 즐기는 떡의 연결이 바르지 않은 것은?

① 동지 – 팥죽
② 납일 – 골무떡
③ 8월 한가위 – 시루떡, 송편
④ 5월 단오 – 백설기, 밀전병

> **해설**
> 5월 단오에는 차륜병(수리취떡)을 먹는다.

04 조선무쌍신식요리제법에 기름에 지진 것으로 기록되어 있는 것은?

① 혼돈(餛飩)　　　② 유병(油餅)
③ 당궤(餳饋)　　　④ 박탁(餺飥)

> **해설**
> 유병(油餅)은 『조선무쌍신식요리제법』에 기름에 지진 것으로 기록

05 새해 농사를 시작하는데 수고하라는 의미에서 상전이 노비에게 나이 수대로 대접한 떡은?

① 느티떡　　　　② 떡수단
③ 삭일송편　　　④ 증편

> **해설**
> 2월 중화절에 먹는 노비송편을 삭일송편이라 부른다.

06 우리나라 식품전문서로 가장 오래된 책으로 19종류의 떡이 기록된 책은?

① 규합총서　　　② 도문대작
③ 음식디미방　　④ 조선 세시기

> **해설**
> '도문대작'이란 푸줏간 앞을 지나면서 크게 입맛을 다신다는 뜻으로 전국을 대상으로 각 식품에 관한 음식 관습까지 언급하고 있어 17세기 우리나라 별미음식을 알 수 있는 좋은 식품학상의 자료이다.

07 여름철에 즐겨 먹는 쉬 상하지 않는 떡은?

① 증편　　　　　② 진달래화전
③ 밀전병　　　　④ 약식

> **해설**
> 증편은 술로 반죽하여 발효시킨 떡으로 여름철에 많이 먹는다.

08 떡이라고 처음 기록된 문헌은?

① 삼국사기   ② 삼국유사

③ 해동역사   ④ 도문대작

> **해설**
> 삼국유사에 술과 떡을 먹었다고 기록되어 있다.

09 우리나라 최초의 한글 조리서로 8가지 떡 만드는 방법 수록한 책은?

① 음식지미방(음식디미방)

② 수문사설

③ 규합총서

④ 도문대작

> **해설**
> 음식디미방은 한자어로 그중 '디'는 알 지(知)의 옛말이다. 제목을 풀이하면 '음식의 맛을 아는 방법'이라는 뜻을 지닌다. 한글로 쓴 최초의 조리서이다.

10 고려인들이 밤설기인 율고를 잘 만든다고 기록되어 있는 책은?

① 지봉유설   ② 고려가요

③ 목은집   ④ 해동역사

> **해설**
> 해동역사에 고려 사람들이 율고를 잘 만들었다고 칭송한 중국인의 견문이 수록되어 있다.

11 조선시대 음식 관련 조리서에 등장하는 떡의 종류는?

① 223가지   ② 127가지

③ 198가지   ④ 109가지

> **해설**
> 조선시대 등장하는 떡의 종류는 198가지이다.

12 경기도 구룡산 북변리, 동창리에서 발견된 유물은?

① 시루   ② 돌확

③ 갈돌   ④ 안반

> **해설**
> 청동기시대 발견된 유물 중 돌확은 경기도 북변리, 동창리에서 발견되었다.

13 떡을 한글로 표기한 문헌은?

① 규합총서   ② 성호사설

③ 음식디미방   ④ 조선무쌍신식요리제법

> **해설**
> 떡이란 말은 한글로 1800년도 『규합총서』에 기록되어 있다.

14 쌀가루에 엿을 섞는 것을 표시한 한자어는?

① 박탁   ② 교이

③ 담   ④ 탕중뢰한

> **해설**
> 교이는 쌀가루를 엿에 섞은 것이고, 박탁은 떡국이며, 담은 떡을 얇게 만들어 고기를 싼 것, 탕중뢰한은 꿀에 삶은 것이다.

15 통과의례에 따라 먹었던 떡의 연결이 바르지 않은 것은?

① 삼칠일- 백설기

② 백일 – 붉은 팥 시루떡, 차수수경단

③ 책례 – 경단, 떡국

④ 혼례 – 봉치떡

> **해설**
> 백일은 아이가 출생한 지 100일째를 축하하는 날로 백설기를 먹었다.

16 혼례식때 먹었던 떡의 종류가 아닌 것은?

① 봉치떡   ② 색떡

③ 오색송편   ④ 달떡

> **해설**
> 혼례절차 중 차려지는 떡은 봉치떡, 색떡, 달떡이 있다.

17 신라본기 왕위계승과 관련한 기록으로 떡을 깨물어 본 결과 치아 수가 더 많아 왕위에 올랐다는 기록이 있는 고서는?

① 삼국사기   ② 삼국유사

③ 지봉유설   ④ 해동역사

> **해설**
> 『삼국사기』에는 신라본기 왕위계승과 관련한 기록으로 떡을 깨물어 본 결과 치아 수가 더 많아 왕위에 올랐다는 기록이 있다. 흰떡이나 인절미, 절편류로 추정된다.

18 '맛이 차마 삼키기 안타까운 고로 석탄병이라 한다'고 '석탄병(惜呑餠)'의 유래에 대해 소개된 고서는 무엇인가?

① 도문대작   ② 음식지미방

③ 수문사설   ④ 규합총서

> **해설**
> 『규합총서(閨閤叢書)』에는 '맛이 차마 삼키기 안타까운 고로 석탄병이라 한다'고 '석탄병(惜呑餠)'의 유래에 대해 소개되어 있으며 이외에 백설기, 혼돈병, 서여향병, 석이병 등 27종의 떡 이름과 만드는 법이 기록되어 있다.

19 시·절식으로서의 떡의 의미와 관련이 없는 것은?

① 떡은 우리의 식생활을 비롯하여 풍속과 밀접한 관련

② 제철에 나는 식품 재료를 부재료로 사용

③ 명절을 중심으로 세시풍속 행사에 누구나 만들어 먹었던 것

④ 각각의 의례에는 고유한 의미를 가진 떡이 함께 차려졌다.

> **해설**
> 통과의례는 사람이 태어나면서 죽을 때까지 거치게 되는 중요한 의례로 의례는 한 사람이 평생 꼭 한 번 겪는 일로 이러한 일들을 잘 넘기기를 기원하는 마음으로 이날을 기념하였다. 각각의 의례에는 고유한 의미를 가진 떡이 함께 차려졌다.

20 봉치떡의 설명으로 옳지 않은 것은?

① 혼례의 절차 중 신랑집에서 신부집에 함을 보내는 납폐에서는 봉채떡을 하는 풍습이 있다.

② 떡의 2켜는 부부를 의미하고 찹쌀은 부부간의 금슬을, 붉은 팥고물은 액막이, 대추 7개는 아들 칠형제를 상징한다.

③ 봉치떡은 찹쌀 3되, 팥 1되를 사용하여 2켜의 시루떡을 안치고 가운데에 대추 7개를 원형으로 올리고, 가운데 밤을 한 개 올린다.

④ 태어난 지 60년이 되어 육십갑자가 다시 시작되는 해의 생일에 만드는 떡이다.

> **해설**
> 태어난 지 60년이 되어 육십갑자가 다시 시작되는 해의 생일은 회갑이라 하며 회갑연에는 큰상이라고 하여 여러 가지 음식을 높이 고여 담아 놓는다.

21 고인된 조상들을 추모하기 위해 자손들이 올리는 의식인 제례에 사용하지 않는 떡은?

① 녹두편고물편   ② 붉은팥고물편

③ 거피팥고물편   ④ 흑인자고물편

> **해설**
> 제례에는 조상신을 모셔오는 의례이므로 붉은색 떡은 사용하지 않는다.

22 까마귀에게 보은한다는 의미가 담긴 정월 보름에 먹는 떡은?

① 떡국　　　　　　② 송편
③ 약식　　　　　　④ 쑥떡

> **해설**
> 약식은 신라 소지왕을 구한 까마귀의 깃털색을 표현하여 까마귀에게 보은하기 위해 먹었던 떡이다.

23 6월 유두에 먹었던 떡으로 풍년을 기원하는 의미의 떡은?

① 느티떡　　　　　② 흰가래떡
③ 떡수단　　　　　④ 약식

> **해설**
> 떡수단은 곡식이 여물어갈 무렵 조상과 농신께 가족의 안녕과 풍년을 기원하며 즐기던 떡이다.

24 떡이 일반인에 이르기까지 널리 보급된 시대는?

① 삼국시대　　　　② 청동기시대
③ 조선시대　　　　④ 고려시대

> **해설**
> 고려시대에는 상류층이나 세시행사와 제사 음식만으로서가 아니라 하나의 별식으로서 일반에 이르기까지 널리 보급되었다.

25 조선 시대 3대 명절이 아닌 것은?

① 설　　　　　　　② 단오
③ 추석　　　　　　④ 초파일

> **해설**
> 초파일은 석가모니의 탄생일로 음력 4월 8일이다. 불교의 기념일 중 가장 큰 명절이다.

26 추석을 나타내는 단어가 아닌 것은?

① 중추절　　　　　② 가배
③ 한가위　　　　　④ 중양절

> **해설**
> 중양절은 양수가 겹친 날로 음력 9월 9일이다. 국화꽃으로 화전을 부쳐 먹었다.

27 우리나라 최초의 한글 조리서는?

① 도문대작　　　　② 음식지미방
③ 수문사설　　　　④ 조선세시기

> **해설**
> 음식지미방은 우리나라 최초의 한글 조리서로 8가지 떡 만드는 방법이 수록되어 있다.

28 시ㆍ절식으로서의 떡을 바르게 설명하지 않은 것은?

① 사람이 태어나서 죽을 때까지 거치게 되는 중요한 의례
② 떡은 우리의 식생활을 비롯하여 풍속과 밀접한 관련
③ 명절을 중심으로 세시풍속 행사에 누구나 만들어 먹었던 것
④ 제철에 나는 식품 재료를 부재료로 사용

> **해설**　**통과의례**
> 사람이 태어나서 죽을 때까지 거치게 되는 중요한 의례를 말한다.

29 백일 떡 중에서 붉은색이 귀신을 쫓는다는 의미로 액을 미리 막아준다는 기원의 의미로 만들어진 떡은?

① 백설기　　　　　　　② 송편
③ 붉은 차수수경단　　　④ 화전

> **해설**
> 붉은색은 귀신이 좋아하지 않으므로 붉은 차수수경단은 귀신을 쫓는다는 의미를 가졌다. 액을 미리 막아준다는 기원의 의미로 만들어진 백일 떡이다.

30 아이가 태어난 지 21일째를 축하하는 날로 아이와 산모가 어느 정도 안정을 찾게 되는 것을 기념하는 삼칠일에 만든 떡은?

① 백설기　　　　　　　② 송편
③ 붉은 차수수경단　　　④ 인절미

> **해설**
> 삼칠일에는 아무것도 넣지 않은 흰색의 백설기를 만드는데, 아이와 산모를 속세와 섞이지 않고 산신(産神)의 보호 아래 둔다는 의미이다.

31 아이가 나이가 들어 어른이 되었음을 축하하고 책임과 의무를 일깨워 주려는 의례는?

① 책례　　　　　　　　② 성년례
③ 혼례　　　　　　　　④ 첫돌

> **해설**
> 성년례는 아이가 나이가 들어 어른이 되었음을 축하하고 책임과 의무를 일깨워 주려는 의례로 각종 떡과 약식을 포함한 다양한 음식을 차림한다.

32 우리나라 향토떡 중에서 다른 지방에 비해 떡이 매우 크고 소담한 지역은?

① 강원도　　　　　　　② 경상도
③ 평안도　　　　　　　④ 전라도

> **해설**
> 평안도지역은 다른 지방에 비해 떡이 매우 큼직하고 소담하며, 종류로 장떡, 조개송편, 찰부꾸미, 노티, 송기떡, 골미떡, 꼬장떡, 뽕떡, 무지개떡, 찰부꾸미가 있다.

33 지역별 떡의 종류가 바르게 연결되지 않은 것은?

① 충청도 – 쇠머리떡. 수수벙거지, 곤떡
② 강원도 – 감자시루떡, 우무송편, 방울 증편
③ 경상도 – 모시잎송편, 쑥굴레, 잣구리
④ 경기도 – 여주산병. 개성우메기, 색떡

> **해설**
> 수수벙거지는 경기도 지역의 떡임

34 쌀보다 잡곡이 흔해서 잡곡을 이용한 떡이 많은 지역은?

① 서울　　　　　　　　② 제주도
③ 전라도　　　　　　　④ 경기도

> **해설**
> 제주도는 쌀보다 잡곡이 흔하여 잡곡을 이용한 떡이 많으며 쌀떡은 제사 때만 썼다.

35 감자송편은 어느 지역의 향토떡인가?

① 황해도　　　　　　　② 충청도
③ 경기도　　　　　　　④ 강원도

> **해설**
> 감자송편은 감자재배를 주로 하는 강원도 지역의 떡이다.

36 멥쌀가루를 쪄서 안반에 놓고 친 다음 잘라서 만든 떡은?

① 인절미　　　　　　　② 증편
③ 송편　　　　　　　　④ 절편

> **해설**
> 절편은 멥쌀가루를 쪄서 가래떡 모양으로 만든 다음 잘라서 만든다.

37 찹쌀가루나 수숫가루 등을 익반죽하여 동그랗게 빚어서 끓는물에 삶아 고물을 묻힌 떡은?

① 주악 ② 부꾸미
③ 화전 ④ 경단

> **해설**
> 경단은 익반죽하여 살아 낸 후 고물을 묻히는 떡으로 고물로는 대추채, 밤채, 붉은 팥, 콩가루 등이 있다.

38 다음 단오에 만들어진 떡이 아닌 것은?

① 수리취 절편 ② 차륜병
③ 도행병 ④ 화전

> **해설**
> 차륜병은 수리취떡으로 수레바퀴 모양의 떡살로 찍어낸 절편이다. 도행병은 복숭아나 살구의 과즙으로 반죽하여 만든 단오 절식이다.

39 유두절에 만드는 것으로 멥쌀가루를 쪄서 구슬같이 둥글게 빚어 꿀물이나 오미자 국물에 넣어 음료로 즐긴 떡은?

① 증편 ② 주악
③ 차륜병 ④ 떡수단

> **해설**
> 떡수단은 유두절의 절식으로 꿀물이나 오미자 국물에 넣어 음료로 즐겼다.

40 상달에 먹는 떡이 아닌 것은?

① 붉은 팥 시루떡 ② 무시루떡
③ 밀단고 ④ 수수부꾸미

> **해설**
> 곡식과 과일이 가장 풍부한 달로 1년 중 가장 으뜸가는 달로 상달의 마지막 날에는 백설기나 팥시루떡을 쪄서 고사를 지냈다.

41 다음 중 남녀가 만나 부부가 되기 위해 올리는 의례인 육례(六禮)에 해당하지 않는 것은?

① 혼담
② 납폐
③ 성년례
④ 예식

> **해설**
> 육례(六禮)는 여섯 단계의 절차를 거쳐 진행될 정도로 중요한 통과의례(혼담, 사주, 택일, 납폐, 예식, 시행)이다.

42 다음 혼례에서 색떡의 의미는 무엇인가?

① 여러 가지 색으로 물들인 절편을 암·수의 닭 모양으로 쌓아 신랑·신부를 의미한다.
② 둥글게 빚은 절편으로 부부가 세상을 보름달처럼 밝게 비추고 서로 둥글게 채워가며 살기를 기원하는 의미한다.
③ 혼례의 절차 중 신랑집에서 신부집에 보내는 떡이다.
④ 떡의 2켜는 부부를 의미하고 찹쌀은 부부간의 금슬을, 붉은 팥고물은 액막이, 대추 7개는 아들 칠형제를 상징한다.

> **해설**
> 색떡은 여러 가지 색으로 물들인 절편을 암·수의 닭 모양으로 쌓아 신랑·신부를 의미한다.

43 붉은 차수수경단을 아이의 생일 떡으로 쓰는 의미로 맞는 것은?

① 속이 꽉 찬 사람이 되라는 뜻
② 붉은 색이 귀신을 쫓는다는 의미
③ 밝고 조화로운 미래를 기원
④ 완전함, 성숙 등을 뜻을 의미

> **해설**
> 붉은 색이 귀신을 쫓는다는 의미로 액을 미리 막아준다는 기원의 의미

44 곡식과 과일이 가장 풍부한 달로 1년 중 가장 으뜸가는 달로 마지막 날에는 백설기나 팥시루떡을 쪄서 고사를 지낸 절기는?

① 8월 한가위
② 9월 중양절
③ 10월 상달
④ 납일

> **해설**
> 음력 10월인 10월 상달은 곡식과 과일이 가장 풍부한 달로 1년 중 가장 으뜸가는 달로 당산제와 고사를 지내 집안의 풍파를 없애는 기원하였다.

45 다음 중 웃기떡으로 사용하는 떡이 아닌 것은?

① 산승
② 화전
③ 주악
④ 수단

> **해설** **웃기떡**
> 떡을 괴고 그 위를 장식하는 떡으로 화전, 주악, 단자, 산승이 있다.

46 신라 유리왕의 이야기가 기록된 문헌은?

① 삼국유사
② 삼국사기
③ 왕조실록
④ 해동역사

> **해설**
> 삼국사기에 신라본기 왕위계승과 관련하여 떡을 깨물어 본 결과 치아 수가 더 많아 왕위에 올랐다는 기록이 있으며 흰떡이나 인절미, 절편류로 추정됨

47 다음 중 발효시킨 떡이 아닌 것은?

① 증편
② 상화병
③ 개성주악
④ 웃지지

> **해설**
> 웃지지는 지지는 떡의 한 종류이다.

48 다음의 떡의 의미가 다른 것은?

① 인절미 – 찰떡처럼 끈기 있는 사람이 되라는 기원
② 색떡 – 여러 가지 색으로 물들인 절편을 암·수의 닭 모양으로 쌓아 신랑 신부를 의미
③ 무지개떡 – 밝고 조화로운 미래를 기원
④ 송편 – 한해 풍년이 들게 해달라는 기원

> **해설**
> 송편은 속이 꽉 찬 사람이 되라는 뜻으로 속이 있는 송편과 마음을 넓게 가진 사람이 되라는 뜻으로 속이 빈 송편 두 가지를 만들었다.

49 다음 중 충청도 향토 떡이 아닌 것은?

① 증편
② 호박떡
③ 칡개떡
④ 감자떡

> **해설**
> 감자떡은 강원도에서 주로 해 먹은 떡이다.

50 우리나라 지역의 향토 떡의 특징이 바르게 연결되지 않은 것은?

① 전라도 - 곡식이 가장 많이 생산되어 농산물이 풍부하여 떡의 종류도 많고 화려하다.
② 충청도 - 양반과 서민의 떡이 구분되어 있다.
③ 경상도 - 떡의 종류가 많고 모양도 멋을 부려 화려하다.
④ 함경도 - 잡곡 위주의 떡이 만들어졌으며, 장식 없이 소박하게 만들었다.

> **해설**
> 서울, 경기도 : 떡의 종류가 많고 모양도 멋을 부려 화려하다.

51 함경도 지역의 향토떡의 종류가 아닌 것은?

① 콩떡
② 찰떡 인절미
③ 달떡
④ 무설기떡

> **해설**
> 무설기떡은 황해도 지역의 떡이다.

52 인절미를 뜻하는 단어로 틀린 것은?

① 인병
② 은절병
③ 절병
④ 인절병

> **해설**
> 인절미는 잡아당겨 끊는다라는 의미를 갖고 있으며 인절병, 인재미라고도 한다.

53 중양절에 대한 설명으로 틀린 것은?

① 추석에 햇곡식으로 제사를 올리지 못한 집안에서 뒤늦게 천신을 하였다.
② 밤떡과 국화전을 만들어 먹었다.
③ 시인과 묵객들은 야외로 나가 시를 읊거나 풍국놀이를 하였다.
④ 잡과병과 밀단고를 만들어 먹었다.

> **해설**
> 9월 중양절(음력 9월 9일, 중구절)은 양수인 9가 겹치는 날로 햇벼가 나지 않아 추석 때 제사를 지내지 못한 북쪽이나 산간지방에서 지내던 절일이다. 국화전, 밤떡을 만들어 먹었다.

54 음력 3월 3일에 먹는 시절 떡은?

① 수리취절편   ② 약식
③ 느티떡   ④ 진달래 화전

> **해설**
> 3월 삼짇날(중삼절, 음력 3월 3일)은 만물이 활기를 띠고 강남 갔던 제비도 돌아온다. 봄의 미각을 음미하며 진달래화전을 먹었다.

55 돌상에 차리는 떡의 종류와 의미로 틀린 것은?

① 인절미 - 학문적 성장을 촉구하는 뜻을 담고 있다.
② 수수팥경단 - 아이의 생애에 있어 액을 미리 막아준다는 의미를 담고 있다.
③ 오색송편 - 우주 만물과 조화를 이루며 살아가라는 의미를 담고 있다.
④ 백설기 - 신성함과 정결함을 뜻하며 순진무구하게 자라라는 기원이 담겨 있다.

> **해설**
> 인절미는 찰떡처럼 끈기 있는 사람이 되라는 기원을 담고 있다.

56 다음은 떡의 어원에 관한 설명이다. 옳은 내용을 모두 선택한 것은?

> 가) 곤떡은 '색과 모양이 곱다'하여 처음에는 고운 떡으로 불리었다.
> 나) 구름떡은 썬 모양이 구름 모양과 같다 하여 붙여진 이름이다.
> 다) 오쟁이떡은 떡의 모양을 가운데 구멍을 내고 만들어 붙여진 이름이다.
> 라) 빙떡은 떡을 차갑게 식혀 만들어 붙여진 이름이다.
> 마) 해장떡은 '해장국과 함께 먹었다'하여 붙여진 이름이다.

① 가, 나, 마   ② 가, 나, 다
③ 나, 다, 라   ④ 다, 라, 마

> **해설**
> 오쟁이 떡은 찹쌀가루를 쪄서 팥소를 넣고 빚은 뒤에 콩고물을 묻혀 만든 떡. 황해도 지방의 음식이다. 빙떡은 제주에서 메밀가루를 반죽하여 돼지비계로 지진 전에 무채를 넣고 말아 만든 떡이다.

57 삼짇날의 절기 떡이 아닌 것은?

① 진달래화전   ② 향애단
③ 쑥떡   ④ 유엽병

> **해설**
> 삼짇날은 만물이 활기를 띠고 강남 갔던 제비도 돌아오며 봄의 미각을 음미하는 절기이다. 유엽병은 쌀가루에 느티나무 잎을 넣어서 찐 시루떡으로 석가탄신일인 사월초파일에 만드는 절식이다.

58 통과의례에 대한 설명으로 틀린 것은?

① 사람이 태어나 죽을 때까지 필연적으로 거치게 되는 중요한 의례를 말한다.
② 책례는 어려운 책을 한 권씩 뗄 때마다 이를 축하하고 더욱 학문에 정진하라는 격려의 의미로 행하는 의례이다.

③ 납일은 사람이 살아가는데 도움을 준 천지만물의 신령에게 음덕을 갚는 의미로 제사를 지내는 날이다.
④ 성년례는 어른으로부터 독립하여 자기의 삶은 자기가 갈무리하라는 책임과 의무를 일깨워 주는 의례이다.

> **해설**
> 납일은 절기로 매년 말 신에게 제사를 지내는 날로 동지로부터 세 번째 미일(未日)을 가리키는 세시풍속이다. 신년과 구년이 교접하는 즈음에 대제를 올려 그 공에 보답하는 것이다.

59 삼복 중에 먹는 절기 떡으로 틀린 것은?

① 증편   ② 주악
③ 팥경단   ④ 깨찰편

> **해설**
> 증편, 주악 등 여름에 쉽게 상하지 않는 떡을 먹었다.

60 떡의 어원에 대한 설명으로 틀린 것은?

① 차륜병은 수리취절편에 수레바퀴 모양의 문양을 내어 붙여진 이름이다.
② 석탄병은 '맛이 삼키기 안타깝다'는 뜻에서 붙여진 이름이다.
③ 약편은 멥쌀가루에 계피, 천궁, 생강 등 약재를 넣어 붙여진 이름이다.
④ 첨세병은 떡국을 먹음으로써 나이를 하나 더하게 된다는 뜻으로 붙여진 이름이다.

> **해설**
> 약편은 멥쌀가루에 대추고, 소금, 설탕, 막걸리 등을 넣고 대추채 등의 고명을 올린 후 찜기에 쪄서 만드는 떡이다.

MEMO

떡제조기능사

PART 5

풀면서 바로 확인하는
적중 모의고사

제1회 적중 모의고사
제2회 적중 모의고사
제3회 적중 모의고사

01 두텁떡을 만드는 데 사용되지 않는 조리 도구는?

① 떡살   ② 체

③ 번철   ④ 시루

> **해설**
> 두텁떡은 충분히 불린 찹쌀을 가루내어 꿀, 간장을 넣고 고루 비빈 다음 체에 내리고 거피한 팥은 찐 뒤 꿀과 간장, 후추, 계핏가루를 넣어 반죽하여 넓은 번철에 팥을 말리는 정도로 볶아 어레미에 친다. 시루나 찜통에 팥을 한 켜 깔고, 그 위에 떡가루를 한 숟갈씩 드문드문 떠놓고 소를 가운데 하나씩 박고, 다시 가루를 덮고 전체를 팥고물로 덮는다.

02 인절미나 절편을 칠 때 사용하는 도구로 옳은 것은?

① 안반, 맷방석   ② 떡메, 쳇다리

③ 안반, 떡메   ④ 쳇다리, 이남박

> **해설**
> 안반과 떡메는 인절미나 흰떡 등과 같이 치는 떡을 만들 때 사용하는 기구이다. 안반은 두껍고 넓은 통나무 판에 낮은 다리가 붙어 있는 형태가 일반적이다. 위에 떡 반죽을 올려놓고 떡메로 친다. 떡메는 지름 20cm 정도 되는 통나무를 잘라 손잡이를 끼워 사용했다.

03 발색제에 대한 설명으로 바르지 않은 것은?

① 분말과 생채소, 입자의 형태, 섬유질의 함량 등은 비슷해서 사용법은 모두 같다.

② 발색제는 떡에 예쁜 색을 나타내어 떡의 기호성을 증진시키며 식욕을 돋우는 중요한 요소이다.

③ 생채소, 과일류 등 수분을 가진 발색제 사용은 수분 첨가량을 낮추고 분말류는 수분 첨가량을 늘려준다.

④ 천연의 색은 가공 후 저장 기간이 길어질수록 본래의 색이 퇴색되고 어두운 색깔로 변하게 된다.

> **해설**
> 형태와 성분에 따라 사용방법을 달리해서 사용해야 본연의 색을 살릴 수 있다.

04 다음 탄수화물 중 단맛을 느낄 수 없는 종류는?

① 자당   ② 올리고당

③ 과당   ④ 전분

> **해설**
> 전분은 탄수화물의 다당류로 단맛을 느낄 수 없으며 이당류, 단당류로 분해되어야 단맛을 느낄 수 있다.

05 감미도가 높으며 흡수가 빠르고 꿀과 과일에 많이 들어있는 단당류의 종류는?

① 과당   ② 포도당

③ 갈락토오스   ④ 설탕

> **해설**
> 감미도는 자당(설탕) 100을 기준으로 하여 단맛의 정도를 표현한다. 단당류인 과당을 꿀과 과일에 많이 들어있으며 감미도 175로 가장 높다.

06 물에 대한 설명으로 옳지 않은 것은?

① 산소와 수소의 화합물이다.

② 물은 100℃에서 끓고 0℃에서 얼음이 된다.

③ 자유수와 결합수로 구분된다.

④ 떡을 만들 때는 아무런 제한 없이 물을 사용해도 된다.

> **해설**
> 쌀가루의 투하속도를 고려하여 적당하게 수분을 첨가하여 혼합하는 것이 좋다.

07 잣의 다른 명칭이 아닌 것은?

① 송자　　　　　② 백자
③ 임자　　　　　④ 해송자

08 곡식의 가루를 쳐내는 도구로 가장 굵은 체를 무엇이라 하는가?

① 어레미　　　　② 도드미
③ 깁체　　　　　④ 중거리

09 떡을 찔 때 소금의 사용량으로 적합한 것은?

① 쌀 무게의 1.2~1.3%
② 쌀 무게의 1.3~1.5%
③ 쌀 무게의 3.0~3.5%
④ 쌀 무게의 4%

10 인절미를 칠 때 사용되는 도구가 아닌 것은?

① 절구　　　　　② 안반
③ 떡메　　　　　④ 떡살

11 익반죽을 하는 이유로 적합하지 않은 것은?

① 멥쌀가루는 끈기가 적기 때문에 끓는 물로 반죽을 하여 점성이 생기게 한다.
② 멥쌀가루에 들어 있는 전분의 일부를 호화시켜 점성을 높게 하기 위하여 익반죽을 한다.
③ 멥쌀가루를 익반죽을 하면 잘 뭉쳐지지 않아 오래 치대게 하여 점성을 높게 한다.
④ 멥쌀가루에는 글리아딘과 글루테닌이 들어있지 않아 익반죽을 하여 쉽게 점성이 생기게 한다.

12 쌀을 세척한 후 돌 등을 가려낼 때 쓰이는 도구는?

① 조리　　　　　② 체
③ 키　　　　　　④ 보

13 잣을 반으로 잘라 떡의 고명으로 사용하기도 하는데 이처럼 잣을 반으로 갈라놓은 것을 무엇이라 하는가?

① 잣 고깔　　　　② 통잣
③ 잣소금　　　　④ 비늘 잣

14 병과의 쓰이는 도구 중 모양낼 때 쓰이는 도구가 아닌 것은?

① 떡살   ② 다식판

③ 안반   ④ 매판

> **해설**   매판
> 불린 콩이나 곡식을 맷돌에 넣고 갈 때 음식물이 한 곳에 모이도록 맷돌에 올려 놓는 기구

15 병과에 쓰이는 도구 중 주로 곡식 등을 갈 때 맷돌 밑에 받쳐서 갈은 것이 떨어지게 하거나 물건을 거를 때 그릇 위에 걸쳐 체에 올려놓는 기구가 있는데 이 기구의 이름은?

① 체   ② 이남박

③ 쳇다리   ④ 맷방석

> **해설**   쳇다리
> 가루를 내거나 액체를 거를 때 받침대로 사용

16 우리나라의 경우 재료를 계량할 때 1컵은 몇 ㎖인가?

① 240ml

② 200ml

③ 180ml

④ 220ml

> **해설**
> 우리나라의 1컵은 200㎖이다.

17 쌀가루를 체치는 이유는?

① 쌀가루 입자가 고르게 되며 공기층이 생겨 떡이 부드럽게 된다.

② 쌀입자가 고르게 되며 떡이 딱딱하게 된다.

③ 쌀입자가 고르게 되며 떡이 질척하게 된다.

④ 쌀입자가 고르게 되며 눌러서 떡이 질겨진다.

> **해설**
> 쌀가루를 체치면 쌀가루 입자가 고르게 되며 이물질 제거도 되지만 공기층이 생겨 떡이 부드럽게 된다.

18 고체식품을 계량하는 경우 주의해야 하는 점으로 옳은 것은?

① 버터나 마가린은 얼린 상태에서 그대로 잘라 계량컵에 담아 계량한다.

② 흑설탕의 경우 서로 달라붙기 때문에 컵에 꾹꾹 눌러 담아 컵의 위를 편편하게 깎아 계량한다.

③ 고체식품은 무게보다 부피를 재는 것이 더 정확하다.

④ 마가린은 실온에 두어 부드럽게 한 후 계량스푼으로 수북하게 담아 계량한다.

> **해설**
> 고체 식품의 경우 무게로 해서 재는 것이 정확하다. 버터나 마가린은 부드러운 상태로 담아 깎아서 계량한다.

19 찹쌀을 멥쌀보다 분쇄횟수를 줄이는 이유는 무엇 때문인가?

① 아밀로펙틴   ② 아밀로오스

③ 아밀라아제   ④ 아미노산

> **해설**
> 찹쌀은 아밀로펙틴만으로 구성된 전분으로 찰진 성분을 함유하고 있기 때문이다.

20 전분의 노화를 억제하는 방법으로 적합하지 않은 것은?

① 수분함량 조절   ② 냉동

③ 설탕의 첨가   ④ 냉장

> **해설**   노화억제 방법
> 냉동, 급속건조, 수분함량을 15% 이하로 조절, 설탕첨가, 유화제 첨가, 개별포장 등

21 전통 떡의 종류 중 찌는 떡이 있는데 이를 다른 말로 일컬을 때 사용되는 말이 아닌 것은?

① 설기떡   ② 무리떡

③ 증병   ④ 유전병

해설
유전병은 기름이 첨가된 지지는 떡으로 찌는 떡과 구별된다.

22 지지는 떡의 종류로 바르지 않은 것은?

① 매작과   ② 화전

③ 우메기   ④ 주악

해설
매작과는 한과의 한 종류로 튀기는 과자이다.

23 떡의 종류 중 치는 떡의 표기로 옳은 것은?

① 증병(甑餠)   ② 도병(搗餠)

③ 유병(油餠)   ④ 전병(煎餠)

해설
치는 떡은 시루에 찐 떡을 절구나 안반 등에서 친 떡이다. 도병(搗餠)이라고 한다.

24 쌀의 수침 시 수분 흡수율에 영향을 주는 요인으로 틀린 것은?

① 쌀의 품종
② 쌀의 저장 기간
③ 수침 시 물의 온도
④ 쌀의 비타민 함량

해설
쌀의 수침 시 수분 흡수율에 영향을 주는 요인은 계절, 수침시간, 쌀의 수분 함량, 물의 온도, 쌀의 품종 등 다양하다.

25 떡 반죽의 특징으로 틀린 것은?

① 많이 치댈수록 공기가 포함되어 부드러우면서 입 안에서 감촉이 좋다.
② 많이 치댈수록 글루텐이 많이 형성되어 쫄깃해진다.
③ 익반죽할 때 물의 온도가 높으면 점성이 생겨 반죽이 용이하다.
④ 쑥이나 수리취 등을 섞어 반죽할 때 노화속도가 지연된다.

해설
글루텐은 밀가루에 들어있는 글리아딘과 글루테닌을 물과 함께 반죽하면 형성되는 단백질로 신장성과 탄력성을 준다.

26 인절미를 뜻하는 단어로 틀린 것은?

① 인병   ② 은절병

③ 절병   ④ 인절병

해설
인절미는 잡아당겨 끊는다라는 의미를 갖고 있으며 인절병, 인재미라고도 한다.

27 가래떡 제조과정의 순서로 옳은 것은?

① 쌀가루 만들기 – 안쳐 찌기 – 용도에 맞게 자르기 – 성형하기
② 쌀가루 만들기 – 소 만들어 넣기 – 안쳐 찌기 – 성형하기
③ 쌀가루 만들기 – 익반죽하기 – 성형하기 – 안쳐 찌기
④ 쌀가루 만들기 – 안쳐 찌기 – 성형하기 – 용도에 맞게 자르기

해설
가래떡류는 치는 떡의 일종으로 멥쌀가루를 쪄서 안반에 놓고 친 다음 길게 밀어서 만든다.

28 다음 중 송편의 소로 적당하지 않은 것은?

① 콩   ② 조
③ 깨   ④ 밤

해설
송편의 소는 콩, 깨, 녹두, 밤, 팥을 주로 사용한다.

29 백병이라고도 하며 멥쌀가루를 쪄낸 다음 절구에 쳐서 둥글고 길게 비벼서 만든 떡은?

① 인절미   ② 잣구리
③ 가래떡   ④ 화전

해설
가래떡을 흰떡이라 하여 한자로 백병(白餠)이라고 한다.

30 재료의 계량 시 주의사항으로 바르지 않은 것은?

① 저울을 평평하고 단단한 곳에 놓아 수평을 맞춰야 한다.
② 저울의 범위가 무게를 재고자 하는 범위에 맞는 저울인지 확인한다.
③ 무게를 재기 전에 저울 위에 용기를 먼저 올리고 전원을 켜서 0점을 맞춘다.
④ 저울을 사용하지 않을 때는 저울위에 무거운 물건을 올려두지 않는다.

해설
저울의 전원을 켠 후 용기를 올리고 0점을 맞춘 후 무게를 측정해야 정확하다.

31 식품 중에 자연적으로 생성되는 천연 유독 성분에 대한 설명이 잘못된 것은?

① 아몬드, 살구씨, 복숭아씨 등에는 아미그달린이라는 천연의 유독 성분이 존재한다.
② 천연 유독 성분 중에는 사람에게 발암성, 돌연변이, 기형유발성, 알레르기성, 영양장애 및 급성 중독을 일으키는 것들이 있다.
③ 유독 성분의 생성량은 동·식물체가 생육하는 계절과 환경 등에 따라 영향을 받는다.
④ 천연의 유독 성분들은 모두 열에 불안정하여 100℃로 가열하면 독성이 분해되므로 인체에 무해하다.

해설
천연의 유독 성분 중에는 열에 안정하여 100% 이상으로 가열하여도 독성이 분해지지 않는 성분들이 있다.

32 다음 식품위생법에서 식품위생의 목적과 거리가 먼 것은?

① 식품의 위해 방지
② 식품의 안전성 확보
③ 식품의 판매 촉진
④ 식품영양의 질적 향상 도모

해설
식품위생법의 목적은 식품으로 인하여 생기는 위생상의 위해를 방지하고, 식품영양의 질적 향상을 도모하며 식품에 관한 올바른 정보를 제공하여 국민 보건의 증진에 이바지함을 목적으로 한다.

33 다음 중 식품위생법상 식품의 정의에 대한 설명으로 맞는 것은?

① 의약품으로 섭취되는 것을 제외한 모든 음식물을 말한다.
② 첨가물을 제외한 모든 음식물을 말한다.
③ 화학적 합성품을 제외한 모든 음식물을 말한다.
④ 영양강화식품을 제외한 모든 음식물을 말한다.

34 다음 중 자외선을 이용한 살균 시 가장 유효한 파장은?

① 2,500~2,600 Å   ② 3,500~3,600 Å

③ 4,500~4,600 Å   ④ 5,500~5,600 Å

35 다음 중 위해요소의 종류가 아닌 것은?

① 생물학적 위해요소   ② 물리적 위해요소

③ 화학적 위해요소   ④ 한계적 위해요소

36 미생물의 증식 위험성이 높은 식품을 무엇이라고 하는가?

① PHF(potential hazardous foods)

② HA(hazard analysis)

③ CCP(critical control point)

④ HACCP(hazard analysis critical control point)

37 구매한 식품의 재고 관리 시 적용되는 방법 중 구입 순서에 따라 먼저 구입한 재료를 먼저 소비하는 것은?

① 선입선출법(First in First out)

② 후입선출법(Last in Last out)

③ 총평균법

④ 최소–최대관리법

38 식중독 발생 시의 조치 사항 중 잘못된 것은?

① 환자의 상태를 메모한다.

② 보건소에 신고한다.

③ 식중독 의심이 있는 환자는 의사의 진단을 받게 한다.

④ 먹던 음식물은 전부 버린다.

39 다음 중 방충망의 적당한 규격은(1인치당)?

① 5메쉬   ② 10메쉬

③ 20메쉬   ④ 30메쉬

40 소독약의 살균지표가 되는 소독제는?

① 생석회   ② 알코올

③ 크레졸   ④ 석탄산

> **해설**
> 석탄산은 살균력 비교 시 이용되며, 하수, 화장실 등의 소독에 사용한다.

41 HACCP 인증 집단급식소(집단급식소, 식품접객업소, 도시락류 포함)에서 조리한 식품은 소독된 보존식 전용용기 또는 멸균 비닐봉지에 매회 1인분 분량을 담아 몇 ℃ 이하에서 얼마 이상의 시간동안 보관하여야 하는가?

① 4℃ 이하, 48시간 이상
② 0℃ 이하, 100시간 이상
③ -10℃ 이하, 200시간 이상
④ -18℃ 이하, 144시간 이상

> **해설**
> HACCP 인증 집단급식소의 보존식은 -18℃ 이하에서 144시간 이상 보관한다.

42 식품공전상 표준온도라 함은 몇 ℃인가?

① 5℃   ② 10℃
③ 15℃   ④ 20℃

> **해설**
> 식품공전상 표준온도는 20℃, 상온은 15~25℃, 실온은 1~35℃, 미온은 30~40℃이다.

43 식품첨가물의 사용목적이 아닌 것은?

① 식품의 기호성 증대
② 식품의 유해성 입증
③ 식품의 부패와 변질을 방지
④ 식품의 제조 및 품질개량

> **해설**
> 식품첨가물의 사용목적은 식품의 부패와 변질을 방지하고 식품 제조 및 품질개량을 통해 기호성을 증대시키기 위함이다.

44 음료수의 소독에 사용되지 않는 방법은?

① 염소소독   ② 표백분소독
③ 자외선소독   ④ 역성비누소독

> **해설**
> 음료수소독에는 염소, 표백분, 차아염소산 나트륨, 자외선, 자비 소독이 사용된다.

45 손의 소독에 가장 적합한 것은?

① 1~2% 크레졸 수용액
② 70% 에틸알코올
③ 0.1% 승홍수용액
④ 3~5% 석탄산 수용액

> **해설**
> 70% 에틸알코올은 손, 피부, 기구 소독에 사용한다.

46 떡의 어원 변화를 바르게 설명한 것은?

① 찜 - 찌다 - 떠기 - 떼기 - 떡
② 찌기 - 찜 - 떼기 - 떠기 - 떡
③ 찌다 - 찌기 - 떼기 - 떠기 - 떡
④ 찜 - 찌기 - 떠기 - 떼기 - 떡

> **해설**
> 떡이란 말은 동사 '찌다'가 명사화되면서 찌기 → 떼기 → 떠기 → 떡으로 어원이 변화

47 절식으로 즐기는 떡의 연결이 바르지 않은 것은?

① 동지 – 팥죽

② 납일 – 골무떡

③ 8월 한가위 – 시루떡, 송편

④ 5월 단오 – 백설기, 밀전병

해설
5월 단오에는 차륜병(수리취떡)을 먹는다.

48 여름철에 즐겨 먹는 떡으로 쉽게 상하지 않는 떡은?

① 증편

② 진달래화전

③ 밀전병

④ 약식

해설
증편은 술로 반죽하여 발효시킨 떡으로 여름철에 많이 먹는다.

49 조선시대 음식 관련 조리서에 등장하는 떡의 종류는?

① 223가지

② 127가지

③ 198가지

④ 109가지

해설
조선시대 등장하는 떡의 종류는 198가지이다.

50 떡을 한글로 표기한 문헌은?

① 규합총서

② 성호사설

③ 음식디미방

④ 조선무쌍신식요리제법

해설
떡이란 말은 한글로 1800년도 『규합총서』에 기록

51 쌀가루에 엿을 섞는 것을 표시한 한자어는?

① 박탁

② 교이

③ 담

④ 탕중뢰한

해설
교이는 쌀가루를 엿에 섞은 것이고, 박탁은 떡국이며, 담은 떡을 얇게 만들어 고기를 싼 것, 탕중뢰한은 꿀에 삶는 것이다.

52 혼례식 때 먹었던 떡의 종류가 아닌 것은?

① 봉치떡

② 색떡

③ 오색송편

④ 달떡

해설
혼례절차 중 차려지는 떡은 봉치떡, 색떡, 달떡이 있다.

53 6월 유두에 먹었던 떡으로 풍년을 기원하는 의미의 떡은?

① 느티떡

② 흰가래떡

③ 떡수단

④ 약식

해설
떡수단은 곡식이 여물어갈 무렵 조상과 농신께 가족의 안녕과 풍년을 기원하며 즐기던 떡이다.

54 떡이 일반인에 이르기까지 널리 보급된 시대는?

① 삼국시대

② 청동기시대

③ 조선시대

④ 고려시대

해설
고려시대에는 상류층이나 세시행사와 제사 음식만으로서가 아니라 하나의 별식으로서 일반에 이르기까지 널리 보급이 됨.

55 시·절식으로서의 떡을 바르게 설명하지 않은 것은?

① 사람이 태어나서 죽을 때까지 거치게 되는 중요한 의례를 세시풍속이라 한다.

② 떡은 우리의 식생활을 비롯하여 풍속과 밀접한 관련이 있다.

③ 명절을 중심으로 세시풍속 행사에 누구나 만들어 먹었다.

④ 제철에 나는 식품 재료를 부재료로 사용한다.

> **해설** 통과의례
> 사람이 태어나서 죽을 때까지 거치게 되는 중요한 의례를 말한다.

56 지역별 떡의 종류가 바르게 연결되지 않은 것은?

① 충청도 – 쇠머리떡, 수수벙거지, 곤떡

② 강원도 – 감자시루떡, 우무송편, 방울증편

③ 경상도 – 모시잎송편, 쑥굴레, 잣구리

④ 경기도 – 여주산병, 개성우메기, 색떡

> **해설**
> 수수벙거지는 경기도 지역의 떡이다.

57 찹쌀가루나 수숫가루 등을 익반죽하여 동그랗게 빚어서 끓는 물에 삶아 고물을 묻힌 떡은?

① 주악　　　　　② 부꾸미

③ 화전　　　　　④ 경단

> **해설**
> 경단은 익반죽하여 삶아 낸 후 고물을 묻히는 떡으로 고물로는 대추채, 밤채, 붉은 팥, 콩가루 등이 있다.

58 다음 중 발효시킨 떡이 아닌 것은?

① 증편　　　　　② 상화병

③ 개성주악　　　④ 웃지지

> **해설**
> 웃지지는 지지는 떡의 한 종류이다.

59 신라 유리왕의 이야기가 기록된 문헌은?

① 삼국유사　　　② 삼국사기

③ 왕조실록　　　④ 해동역사

> **해설**
> 삼국사기에 신라본기 왕위계승과 관련하여 떡을 깨물어 본 결과 치아 수가 더 많아 왕위에 올랐다는 기록이 있으며 흰떡이나 인절미, 절편류로 추정된다.

60 함경도 지역의 향토떡의 종류가 아닌 것은?

① 콩떡　　　　　② 찰떡 인절미

③ 달떡　　　　　④ 무설기떡

> **해설**
> 무설기떡은 황해도 지역의 떡이다.

01 현미의 겨층을 깎아 백미로 만드는 공정을 무엇이라 하는가?

① 제현 　　　　② 탈곡
③ 도정 　　　　④ 연미

> **해설**
> 제현은 벼의 왕겨층을 벗겨 현미로 만드는 공정이다. 탈곡은 곡립을 볏짚이나 이삭으로부터 분리시키는 일이다. 연미는 약간의 물을 분사한 다음 쌀겨를 제거하는 공정으로 청결미를 만드는 공정이다.

02 쌀 단백질인 것은?

① 글루테닌(glutenin)
② 오리제닌(oryzenin)
③ 호르데닌(hordein)
④ 글리아딘(gliadin)

> **해설**
> 쌀의 단백질은 오리제닌(oryzenin)이다. 필수 아미노산인 라이신(lysine)이 부족하므로 두류와 섞어서 섭취하는 것이 좋다.

03 현미에 적정한 수분, 온도, 산소를 공급해 싹을 틔운 쌀로 비타민, 아미노산, 효소 등의 유용한 성분이 생긴 쌀의 종류는?

① 유색미 　　　　② 배아미
③ 발아미 　　　　④ 강화미

> **해설**
> 유색미는 쌀의 바깥부분에 색소 성분이 집중되어 있는 쌀이며 배아미는 현미를 특수한 방법으로 도정하여 배아를 남긴 쌀이다. 강화미는 쌀의 도정 중에 손실된 비타민 등의 영양소를 인공적으로 보충하여 만든다.

04 쌀의 보관과 취급 방법으로 옳지 않은 것은?

① 쌀은 건조한 장소에 곤충을 차단할 수 있는 용기에 담아 보관한다.
② 쌀은 저장 중 온도가 높으면 호흡열에 의해 쌀의 품질이 저하된다.
③ 쌀의 수분함량을 25% 이하로 유지해야 미생물로 인한 쌀의 변질을 막을 수 있다.
④ 쌀을 씻을 때 쌀알이 으깨지지 않도록 가볍게 씻는다.

> **해설**
> 쌀의 수분함량을 15% 이하로 유지해야 수분 활성도가 낮아져 세균, 효모, 곰팡이 등의 미생물로 인한 쌀의 변질을 막을 수 있다.

05 싹의 길이가 보리 길이의 1.5~2배 정도로 아밀라아제 작용이 강하여 식혜, 엿의 제조에 이용되는 것은?

① 단맥아
② 장맥아
③ 할맥
④ 압맥

> **해설**
> • 단맥아 : 싹의 길이가 보리 길이의 3/4~4/5 정도로 맥주 양조용으로 사용된다.
> • 할맥 도정 정맥 : 정맥의 고랑을 따라 보리쌀알을 두 쪽으로 나눈 정맥이다. 압맥은 정맥가공 공정에서 보리쌀을 증기 가열하여 일부 호화시킨 후 압편시킨 제품이다.

06 밀가루를 용도에 따라 분류할 때 다목적용으로 사용되는 밀가루의 종류는?

① 중력분 ② 강력분
③ 듀럼분 ④ 박력분

> **해설**
> 중력분은 면류, 만두류 등 다목적용으로 사용되며 강력분은 빵용, 듀럼분은 스파게티나 파스타를 만들 때, 박력분은 과자용으로 이용된다.

07 경단, 부꾸미를 만들 때 사용되며 외피는 단단하고 탄닌을 함유하고 있어 세게 문질러 씻어 여러 번 헹구어야 떫은맛이 나가는 곡류는?

① 조 ② 메밀
③ 수수 ④ 옥수수

> **해설**
> 수수는 메수수와 차수수가 있으며 외피의 색에 따라 색이 달라진다. 차수수로 수수경단, 수수부꾸미 등을 만든다.

08 다음 중 자유수의 특징이 아닌 것은?

① 수용성 성분을 녹인다.
② 건조식품을 만들 때 증발된다.
③ 전분이나 단백질 등에 결합되어 있다.
④ 미생물의 번식에 영향을 준다.

> **해설**
> 결합수는 전분이나 단백질에 결합되어 있다. 0℃ 이하에서 얼거나, 증발되기 어렵고 용매로 작용하지 않는다.

09 떡을 만들 때 쌀 불리기에 대한 설명으로 틀린 것은?

① 쌀은 물의 온도가 높을수록 물을 빨리 흡수한다.
② 쌀의 수침시간이 증가하면 호화개시온도가 낮아진다.
③ 쌀의 수침시간이 증가하면 조직이 연화되어 입자의 결합력이 증가한다.
④ 쌀의 수침시간이 증가하면 수분함량이 많아져 호화가 잘된다.

> **해설**
> 쌀 불리기 공정은 떡을 찔 때 전분의 호화가 충분하게 진행되도록 쌀에 물을 흡수시키는 공정이다.

10 떡 제조 시 사용하는 두류의 종류와 영양학적 특성으로 옳은 것은?

① 대두에 있는 사포닌은 설사의 치료제이다.
② 팥은 비타민 B_1이 많아 각기병 예방에 좋다.
③ 검은콩은 금속이온과 반응하면 색이 옅어진다.
④ 땅콩은 지질의 함량이 많으나 필수지방산은 부족하다.

> **해설**
> 사포닌은 장을 자극하는 효과가 있어 설사의 원인이 되기도 한다. 땅콩의 지질은 필수지방산인 아라키돈산이 풍부하며 올레산과 리놀레산도 소량 함유되어 있다.

11 병과에 쓰이는 도구 중 어레미에 대한 설명으로 옳은 것은?

① 고운 가루를 내릴 때 사용한다.
② 도드미보다 고운체이다.
③ 팥고물을 내릴 때 사용한다.
④ 약과용 밀가루를 내릴 때 사용한다.

> **해설**
> 어레미는 지름 3mm 이상으로 떡가루나 메밀가루 등을 내릴 때 사용한다. 체는 쳇불 구멍의 크기에 따라 어레미, 도드미, 중거리, 가루체, 고운체 등으로 나뉜다.

12 떡의 영양학적 특성에 대한 설명으로 틀린 것은?

① 팥시루떡의 팥은 멥쌀에 부족한 비타민 D와 비타민 E를 보충한다.

② 무시루떡의 무에는 소화효소인 디아스타제가 들어 있어 소화에 도움을 준다.

③ 쑥떡의 쑥은 무기질, 비타민 A, 비타민 C가 풍부하여 건강에 도움을 준다.

④ 콩가루 인절미의 콩은 찹쌀에 부족한 단백질과 지질을 함유하여 영양상의 조화를 이룬다.

> **해설**
> 팥은 비타민 B₁이 많아 탄수화물 대사에 도움을 주며 각기병 예방에 효과적이다.

13 떡의 제조 과정 중에서 소금을 넣는 과정은?

① 찌기   ② 빻기

③ 치기   ④ 불리기

> **해설**
> 소금은 쌀을 빻는 과정에서 같이 넣는다. 소금을 넣지 않고 쌀가루를 만들었을 경우에는 물을 주기 전 가루를 체에 내릴 때 같이 넣어 체에 내린다.

14 다음 중 소화가 안 되는 β-전분을 소화가 잘되는 α-전분으로 만드는 것으로 맞는 것은?

① 유화   ② 산화

③ 노화   ④ 호화

> **해설**
> 전분입자가 규칙적으로 뭉쳐 있어 소화가 어려운 β-전분에 물과 열이 가해 져 효소반응이 용이한 α-전분으로 바뀌는 것을 호화 또는 알파화라 한다.

15 일반적인 전분의 입자는 아밀로오스(amylose)와 아밀로 펙틴(amylopectin)으로 구성되어 있다. 함량 비율은 얼마인가?

① 아밀로오스 40%, 아밀로펙틴 60%

② 아밀로오스 20%, 아밀로펙틴 80%

③ 아밀로오스 80%, 아밀로펙틴 20%

④ 아밀로오스 60%, 아밀로펙틴 40%

> **해설**
> 곡류의 탄수화물은 대부분이 전분인데 이 전분의 입자는 아밀로오스(amylose)와 아밀로펙틴(amylopectin)의 함량의 비율이 20:80이다. 그러나 찰옥수수나 찹쌀 등은 거의 대부분이 아밀로펙틴으로 되어 있다.

16 액체식품을 계량하는 방법으로 바르지 않은 것은?

① 표면장력이 있으므로 계량컵이나 계량스푼에 가득 채워서 계량한다.

② 컵을 수평 상태로 놓고 액체의 유리 재질의 계량컵의 눈금과 액체의 윗선을 눈과 수평으로 맞춰서 계량한다.

③ 점도가 있는 액체는 컵에 가득 채운 후 위를 편편하게 깎아준다.

④ 고추장, 마요네즈, 케찹 등은 공간이 없도록 눌러 담고 위를 깎아 측정한다.

> **해설**
> 컵을 수평 상태로 놓고 액체의 유리 재질의 계량컵의 눈금과 액체의 밑선(메니스커스(meniscus, 액체 표면이 만드는 곡선)을 눈과 수평으로 맞춰서 계량한다.

---

17 계량 단위를 나타낼 때 바르지 않은 것은?

① 1컵 = 200g   ② 1큰술 = 15mL

③ 15mL = 15g   ④ 1큰술 = 2작은술

> **해설**
> 1큰술(1Table spoon, 1Ts) = 3작은술

18 냉장에 대한 설명으로 바르지 않은 것은?

① 보통 0~10℃의 저온에서 식품을 저장하는 방법이다.

② 채소나 과일 등에 이용된다.

③ 저온으로 미생물의 증식을 일시적으로 억제시켜 보관성을 지속시킨다.

④ 전분의 노화를 지연시킨다.

> **해설**
> 0~10℃의 저온에서는 전분의 노화가 빠르다.

19 떡의 보관 방법으로 바르지 않은 것은?

① 떡은 냉장보관(0~10℃)하면 노화가 빠르다.

② 떡은 냉장보관(0~10℃) 한다.

③ 떡은 냉동보관(-18℃ 이하) 한다.

④ 떡은 뜨거운 김이 나간 후에 보관한다.

> **해설**
> 떡은 냉장보관(0~10℃)하면 전분이 노화되어 딱딱해진다. 떡은 뜨거운 김이 나간 후에 냉동보관(-18℃ 이하) 한다.

20 다음 중 인절미의 주재료가 아닌 것은?

① 찹쌀   ② 흑미

③ 차조   ④ 멥쌀

> **해설**
> 인절미는 충분히 불린 찹쌀을 찰밥처럼 쪄서 안반이나 절구에 넣고 떡메로 쳐서 모양을 만든 뒤 고물을 묻힌 떡이다. 인절미 주재료는 찹쌀, 흑미, 차조, 현미 등이다.

21 켜떡에 대한 설명으로 맞지 않은 것은?

① 켜떡은 찹쌀과 멥쌀에 두류, 채소류 등 다양한 부재료를 켜켜이 넣고 안쳐서 찐 떡이다.

② 켜를 두툼하게 안친 것을 편, 켜를 얇게 안친 것을 시루떡이라 부른다.

③ 쌀의 종류에 따라 메시루떡, 찰시루떡, 고물의 종류는 주로 팥고물과 콩고물 등이 쓰인다.

④ 시루에 찔 때 찹쌀가루 켜만 올려 찌면 김이 잘 오르지 않으므로 찹쌀가루와 멥쌀가루 켜를 번갈아 안쳐서 쪄야 한다.

> **해설**
> 켜를 두툼하게 안친 것을 시루떡, 켜를 얇게 안친 것을 편이라 부른다.

22 설기떡에 대한 설명으로 바르지 않은 것은?

① 설기떡은 켜를 만들지 않고 한 덩이로 찌는 떡이다.

② 쌀가루에 수분을 주고 체에 내려 켜와 켜 사이에 고물을 넣고 찐다.

③ 콩, 쑥, 밤, 대추, 과일 등의 부재료가 들어가기도 한다.

④ 조각 떡으로 작게 하려면 찜기에 올리기 전에 원하는 크기로 칼집을 넣고 찐다.

> **해설**
> 쌀가루에 수분을 주고 체에 내려 고물 없이 찐다. 하나의 무리로 찌는 떡으로 '무리떡' 또는 무리병이라고도 한다.

23 대추채를 부드럽게 사용하기 위한 방법은?

① 물에 담그었다가 사용한다.

② 김이 오르는 찜기에 넣고 살짝 쪄서 사용한다.

③ 껍질에 식용유를 살짝 바른다.

④ 설탕물에 담가 두었다 건조시켜 사용한다.

> **해설**
> 대추채는 그냥 사용하면 뻣뻣하므로 부드럽게 하기 위하여 김이 오르는 찜기에 넣고 살짝 쪄서 사용한다.

24 백설기를 만드는 방법으로 틀린 것은?

① 멥쌀을 충분히 불려 물기를 빼고 소금을 넣어 곱게 빻는다.

② 쌀가루에 물을 주어 잘 비빈 후 중간체에 내려 설탕을 넣고 고루 섞는다.

③ 찜기에 시루밑을 깔고 체에 내린 쌀가루를 꾹꾹 눌러 안친다.

④ 물 솥 위에 찜기를 올리고 15~20분 동안 찐 후 약한 불에서 5분간 뜸을 들인다.

> **해설**
> 백설기는 쌀가루에 수분을 준 다음 골고루 비벼 섞어 체에 내린 후, 설탕을 넣고 가볍게 섞어 찌면 질감이 부드럽고 푹신하다.

25 멥쌀가루에 요오드 용액을 떨어뜨렸을 때 변화되는 색은?

① 변화가 없음　　　　② 녹색

③ 청자색　　　　　　④ 적갈색

> **해설**
> 멥쌀에 들어있는 아밀로오스는 요오드 용액에 청색 반응을, 아밀로펙틴은 적자색 일으킨다.

26 가래떡 제조과정의 순서로 옳은 것은?

① 쌀가루 만들기 - 안쳐 찌기 - 용도에 맞게 자르기 - 성형하기

② 쌀가루 만들기 - 소 만들어 넣기 - 안쳐 찌기 - 성형하기

③ 쌀가루 만들기 - 익반죽하기 - 성형하기 - 안쳐 찌기

④ 쌀가루 만들기 - 안쳐 찌기 - 성형하기 - 용도에 맞게 자르기

> **해설**
> 가래떡류는 치는 떡의 일종으로 멥쌀가루를 쪄서 안반에 놓고 친 다음 길게 밀어서 만든다.

27 재료의 계량 시 주의사항으로 바르지 않은 것은?

① 저울을 평평하고 단단한 곳에 놓아 수평을 맞춰야 한다.

② 저울의 범위가 무게를 재고자 하는 범위에 맞는 저울인지 확인한다.

③ 무게를 재기 전에 저울 위에 용기를 먼저 올리고 전원을 켜서 0점을 맞춘다.

④ 저울을 사용하지 않을 때는 저울 위에 무거운 물건을 올려두지 않는다.

> **해설**
> 저울의 전원을 켠 후 용기를 올리고 0점을 맞춘 후 무게를 측정해야 정확하다.

28 식품의 정확한 계량을 위해 매니스커스(maniscus)의 양끝과 눈금을 동일하게 맞도록 해야 하는 것은?

① 버터　　　　　　　② 물

③ 흑설탕　　　　　　④ 밀가루

> **해설**
> 계량 대상이 물과 같이 액체인 경우 매니스커스의 양끝과 눈금을 동일하게 맞도록 한다.

29 고체식품을 계량하는 경우 주의해야 하는 점으로 옳은 것은?

① 버터나 마가린은 얼린 상태에서 그대로 잘라 계량
컵에 담아 계량한다.

② 흑설탕의 경우 설탕을 만드는 과정에서 당밀이 남
아 있어 서로 달라붙기 때문에 컵에 꾹꾹 눌러 담아
컵의 위를 편편하게 깎아 계량한다.

③ 고체식품은 무게보다 부피를 재는 것이 더 정확하다.

④ 마가린은 실온에 두어 부드럽게 한 후 계량스푼으
로 수북하게 담아 계량한다.

> **해설**
> 버터와 마가린 같이 실온에서 고체인 지방은 재료를 실온에 두어
> 약간 부드럽게 한 뒤 계량컵이나 계량스푼에 빈 공간이 없도록
> 채워서 표면을 평면이 되도록 깎아서 계량한다. 고체식품은
> 부피보다는 저울을 이용하여 무게를 재는 것이 더 정확하다.

30 송편을 찔 때 솔잎과 더불어 떡을 만들게 되는데 솔잎에 들어
있는 성분으로 바른 것은?

① 황화알릴　　　　② 폴리페놀
③ 피톤치드　　　　④ 알데히드

> **해설**
> 솔잎에는 특유의 향과 더불어 피톤치드라는 성분이 있어 떡이 쉽게
> 상하는 것을 막아준다.

31 건강검진에 관한 사항을 맞는 것은?

① 식품업체 종사원은 2년에 1회 건강검진을 실시한다.

② 건강검진 결과서는 검진일로부터 2년간 유효하다.

③ 음식을 통해 전염될 수 있는 감염성질환(장티푸스
균, 이질균, 대장균, A형 간염 등)을 검사한다.

④ 건강진단결과 감염성 질환자도 식품을 취급할 수
있다.

> **해설**
> 식품업체 종사원은 1년에 1회 건강검진을 실시한다. 건강검진
> 결과서는 검진일로부터 1년간 유효하며 건강진단결과 감염성
> 질환자도 식품을 취급할 수 없다.

32 개인 위생관리에서 용모에 대한 사항으로 맞지 않은 것은?

① 두발, 손톱은 짧고 청결하게 관리한다.

② 시계는 시간을 확인하기 위해 착용할 수 있다.

③ 장신구(반지, 팔찌)는 손을 올바르게 씻는 것을 방해

④ 매니큐어, 광택제는 사용을 금지한다.

> **해설**
> 시계와 장신구는 손을 올바르게 씻는 것을 방해하므로 착용할 수
> 없다.

33 교차오염을 방지하기 위하여 장갑을 사용하는 방법으로 맞는
것은?

① 일회용 장갑은 같은 작업을 지속할 경우 하루 동안
만 사용한다.

② 일회용 장갑을 착용 전에 손을 씻을 필요는 없다.

③ 고무장갑은 작업에 맞게 색깔별로 구분하여 사용하
여 교차오염을 방지한다.

④ 고무장갑은 사용 후 건조시키기만 하면 된다.

> **해설**
> 일회용 장갑은 1회만 사용한다. 같은 작업을 지속하더라도 4시간
> 마다 일회용 장갑을 교체한다. 고무장갑은 철저하게 세척 및 살균
> 소독한다.

34 설탕액에 담그는 방법으로 설탕 농도 50%이면 삼투압 작용에 의하여 미생물의 발육이 억제되는 방법을 이용하는 저장 방법은?

① 염장법　　　　　② 당장법
③ 산저장법　　　　④ CA저장

> **해설**
> 당장법은 설탕 농도 50% 이상이면 미생물 발육이 억제(삼투압 이용) 되는 것을 이용하는 저장 방법으로 젤리, 잼, 연유 등의 저장에 주로 사용된다.

35 다음 법정감염병의 종류에서 제1급 감염병에 해당하는 것은?

① 생물테러감염병 또는 치명률이 높거나 집단 발생 우려가 커서 발생 또는 유행 즉시 신고하고 음압격리가 필요한 감염병
② 전파가능성을 고려하여 발생 또는 유행 시 24시간 이내에 신고하고 격리가 필요한 감염병
③ 발생 또는 유행 시 24시간 이내에 신고하고 발생을 계속 감시할 필요가 있는 감염병
④ 제1급~제3급 감염병 외에 유행 여부를 조사하기 위해 표본감시 활동이 필요한 감염병

> **해설**
> 제1급 감염병은 생물테러감염병 또는 치명률이 높거나 집단 발생 우려가 커서 발생 또는 유행 즉시 신고하고 음압격리가 필요한 감염병(17종)으로 에볼라바이러스병, 두창, 페스트, 탄저, 야토병, 중증급성호흡기증후군(SARS), 중동호흡기증후군(MERS) 등이 있다.

36 찜기, 튀김기, 오븐 등 가열 도구·장비의 취급 시 안전관리 사항으로 맞지 않는 것은?

① 작업장의 조명은 540룩스(lux) 이상으로 유지
② 가스 장비 사용하기 전 창문을 열어 작업장을 환기
③ 가스 가열 장비 주위에 가연성 물질 제거
④ 배관 부식, 가스 누설 경보기, 벨브 접속부 등 수시 점검

> **해설**
> 작업장의 조명은 220룩스(lux) 이상으로 유지하고 선별 및 검사 구역은 540룩스 이상으로 유지한다.

37 냉장고에서의 교차오염을 방지하기 위한 적절한 방법이 아닌 것은?

① 즉석섭취 식품은 냉장고의 상단에 보관한다.
② 오염도가 높은 식품은 하단에 보관한다.
③ 모든 식품은 덮개나 비닐/랩을 덮어서 보관한다.
④ 조리된 식품은 하단에 보관한다.

> **해설**
> 교차오염을 방지하기 위하여 조리된 식품은 냉장고의 상단에 보관한다.

38 쥐를 통해 감염되는 질병의 종류가 아닌 것은?

① 유행성 출혈열　　② 페스트
③ 쯔쯔가무시병　　　④ 장티푸스

> **해설**
> 쥐가 전파하는 질병은 결핵, 유행성 출혈열, 페스트, 발진열, 서교증, 아메바성 이질, 쯔쯔가무시병, 살모넬라 식중독 등이 있다.

39 식품의 변질에 의한 생성물로 틀린 것은?

① 과산화물　　　　② 암모니아
③ 토코페롤　　　　④ 황화수소

> **해설**
> 토코페롤은 비타민 E로 천연 산화방지제(항산화제)이다.

40 썩거나 상하거나 설익어서 인체의 건강을 해칠 우려가 있는 위해 식품을 판매한 영업자에게 부과되는 벌칙은?(단, 해당 죄로 금고 이상의 형을 선고 받거나 그 형이 확정된 적이 없는 자에 한한다)

① 1년 이하 징역 또는 1천만 원 이하 벌금
② 3년 이하 징역 또는 3천만 원 이하 벌금
③ 5년 이하 징역 또는 5천만 원 이하 벌금
④ 10년 이하 징역 또는 1억 원 이하 벌금

해설
식품위생법 제4조(위해식품등의 판매 등 금지) 누구든지 다음 각 호의 어느 하나에 해당하는 식품등을 판매하거나 판매할 목적으로 채취·제조·수입·가공·사용·조리·저장·소분·운반 또는 진열하여서는 아니 된다.〈개정 2013. 3. 23., 2015. 2. 3., 2016. 2. 3.〉
1. 썩거나 상하거나 설익어서 인체의 건강을 해칠 우려가 있는 것(이하 생략)
식품위생법 제94조(벌칙) ①다음 각 호의 어느 하나에 해당하는 자는 10년 이하의 징역 또는 1억원 이하의 벌금에 처하거나 이를 병과할 수 있다.〈개정 2013. 7. 30., 2014. 3. 18.〉
1. 제4조부터 제6조까지(제88조에서 준용하는 경우를 포함하고, 제93조제1항 및 제3항에 해당하는 경우는 제외한다)를 위반한 자
2. 제8조(제88조에서 준용하는 경우를 포함한다)를 위반한 자
3. 제37조제1항을 위반한 자
② 제1항의 죄로 금고 이상의 형을 선고받고 그 형이 확정된 후 5년 이내에 다시 제1항의 죄를 범한 자는 1년 이상 10년 이하의 징역에 처한다. 〈신설 2013. 7. 30., 2016. 2. 3., 2018. 12. 11.〉
③ 제2항의 경우 그 해당 식품 또는 식품첨가물을 판매한 때에는 그 판매금액의 4배 이상 10배 이하에 해당하는 벌금을 병과한다. 〈신설 2013. 7. 30., 2018. 12. 11.〉

41 화학물질의 취급 시 유의사항으로 틀린 것은?

① 작업장 내에 물질안전보건자료를 비치한다.
② 고무장갑 등 보호복장을 착용하도록 한다.
③ 물 이외의 물질과 섞어서 사용한다.
④ 액체 상태인 물질을 덜어 쓸 경우 펌프기능이 있는 호스를 사용한다.

해설 화학물질의 취급 시 유의사항
• 유해화학물질 경고표지 부착
• '물질안전보건자료(MSDS)'자료 확보 및 게시·비치, 취급 근로자 교육
• 사용 전 취급시 유해성 및 주의사항 숙지, 교육 후 작업 실시
• 반드시 보호구(고무장갑 등 보호복장, 보안경) 착용 (유해물질이 직접 피부에 접촉되거나 증기 흡입을 방지)
• 적정 사용량을 덜어서 사용하고, 뚜껑을 닫아 증기의 비산을 방지할 것
• 유해물질 사용 후 비누를 사용해 손, 피부 등을 깨끗이 씻을 것

42 식품위생의 대상과 가장 거리가 먼 것은?

① 영양 결핍증 환자
② 세균성 식중독
③ 농약에 의한 식품 오염
④ 방사능에 의한 식품오염

해설
식품위생이란 식품, 식품첨가물, 기구 또는 용기·포장을 대상으로 하는 음식에 관한 위생을 말한다.

43 식품위생의 대상인 것은?

① 식품
② 식품, 첨가물
③ 식품, 용기, 포장
④ 식품, 용기, 포장, 식품첨가물

해설
식품위생이라 함은 식품, 식품첨가물, 기구 또는 용기·포장을 대상으로 하는 음식에 관한 위생을 말한다.

44 떡제조에 종사해도 무관한 질병은?

① 이질   ② 약물 중독
③ 결핵   ④ 변비

> **해설** 종사하지 못하는 질병
> • 음식을 통해 전염될 수 있는 감염성 질환(장티푸스균, 이질균, 대장균, A형 간염 등)
> • 결핵(비전염성 경우에는 제외)
> • 피부병, 기타 화농성 질환
> • B형 간염(전염병의 우려가 없는 비활성성 간염은 제외)
> • 후천성 면역결핍증(성병에 관한 건강진단을 받아야 하는 영업에 종사하는 자에 한함)

45 다음 중 방충망으로 적당한 규격은(1인치당)?

① 5메쉬 ② 10메쉬

③ 20메쉬 ④ 30메쉬

> **해설**
> 메쉬(mesh)는 입자의 크기를 나타내는 단위로 1inch×1inch의 면적에 정사각형 격자의 갯수로 표현된다. 1inch = 25.4mm이다. mesh가 100이면 10×10의 격자가 있다.

46 '곡식가루를 찌거나 삶아 익힌 음식의 총칭'이라는 사전적 의미를 가진 음식은?

① 한과 ② 음청류

③ 떡 ④ 과즐

> **해설**
> 떡은 '곡식가루를 찌거나 삶아 익힌 음식의 총칭'이라는 사전적 의미를 가졌으며 떡은 곡식 또는 곡식가루를 물과 반죽하여 찌거나, 치거나, 삶거나, 지져서 만든 음식을 통틀어 이르는 말이다.

47 출생, 성인, 결혼, 죽음 등 인간이 성장하는 과정에서 차기 단계의 기간에 새로운 의미를 부여하는 의식은?

① 통과의례 ② 명절

③ 시절 ④ 세대

> **해설**
> 통과의례는 사람이 태어나서 죽을 때까지 치르는 의식이다.

48 여름에 쉽게 상하지 않는 떡으로 술로 반죽하여 발효시킨 떡은?

① 증편 ② 밀전병

③ 도행병 ④ 느티떡

> **해설**
> 증편은 삼복에 만들었으며 술로 반죽하여 발효시킨 떡이다.

49 떡끼리 눌러 붙지 않도록 솔잎을 켜켜이 깔고 그 위에 떡을 얹어 쪘기 때문에 붙여진 이름으로 한가위에 만들어진 떡은?

① 송편 ② 시루떡

③ 밤떡 ④ 밀단고

> **해설**
> 8월 한가위에는 햅쌀로 시루편과 송편을 빚어 조상께 감사함을 올렸다.

50 아이가 서당에 다니면서 한 권의 책을 끝낼 때마다 축하하고 앞으로 더욱 정진하라는 격려의 의미로 행하는 의례는?

① 성년례 ② 책례

③ 백일 ④ 삼칠일

> **해설**
> 책례는 아이가 서당에 다니면서 한 권의 책을 끝낼 때마다 축하하고 앞으로 더욱 정진하라는 격려의 의미로 행하는 의례로 작은 모양의 오색송편, 경단을 만들어 나누어 먹었다.

51 다음 중 납폐의 의미는?

① 혼인 때 신랑 집에서 신부집으로 보내는 예물

② 혼인 예절

③ 혼례를 올리려 할 때 운수가 좋은 날을 가려서 고름

④ 혼인을 정한 뒤에 신랑의 사주를 적어 신부집에 보내는 간지

> **해설**
> 혼례의 절차 중 신랑집에서 신부집에 함을 보내는 납폐에서는 봉치떡(혹은 봉채떡)을 하는 풍습이 있다.

52 천지만물이 시작되는 경건한 날 먹었던 떡으로 첨세병(添歲餅)이라는 의미가 담긴 떡은?

① 약식   ② 떡국

③ 송편   ④ 화전

> **해설**
> 첨세병(添歲餅)은 떡국을 먹음으로써 나이를 한 살 더 먹는다는 의미이다.

53 백일(百日)에서 오색송편의 의미는?

① 붉은 색이 귀신을 쫓는다는 의미로 액을 미리 막아 준다는 기원의 의미

② 오행(五行), 오덕(五德), 오미(五味)와 마찬가지로 만물과 조화를 이루면서 살아가라는 의미

③ 아이와 산모가 어느 정도 안정을 찾게 되는 것을 기념

④ 찰떡처럼 끈기 있는 사람이 되라는 기원

> **해설**
> 오색송편의 다섯 개의 색은 오행(五行), 오덕(五德), 오미(五味)와 마찬가지로 만물과 조화를 이루면서 살아가라는 의미이며, 송편은 속이 꽉 찬 사람이 되라는 뜻으로 속이 있는 송편과 마음을 넓게 가진 사람이 되라는 뜻으로 속이 빈 송편 두 가지를 만들었다.

54 약식의 유래를 기록하고 있으며 이를 통해 신라 시대부터 약식을 먹어왔음을 알 수 있는 문헌은?

① 목은집   ② 도문대작

③ 삼국사기   ④ 삼국유사

> **해설**
> 약식의 유래는 『삼국유사』에 기록되어 있다. 약밥·약반(藥飯)이라고도 한다. 정월 대보름에 먹는 절식의 하나이며 회갑·혼례 등의 큰 잔치에 많이 만들어 먹는다.

55 중양절에 대한 설명으로 틀린 것은?

① 추석에 햇곡식으로 제사를 올리지 못한 집안에서 뒤늦게 천신을 하였다.

② 밤떡과 국화전을 만들어 먹었다.

③ 시인과 묵객들은 야외로 나가 시를 읊거나 풍국놀이를 하였다.

④ 잡과병과 밀단고를 만들어 먹었다.

> **해설**
> 9월 중양절(음력 9월 9일, 중구절)은 양수인 9가 겹치는 날로 햇벼가 나지 않아 추석 때 제사를 지내지 못한 북쪽이나 산간 지방에서 지내던 절일이다. 국화전, 밤떡을 만들어 먹었다.

56 절기와 절식 떡의 연결이 틀린 것은?

① 정월대보름 – 약식

② 삼짇날 – 진달래화전

③ 단오 – 차륜병

④ 추석 – 삭일송편

> **해설**
> 삭일송편(노비송편)은 새해 농사를 시작하는 데 수고해달라는 의미로 상전이 노비에게 송편을 나이 수(數)대로 대접하였다.

57 떡의 어원 변화를 바르게 설명한 것은?

① 찜 – 찌다 – 떠기 – 떼기 – 떡

② 찌기 – 찜 – 떼기 – 떠기 – 떡

③ 찌다 – 찌기 – 떼기 – 떠기 – 떡

④ 찜 – 찌기 – 떠기 – 떼기 – 떡

> **해설**
> 떡이란 말은 '찌다'라는 동사가 명사화되면서 찌기 → 떼기 → 떠기 → 떡으로 어원이 변화

58 떡이라는 말이 한글로 처음 기록된 책은?

① 성호사설

② 규합총서

③ 조선무쌍신식요리제법

④ 음식디미방

> **해설**
> 떡이란 말은 한글로 1800년도 『규합총서』에 기록되어 있다.

59 떡과 관련된 내용을 담고 있는 조선시대에 출간된 서적이 아닌 것은?

① 도문대작

② 이조궁정요리통고

③ 음식디미방

④ 임원십육지

> **해설**
> 이조궁정요리통고는 조선시대 마지막 상궁인 한희순 상궁과 황혜성씨가 저술한 책으로 1957년에 출판된 서적이다.

60 '맛이 차마 삼키기 안타까운 고로 석탄병이라 한다'고 '석탄병(惜呑餠)'의 유래에 대해 소개된 고서는 무엇인가?

① 도문대작

② 음식디미방

③ 수문사설

④ 규합총서

> **해설**
> 『규합총서(閨閤叢書)』에는 '맛이 차마 삼키기 안타까운 고로 석탄병이라 한다'고 '석탄병(惜呑餠)'의 유래에 대해 소개되어 있으며 이외에 백설기, 혼돈병, 서여향병, 석이병 등 27종의 떡 이름과 만드는 법이 기록되어 있다.

01 클로로필이 들어있는 채소류를 가열할 때의 방법으로 맞는 것은?

① 찬물에 담가 가열한다.

② 긴 시간 동안 조리한다.

③ 뚜껑을 연 채로 조리하여 휘발성 유기산을 휘발시킨다.

④ 소량의 조리수만을 사용한다.

> **해설**
> 클로로필이 들어있는 채소류는 끓고 있는 다량의 조리수를 사용하여 단시간에 조리해야 초록색을 유지할 수 있다.

02 과일 성분의 특성이 아닌 것은?

① 칼로리가 높고 특히 비타민 B군, 철분이 많다.

② 과일 속에는 수분이 85~90% 들어 있다.

③ 과일에 들어있는 당분 함량은 종류와 성숙도에 따라 차이가 없다.

④ 과일에 가장 많이 들어있는 당의 종류는 과당, 포도당 등이다.

> **해설**
> 과일은 수분 함량이 높고 열량, 지방, 단백질 함량이 낮다. 과일에 가장 많이 들어 있는 당의 종류는 과당, 포도당, 설탕 등이 약 10% 정도 들어 있다.

03 열량영양소의 구성으로 바르지 않은 것은?

① 단백질 ② 탄수화물

③ 지방 ④ 무기질

> **해설**
> 에너지원으로 이용되는 영양소인 열량영양소의 구성은 단백질, 탄수화물, 지방이다.

04 맥아당의 설명으로 맞지 않은 것은?

① 보리가 적당한 온도와 습도에서 발아할 때 생성된다.

② 두 분자의 포도당이 결합한 형태이다.

③ 감미도가 설탕보다 높다.

④ 효소 말타아제(maltase)에 의해 분해된다.

> **해설**
> 맥아당은 감미도가 설탕에 비해 낮다.

05 지방의 구성 원소가 아닌 것은?

① 탄소(C) ② 수소(H)

③ 산소(O) ④ 질소(N)

> **해설**
> 지방은 글리세롤과 지방산의 화합물로 열량은 1g당 9kcal를 열량을 공급하며 탄소(C), 수소(H), 산소(O)로 구성되어 있다.

06 단백가가 낮은 식품이라도 부족한 필수아미노산(제한 아미노산)을 보충할 수 있는 식품과 함께 섭취하면 체내 이용률이 높아진다. 알맞은 식품으로 짝지어진 것이 아닌 것은?

① 쌀 – 콩

② 밀가루 – 우유

③ 옥수수 – 우유

④ 콩 – 육류

> **해설**
> 콩의 글리시닌과 육류의 미오신은 완전단백질로 생명 유지, 성장 발육, 생식에 필요한 필수아미노산을 고루 갖춘 단백질이다.

07 쌀가루에 막걸리를 넣고 반죽하여 발효시킨 다음 성형 하고 고명을 뿌려서 쪄내는 우리나라 고유의 발효떡인 증편의 다른 이름이 아닌 것은?

① 기지떡　　　　② 기주떡
③ 술떡　　　　　④ 찰편

> **해설**
> 증편은 지방에 따라 기지떡, 기주떡, 병거지떡, 기증병, 술떡, 증병 등으로 불린다.

08 다음 치는 떡의 종류에서 찹쌀도병인 것은?

① 차륜병　　　　② 개피떡
③ 수리취인절미　④ 석이단자

> **해설**
> 치는 떡은 시루에 찐 떡을 절구나 안반 등에서 친 떡이다. 멥쌀 도병, 찹쌀도병, 단자류로 나뉜다. 찹쌀도병에는 인절미, 팥인절미, 깨인절미, 쑥인절미, 수리취인절미 등이 있다.

09 치는 떡의 종류의 종류로 찹쌀가루를 쪄서 꽈리가 일도록 친 다음 그냥 고물을 묻히거나 소를 넣고 고물을 묻힌 떡은?

① 인절미류　　　② 단자류
③ 가래떡류　　　④ 송편류

> **해설**
> 단자류는 찹쌀가루를 쪄서 꽈리가 일도록 친 다음 그냥 고물을 묻히거나, 소를 넣고 고물을 묻힌 떡으로 석이단자, 쑥구리단자, 대추단자, 유자단자, 밤단자, 각색단자, 도행단자, 토란단자, 건시단자 등이 있다.

10 노화를 억제하는 방법이 아닌 것은?

① 수분함량 조절
② 온도 조절

③ 유화제 사용
④ 아밀로오스 함량이 높은 전분 사용

> **해설**
> 아밀로오스 함량이 높을수록 노화가 잘 일어난다.

11 불용성 섬유소의 종류로 옳은 것은?

① 검　　　　　　② 뮤실리지
③ 펙틴　　　　　④ 셀룰로오스

> **해설**
> 셀룰로오스는 섬유소라고 하며 다당류이다. 식물 세포벽의 기본 구조로 물에 녹지 않으며 사람은 셀룰로오스를 소화시킬 수 없다.

12 찌는 떡이 아닌 것은?

① 느티떡　　　　② 혼돈병
③ 골무떡　　　　④ 신과병

> **해설**
> 고물떡은 치는 떡으로 크기가 골무만하다고 하여 골무떡이라고 한다. 멥쌀가루를 시루에 쪄서 나무 안반에 놓고 떡메로 잘 친 다음 조금씩 떼어 떡살에 박아 만든다.

13 쌀의 수침 시 수분 흡수율에 영향을 주는 요인으로 틀린 것은?

① 쌀의 품종
② 쌀의 저장 기간
③ 수침 시 물의 온도
④ 쌀의 비타민 함량

> **해설**
> 쌀의 수침 시 수분 흡수율에 영향을 주는 요인은 계절, 수침시간, 쌀의 수분 함량, 물의 온도, 쌀의 품종 등 다양하다.

14 제주도에서 많이 쓰이는 가루로 침떡, 오메기떡, 차좁쌀떡 등에 사용되는 재료는?

① 차조가루

② 콩가루

③ 찰수수가루

④ 찹쌀가루

해설
차조는 녹색이 진한 편이며 메조에 비해 단백질과 지방이 풍부 하다.

15 다음 중 붉은색을 내는 재료로 적합하지 않은 것은?

① 오미자

② 복분자

③ 송화

④ 생딸기

해설
송화는 소나무 꽃가루를 채취하여 물에 담갔다가 뜨는 가루를 걷어 한지를 깔고 말려서 사용하는 노란색을 내는 가루이다.

16 거피팥고물 만드는 방법으로 옳지 않은 것은?

① 팥을 반쪽이 날 정도로 타서 미지근한 물에 담가 8시간 정도 충분히 불린다.

② 불린 팥은 물을 갈아 주면서 문지르거나 손으로 비벼 씻어 껍질을 없앤다.

③ 찬물로 3~4회 헹구고 조리로 돌을 인 뒤 30분 정도 물기를 뺀다.

④ 물에 담그어 센불에서 40분 정도 푹 삶는다.

해설
찜기에 면보를 깔고 김이 오른 후 센불에서 40분 정도 푹 쪄낸다.

17 녹두고물을 만드는 방법으로 옳은 방법은?

① 녹두를 반쪽으로 타서 물에 불리지 않고 씻어서 사용한다.

② 문지르거나 손으로 비벼 껍질을 벗기고 물로 여러 번 헹구어서 껍질을 없앤다.

③ 씻을 때는 문지르지 않고 가볍게 씻는다.

④ 끓는 물에 담그어 40분 정도 삶는다.

해설
녹두는 반으로 타서 8시간 정도 불린다. 박박 문질러 씻어야 푸른 물이 쏙 빠져서 색이 곱고 깨끗하다. 찜기에 면보를 깔고 김이 오른 후 40분 정도 푹 쪄낸다.

18 쑥을 전처리하는 방법으로 옳지 않은 것은?

① 쑥은 질기고 억센 부분을 다듬어 물에 씻는다.

② 소금이나 베이킹소다를 넣은 끓는 물에 데친다.

③ 데친 후 뜨거운 상태에서 물기를 뺀다.

④ 소분하여 냉동 보관한다.

해설
쑥은 데친 후 찬물에 씻어 헹군 후 물기를 뺀다.

19 콩설기를 찌는 방법으로 맞지 않은 것은?

① 마른 콩은 8시간 이상 불려서 사용한다.

② 콩의 종류는 검은콩, 강낭콩, 울타리콩, 완두콩 등을 사용할 수 있다.

③ 불린 콩은 살짝 설 삶거나 쪄서 식혀서 사용한다.

④ 김이 오르면 뚜껑을 덮고 20분 정도 쪄서 그대로 식힌다.

해설
설기떡은 찐 후 불을 끄고 5분 정도 뜸을 들인 후 떡을 꺼낸다.

20 인절미를 만드는 방법에 대한 설명으로 바르지 않은 것은?

① 용기나 절구에 찐 밥을 넣고 방망이에 소금물을 잘 적셔가며 골고루 친다.

② 작업대에 고물 가루를 깔고 친 떡을 쏟아 적당한 두께로 길게 밀어 모양을 잡는다.

③ 썰어 놓은 떡이 완전히 식었을 때 고물을 묻힌다.

④ 인절미를 만들 때 찹쌀을 쪄서 쳐서 만드나, 찹쌀가루를 쪄서 쳐서 만들기도 한다.

> **해설**
> 인절미는 썰어 놓은 떡이 뜨거울 때 고물을 묻힌다.

21 다음 가래떡류의 종류가 아닌 것은?

① 가래떡   ② 절편

③ 조랭이떡   ④ 인절미

> **해설**
> 가래떡류는 치는 떡의 일종으로 멥쌀가루를 쪄서 안반에 놓고 친 다음 길게 밀어서 만든다. 흰떡(白餅)이라고도 한다.

22 찹쌀가루를 익반죽하여 반죽을 둥글고 납작하게 빚어 계절별로 다양한 꽃을 고명으로 올려 기름에 지져내는 떡은?

① 화전   ② 주악

③ 경단   ④ 달떡

> **해설**
> 찹쌀가루를 익반죽하여 반죽을 둥글고 납작하게 빚어 계절별로 다양한 꽃을 고명으로 올려 기름에 지져내는 떡이다. 진달래, 국화, 장미, 맨드라미, 대추, 쑥갓 등을 이용하여 만든 계절의 떡이다. 올려진 꽃에 따라 화전 이름이 달라진다.

23 찹쌀가루를 익반죽하여 둥글게 만들어 끓는 물에 삶아 여러 가지 고물을 묻힌 떡은?

① 경단   ② 송편

③ 단자   ④ 화전

> **해설**
> 경단은 찹쌀가루를 끓는 물로 익반죽하여 작게 떼어 둥글게 빚은 후 끓는 물에 삶아 여러 가지 고물을 묻혀 만든 떡이다.

24 식품 포장의 목적이 아닌 것은?

① 노화를 지연시킨다.

② 상품 가치의 보존 및 향상시킨다.

③ 제품의 미생물 오염 방지한다.

④ 가격을 높인다.

> **해설**
> 포장은 유통과정에서 제품의 가치 및 상태를 보호하기 위하여 적합한 재료나 용기를 사용하여 장식하거나 담는 것이다.

25 다음 식품의 변질을 방지하는 냉장법에 대하여 맞지 않는 것은?

① 일반적으로 식품을 0~4℃로 보존하는 방법이다.

② 식품의 단기간 저장에 이용되나 장기간 보존은 불가능하다.

③ 채소, 과일류의 보존에 이용된다.

④ 수분활성도를 낮추어 세균의 발육을 억제한다.

> **해설**
> 건조법은 식품 중의 수분을 감소시켜 수분활성도를 낮추어 세균의 발육을 저지함으로써 식품을 보존하는 방법이다.

26 전통적인 약밥을 만드는 과정에 대한 설명으로 틀린 것은?

① 간장과 양념이 한쪽에 치우쳐서 얼룩지지 않도록 골고루 버무린다.

② 불린 찹쌀에 부재료와 간장, 설탕, 참기름 등을 한꺼번에 넣고 쪄낸다.

③ 찹쌀을 불려서 1차로 찔 때 충분히 쪄야 간과 색이 잘 베인다.

④ 양념한 밥을 오래 중탕하여 진한 갈색이 나도록 한다.

> **해설**
> 약밥은 찹쌀을 물에 충분히 불려 시루에 찐 다음 간장, 설탕 등을 섞고 마지막에 밤, 대추, 참기름 등을 섞어 다시 찐다.

27 저온 저장이 미생물 생육 및 효소 활성에 미치는 영향에 관한 설명으로 틀린 것은?

① 일부의 효모는 -10℃에서도 생존이 가능하다.

② 곰팡이 포자는 저온에 대한 저항성이 강하다.

③ 부분 냉동 상태보다는 완전 동결 상태 하에서 효소 활성이 촉진되어 식품이 변질되기 쉽다.

④ 리스테리아균이나 슈도모나스균은 냉장 온도에서도 증식 가능하여 식품의 부패나 식중독을 유발한다.

> **해설**
> 동결은 식품 중의 수분을 동결시켜서 동결된 상태로 저온에서 저장하는 방법으로 식품에 함유된 수분을 가능한 동결시켜 부패미생물의 생장·증식을 정지시키고 식품의 조직 중의 효소들이 촉매하는 자기소화 또는 변패작용을 억제시키고, 식품 성분들의 화학적 변화들을 억제시켜 저장 수명을 연장하는 것이다.

28 설기떡 제조에 대한 일반적인 과정으로 옳은 것은?

① 멥쌀은 깨끗하게 씻어 8~12시간 정도 불려서 사용한다.

② 쌀가루는 물기가 있는 상태에서 굵은 체에 내린다.

③ 찜기에 준비된 재료를 올려 약한 불에서 바로 찐다.

④ 불을 끄고 20분 정도 뜸을 들인 후 그릇에 담는다.

> **해설**
> 설기떡은 면보를 덮고 찜통에 얹어 김이 오르면 뚜껑을 덮고 20분 정도 찐다. 불을 끄고 5분 정도 뜸을 들인 후 떡을 꺼낸다.

29 쌀가루를 만들기 전 쌀을 불리는 것과 관계가 없는 것은?

① 수침시간이 너무 길어지면 비타민 B군과 같은 쌀의 수용성 영양분이 손실될 수 있다.

② 쌀을 미세하게 분쇄하여 호화가 잘 되어 부드러운 떡을 만들기 위함이다.

③ 쌀이 물을 충분히 흡수할 수 있도록 물에 불리는 과정이다.

④ 물에 불리는 시간은 계절별로 달라지는데 여름에는 3시간, 겨울에는 24시간 이상 불린다.

> **해설**
> 물에 불리는 시간은 계절별로 달라지는데 여름 4~5시간, 겨울 7~8시간이 적당하다.

30 떡을 찌고 나서 미처 호화되지 못한 전분 입자를 호화시키는 과정은?

① 뜸들이기   ② 분쇄하기

③ 가열하기   ④ 포장하기

> **해설**
> 뜸들이는 과정은 미처 호화되지 못한 전분의 호화를 촉진시키는 역할을 한다.

31 식재료나 조리기구, 물 등에 오염되어 있던 미생물이 오염되지 않은 식재료나 조리기구, 물 등에 접촉되거나 혼입되면서 전이되는 현상을 무엇이라 하는가?

① 감염   ② 교차오염

③ 전파   ④ 잠재적 위해

> **해설**
> 교차오염(cross contamination)이란 식재료나 조리기구, 물 등에 오염되어 있던 미생물이 오염되지 않은 식재료나 조리기구, 물 등에 접촉 되거나 혼입되면서 전이되는 현상

32 다음 중 유해성 착색료가 아닌 것은?

① 아우라민

② 로다민 B

③ 파라니트로아닐린

④ 싸이클라메이트

> **해설**
> 유해성 감미료에는 둘신, 싸이클라메이트, 에틸렌글리콜, 파라니 크로올소톨루이딘, 페릴라틴 등이 있다.

33 중금속이 일으키는 식중독에서 미나마타병을 일으키는 중금속은 무엇인가?

① 카드뮴(Cd)   ② 수은(Hg)

③ 납(Pb)   ④ 비소(As)

> **해설**
> 수은(Hg)은 미나마타병을 일으키며 구토, 복통, 신장 장애, 경련 등의 증상을 나타낸다.

34 식품을 제조·가공 또는 보존함에 있어 식품에 첨가, 혼합, 침윤 등의 방법으로 사용되는 물질을 무엇이라 하는가?

① 발색제   ② 보존제

③ 식품첨가물   ④ 강화제

> **해설**
> 식품첨가물의 정의는 식품을 제조·가공 또는 보존함에 있어 식품에 첨가, 혼합, 침윤 등의 방법으로 사용되는 물질이다.

35 HACCP의 도입 효과가 아닌 것은?

① 식품의 안전성에 높은 신뢰성을 줄 수 있다.

② 위해를 사후에 예방할 수 있다.

③ 문제의 근본 원인을 정확하고 신속하게 밝힘으로써 책임소재를 분명히 할 수 있다.

④ 원료에서 제조, 가공 등의 식품공정별로 모두 적용 되므로 종합적인 위생대책 시스템이다.

> **해설**
> HACCP은 물리적, 화학적, 생물학적 위해를 사전에 예방할 수 있다.

36 다음 식품 및 축산물 안전관리인증기준(HACCP)에서 작업장의 환경으로 적당하지 않은 것은?

① 식품 취급 외의 용도로 사용되는 시설과 분리되어야 한다.

② 오염물질을 차단할 수 있도록 밀폐 가능한 구조이어야 한다.

③ 청결구역과 일반구역으로 분리한다.

④ 제품의 특성, 공정은 고려하지 않아도 된다.

> **해설**
> 청결구역과 일반구역으로 분리되어야 하며 제품의 특성, 공정에 따라 분리, 구획, 구분되어야 한다.

37 식품영업장이 위치해야 할 장소의 구비조건이 아닌 것은?

① 식수로 적합한 물이 풍부하게 공급되는 곳
② 환경적 오염이 발생되지 않는 곳
③ 전력 공급 사정이 좋은 곳
④ 가축 사육 시설이 가까이 있는 곳

> **해설**
> 영업시설 기준에서 식품영업장 건물의 위치는 축산폐수, 화학물질 기타 오염물질 발생시설로부터 식품에 나쁜 영향을 주지 않는 거리를 두어야 한다.

38 위생적이고 안전한 식품 제조를 위해 적합한 기기, 기구 및 용기가 아닌 것은?

① 스테인리스스틸 냄비
② 산성식품에 사용하는 구리를 함유한 그릇
③ 소독과 살균이 가능한 내수성 재질의 작업대
④ 흡수성이 없는 단단한 단풍나무 재목의 도마

> **해설**
> 산성식품에 구리를 함유한 그릇을 사용하면 산성에 의해 구리가 부식된다.

39 오염된 곡물의 섭취를 통해 장애를 일으키는 곰팡이독의 종류가 아닌 것은?

① 황변미독
② 맥각독
③ 아플라톡신
④ 베네루핀

> **해설**
> 베네루핀은 모시조개, 굴, 바지락 등의 동물성 식중독의 독소 물질이다.

40 식품 중에 자연적으로 생성되는 천연 유독 성분에 대한 설명이 잘못된 것은?

① 아몬드, 살구씨, 복숭아씨 등에는 아미그달린이라는 천연의 유독 성분이 존재한다.
② 천연 유독 성분 중에는 사람에게 발암성, 돌연변이, 기형유발성, 알레르기성, 영양장애 및 급성 중독을 일으키는 것들이 있다.
③ 유독 성분의 생성량은 동·식물체가 생육하는 계절과 환경 등에 따라 영향을 받는다.
④ 천연의 유독 성분들은 모두 열에 불안정하여 100℃로 가열하면 독성이 분해되므로 인체에 무해하다.

> **해설**
> 천연의 유독 성분 중에는 100% 이상의 가열에도 독소 성분이 분해되지 않아 인체에 해를 끼치는 경우가 있다.

41 우유의 초고온순간살균법에 가장 적합한 가열 온도와 시간은?

① 200℃에서 2초간
② 162℃에서 5초간
③ 150℃에서 5초간
④ 132℃에서 2초간

> **해설**
> •저온장시간살균법 : 62~65℃에서 30분간 살균, 우유의 살균에 주로 이용
> •고온단시간살균법(HTST) : 70~72℃에서 15초간 살균
> •초고온순간살균법(UHTH) : 132℃에서 2초간 살균

42 미생물의 증식 위험성이 높은 식품을 무엇이라고 하는가?

① PHF(potential hazardous foods)
② HA(hazard analysis)
③ CCP(critical control point)
④ HACCP(hazard analysis critical control point)

해설 잠재적 위해식품
해설 잠재적 위해식품
(PHF : potentially hazardous food)
수분과 단백질 함량이 높은 식품에서는 세균이 쉽게 증식할 수 있는 식품으로 잠재적 위해 식품에는 달걀, 유제품, 곡류식품, 콩식품, 단백식품, 육류, 가금류, 조개류, 갑각류 등이 있다.

해설
반수치사량(LD50)은 한 무리의 실험동물 50%를 사망시키는 독성물질의 양으로 LD50에 해당하는 약물 량이 커질수록 약물의 안전성은 높아진다. 즉 반수치사량이 커질수록 더 많은 약물을 투여해야만 실험한 동물의 50%를 죽일 수 있기 때문이다.

43 두통, 현기증, 구토, 설사 등과 시신경 염증을 초래하여 실명의 원인이 되는 화학물질은?

① 유기염소제 농약 ② 비소화합물
③ 메탄올 ④ 사에틸납

해설
메탄올(Methanol, Methyl alcohol, CH_3OH)에 의한 식중독
• 급성 : 두통, 현기증, 구토, 복통, 설사 및 시신경 이상 증세(섭취 수 시간 내)
• 중증 : 심장쇠약과 호흡장애로 사망
• 만성 : 두통, 흉통, 신경염
• 메탄올은 체외 배설이 늦어 체내에서 산화되면 산독증(Acidosis)을 일으키고 Formic Acid가 시신경세포에 영향을 미쳐 실명하게 된다.

44 식용유의 산화방지에 사용되는 것은?

① 비타민 E ② 비타민 A
③ 니코틴산 ④ 비타민 K

해설
비타민 E는 영양강화의 목적으로도 사용하며 항산화력이 있다.

45 어떤 첨가물의 LD50의 값이 적다는 것은 무엇을 의미 하는가?

① 독성이 크다.
② 독성이 적다.
③ 저장성이 적다.
④ 안전성이 크다.

46 백일 떡은 이웃집에 돌리는 풍습으로 떡을 나누어 먹으면 아이가 병 없이 장수하고 큰 복을 받는다고 하였고 떡을 받은 집에서는 답례로 보내는 것은?

① 무명실이나 쌀 ② 엿
③ 필기도구 ④ 의복

해설
아기의 수복을 비는 의미로 쌀·무명실타래를 답례로 보냈다.

47 올벼(햅쌀)로 빚은 떡으로 차례상에 올리는 귀한 떡은?

① 찹쌀경단 ② 삭일송편
③ 오려송편 ④ 시루편

해설
오려송편은 올벼(햅쌀)로 빚어 차례상에 올리는 귀한 떡이다.

48 작은 설로 낮의 길이가 가장 짧고 밤의 길이가 가장 긴 날이며 찹쌀경단(새알심)을 만들어 팥죽에 넣어 먹은 절기는?

① 섣달그믐 ② 동지
③ 납일 ④ 중화절

해설
동지는 일 년 중 낮이 가장 짧고 밤이 가장 길다는 날로 찹쌀경단(새알심)을 만들어 나이 수 만큼 팥죽에 넣어 먹었다.

49 남녀가 만나 부부가 되기 위해 올리는 의례로 육례(六禮)라 하여 여섯 단계의 절차를 거쳐 진행될 정도로 중요한 통과의례는?

① 성년례　　　　　　② 혼례
③ 회갑　　　　　　　④ 책례

> **해설**
> 혼례는 남녀가 만나 부부가 되기 위해 올리는 의례로 육례(六禮)라 하여 여섯 단계의 절차를 거쳐 진행될 정도로 중요한 통과의례(혼담, 사주, 택일, 납폐, 예식, 시행)이다.

50 제례(祭禮)에 사용되는 편류 떡이 아닌 것은?

① 녹두고물편　　　　② 거피팥고물편
③ 흑임자고물편　　　④ 붉은팥고물편

> **해설**
> 제례에는 조상신을 모셔오는 의례이므로 붉은색 떡은 사용하지 않는다.

51 각 지역에서 나오는 특별한 재료를 가지고 그 지역의 정서에 맞게 만든 떡의 명칭은?

① 통과의례 떡　　　　② 시절식
③ 향토떡　　　　　　④ 행사떡

> **해설**
> 우리나라의 지역적 특색으로 인하여 지역별 다양한 식재료를 가지고 있다. 이러한 각 지역의 특색 있는 식재료들은 음식뿐만 아니라 떡에도 향토색 짙은 떡이 지역별로 향토떡으로 남아있다.

52 평야지대가 넓어 곡물 중심의 떡이 발달되었으며 떡의 모양이 푸짐한 특징을 가지고 있는 지역은?

① 평안도　　　　　　② 황해도
③ 함경도　　　　　　④ 강원도

> **해설**
> 황해도는 평야지대가 넓어 곡물 중심의 떡이 발달되었으며 떡의 모양이 푸짐하다. 떡의 종류로는 잔치 메시루떡, 무설기떡, 오쟁이떡 등이 있다.

53 잡곡 위주의 재료로 만들어 졌으며 장식 없이 소박한 특징을 가진 떡을 만든 지역은?

① 황해도　　　　　　② 경기도
③ 경상도　　　　　　④ 함경도

> **해설**
> 함경도는 지역적 특색으로 잡곡 위주의 재료를 사용하였다. 감자찰떡, 찰떡인절미, 달떡, 오그랑 떡 등이 있다.

54 돌상에 차리는 떡의 종류와 의미로 틀린 것은?

① 인절미 - 찰떡처럼 끈기 있는 사람이 되라는 기원을 담고 있다.
② 수수팥경단 - 아이의 생애에 있어 액을 미리 막아준다는 의미를 담고 있다.
③ 오색송편 - 우주 만물과 조화를 이루며 살아가라는 의미를 담고 있다.
④ 백설기 - 학문적 성장을 촉구하는 뜻을 담고 있다.

> **해설**
> 백설기는 신성함과 정결함을 뜻하며 순진무구하게 자라라는 기원이 담겨 있다.

55 삼짇날의 절기 떡이 아닌 것은?

① 진달래화전　　　　② 향애단
③ 쑥떡　　　　　　　④ 유엽병

56 삼복 중에 먹는 절기 떡으로 틀린 것은?

① 증편 　　　　　② 주악
③ 팥경단 　　　　④ 깨찰편

57 다음 중 충청도의 향토 떡이 아닌 것은?

① 증편 　　　　　② 호박떡
③ 칡개떡 　　　　④ 감자떡

58 다음 중 웃기떡으로 사용하는 떡이 아닌 것은?

① 산승 　　　　　② 화전
③ 주악 　　　　　④ 수단

59 떡이 일반인에 이르기까지 널리 보급된 시대는?

① 삼국시대 　　　② 청동기시대
③ 조선시대 　　　④ 고려시대

60 6월 유두에 먹었던 떡으로 풍년을 기원하는 의미의 떡은?

① 느티떡 　　　　② 흰가래떡
③ 떡수단 　　　　④ 약식

떡제조기능사

PART 6

실전처럼 풀어보는
실전 모의고사

제1회 실전 모의고사

수험번호 :

수험자명 :

제한시간 : 60분

01 콩을 물에 담가 불리는 이유가 아닌 것은?

① 가열시간을 단축할 수 있다.

② 조직의 균일한 연화 등 익힘성을 목적으로 한다.

③ 콩류에 함유된 불순물을 제거한다.

④ 거품을 깨는 소포작용을 한다.

02 거피팥고물 만드는 방법으로 적당하지 않은 것은?

① 거피팥을 물에 불리지 않고 사용한다.

② 물에서 박박 문지르고 손으로 비벼 씻어 껍질을 벗겨낸다.

③ 찬물로 여러 번 헹구어 소쿠리에 건져 물기를 뺀다.

④ 팥을 찌면 큰 그릇에 팥을 쏟아 뜨거운 김이 나간 다음, 소금을 넣고 방망이로 찧어 체에 내린다.

03 노란색의 천연색소 물질이 아닌 것은?

① 오미자

② 치자

③ 송화

④ 단호박

04 전분의 호정화 현상으로 만들어진 제품은?

① 뻥튀기

② 식혜

③ 절편

④ 죽

05 다음 과당의 특성이 아닌 것은?

① 당류 중 가장 빨리 소화, 흡수된다.

② 포도당을 섭취해서는 안 되는 당뇨병 환자의 감미료로 사용한다.

③ 용해도가 가장 낮다.

④ 단맛이 가장 강하며 그 맛이 순수하고 상쾌하다.

06 세계 3대 식량작물 중의 하나이며 전 세계 인구의 50% 이상이 이용하고 있는 곡류로 형태에 따라 단립종, 중립종, 장립종으로 구분되는 곡류는?

① 콩

② 쌀

③ 밀

④ 옥수수

07 치는 떡의 표기로 옳은 것은?

① 증병(甑餅)

② 도병(搗餅)

③ 유병(油餅)

④ 전병(煎餅)

08 떡 제조 과정의 특징으로 틀린 것은?

① 쌀의 수침시간이 증가할수록 쌀의 조직이 연화되어 습식제분을 할 때 전분 입자가 미세화된다.

② 쌀가루는 너무 고운 것보다 어느 정도 입자가 있어야 자체 수분 보유율이 있어 떡을 만들 때 호화도가 더 좋다.

③ 찌는 떡은 멥쌀가루보다 찹쌀가루를 사용할 때 물을 더 보충하여야 한다.

④ 펀칭공정을 거치는 치는 떡은 시루에 찌는 떡보다 노화가 더디게 진행된다.

09 인절미나 절편을 칠 때 사용하는 도구로 옳은 것은?

① 안반, 맷방석
② 떡메, 쳇다리
③ 안반, 떡메
④ 쳇다리, 이남박

10 다음 중 전분의 노화를 억제시키는 방법으로 적당하지 않은 것은?

① 설탕을 다량으로 첨가한다.
② 급속 냉동을 한다.
③ 유화제를 첨가한다.
④ 수분함량을 60% 정도로 유지한다.

11 전분을 구성하는 주요 원소가 아닌 것은?

① 탄소(C)
② 수소(H)
③ 질소(N)
④ 산소(O)

12 호화와 노화에 대한 설명으로 옳은 것은?

① 쌀과 보리는 물이 없어도 호화가 잘된다.
② 떡의 노화는 냉장고보다 냉동고에서 더 잘 일어난다.
③ 호화된 전분을 80℃ 이상에서 급속히 건조하면 노화가 촉진된다.
④ 설탕의 첨가는 노화를 지연시킨다.

13 다음 중 왕겨층에 대한 설명으로 옳은 것은?

① 왕겨층은 겨, 배유, 배아로 구성되어 있다.
② 낟알의 주된 부분으로 가식부이다.
③ 영양성분이 가장 많다.
④ 가장 바깥 껍질로 왕겨층만 벗겨내면 영양성분이 가장 많은 현미가 된다.

14 밀가루 단백질인 글루텐의 주된 구성 성분은?

① 알부민, 글루테닌
② 글루테닌, 글리아딘
③ 글리아딘, 글로불린
④ 글리아딘, 프롤라민

15 떡의 주재료로 옳은 것은?

① 밤, 현미
② 흑미, 호두
③ 감, 차조
④ 찹쌀, 멥쌀

16 쌀 불리기에 대한 설명으로 맞지 않는 것은?

① 쌀이 물을 충분히 흡수할 수 있도록 물에 불리는 과정이다.
② 쌀에 물을 흡수시켜 미세하게 분쇄하여 호화가 잘 되어 부드러운 떡을 만들기 위해서 이다.
③ 수침시간이 너무 길어지면 비타민 B군과 같은 쌀의 수용성 영양분이 손실될 수 있다.
④ 물에 불리는 시간은 계절에 관계없이 일정하다.

17 현미, 흑미를 물에 불리는 시간으로 알맞은 방법은?

① 여름에는 4~5시간 정도 불린다.
② 겨울에는 7~8시간 정도 불린다.
③ 멥쌀이나 찹쌀보다 오랜 시간 불린다.
④ 물을 바꾸지 않고 12~24시간 이상 불린다.

18 흑임자 고물을 만드는 방법으로 바르지 않은 것은?

① 깨를 물에 잘 씻는다.

② 물을 조금 붓고 손으로 비벼서 껍질을 벗긴다.

③ 물기를 제거하고 볶음솥에 타지 않게 살살 볶는다.

④ 분쇄하거나 빻아서 체에 내린다.

19 밤채를 썰 때 부서지지 않게 써는 방법은?

① 편을 썰어 살짝 얼린 후 썬다.

② 편을 썰어 설탕물에 담가 두었다가 건조시켜서 채 썬다.

③ 김이 오르는 찜기에 넣고 살짝 쪄서 썬다.

④ 식초를 뿌려 썬다.

20 썰어 놓은 모양이 마치 쇠머리편육과 비슷하다고 하여 붙여진 쇠머리찰떡의 다른 이름은 무엇인가?

① 구름떡   ② 영양떡

③ 콩찰떡   ④ 모듬배기떡

21 찌는 찰떡 만드는 방법에 대한 설명으로 바르지 않은 것은?

① 찌는 찰떡류의 찹쌀가루는 방아로 1회만 거칠게 빻아야 스팀이 잘 올라와 떡이 잘 쪄진다.

② 찹쌀가루는 떡을 찔 때 설익을 수 있으니 주의한다.

③ 면보 위에 가루를 덤성덤성 놓아 김이 잘 통하게 한다.

④ 찜솥에 안쳐서 김이 오른 후 25~30분 정도 찐 후 불을 끄고 뜸을 들인다.

22 떡의 포장용 재질로 많이 사용하고 있는 것은?

① 폴리에틸렌(PE)   ② 셀로판

③ 알루미늄   ④ 종이

23 오색경단을 만들 때 사용하는 고물의 종류가 아닌 것은?

① 노란 콩고물

② 흑임자 고물

③ 붉은팥 고물

④ 녹두 고물

24 떡류 포장 표시의 기준을 포함하며 소비자의 알 권리를 보장하고 건전한 거래질서를 확립함으로써 소비자 보호에 이바지함을 목적으로 하는 것은?

① 식품안전기본법

② 식품안전관리인증기준

③ 식품 등의 표시·광고에 관한 법률

④ 식품위생 분야 종사자의 건강진단 규칙

25 치는 떡이 아닌 것은?

① 꽃절편   ② 인절미

③ 개피떡   ④ 쑥개떡

26 설기떡에 대한 설명으로 틀린 것은?

① 고물 없이 한 덩어리가 되도록 찌는 떡이다.

② 콩, 쑥, 밤, 대추, 과일 등 부재료가 들어가기도 한다.

③ 콩떡, 팥시루떡, 쑥떡, 호박떡, 무지개떡이 있다.

④ 무리병이라고도 한다.

27 우리나라의 경우 재료를 계량할 때 1컵은 몇 ml인가?

① 240ml   ② 200ml

③ 180ml   ④ 220ml

28 쌀가루를 체치는 이유는?

① 쌀가루 입자가 고르게 되며 공기층이 생겨 떡이 부드럽게 된다.
② 쌀입자가 고르게 되며 떡이 딱딱하게 된다.
③ 쌀입자가 고르게 되며 떡이 질척하게 된다.
④ 쌀입자가 고르게 되며 눌러서 떡이 질겨진다.

29 콩설기떡을 만드는 방법으로 옳지 않은 것은?

① 서리태는 12시간 이상 충분히 물에 불려준다.
② 서리태에 설탕을 버무려둔다.
③ 20분 정도 찌고 불을 끄고 5분 정도 뜸 들인다.
④ 쌀가루에 물을 넣고 골고루 비벼 체에 내린다.

30 다음 중 빚어 찌는 떡류로 옳은 것은?

① 꿀떡　　　　　② 잡과병
③ 붉은팥 메시루떡　　④ 무지개떡

31 개인위생에 대한 설명으로 적절하지 않은 것은?

① 두발, 손톱은 짧고 청결하게 관리한다.
② 각종 장신구 및 시계 착용 금지한다.
③ 시계와 장신구(반지, 팔찌)는 손을 올바르게 씻는 것을 방해할 수 있다.
④ 일회용 장갑을 사용하면 매니큐어, 광택제를 사용할 수 있다.

32 미생물에 의한 단백질이 악취 유해물로 변화하는 현상은?

① 노화　　　　　② 부패
③ 변패　　　　　④ 산패

33 다음 중 성질이 다른 세균형태는?

① 사상균
② 간균
③ 구균
④ 나선균

34 대장균에 대한 설명으로 옳지 않은 것은?

① 젖당을 발효시킨다.
② 사람의 변을 통해 나온다.
③ 대장균은 건조식품에는 존재하지 않는다.
④ 세균오염의 지표가 된다.

35 손에 상처가 났을 때 조치 방법이 아닌 것은?

① 상처 부위의 감염된 세균이 음식물을 오염시킬 수 있으므로 음식물 취급을 금지한다.
② 응급 처치를 하고 음식물을 취급하지 않는다.
③ 응급처치방법은 소독 → 밴드 부착 → 골무 끼고 라텍스 장갑을 착용한다.
④ 응급처치를 하면 음식물 취급이 가능하다.

36 다음 미생물에서 수분활성도가 가장 큰 미생물은?

① 세균
② 효모
③ 곰팡이
④ 바이러스

37 식품의 교차오염을 방지하기 위한 보관 방법으로 잘못된 것은?

① 바닥과 벽으로부터 일정 거리를 띄워서 보관한다.
② 냉장고의 상단에는 육류, 생선 등을 보관하고 하단에는 조리된 식품을 보관한다.
③ 식품과 비식품을 분리하여 보관한다.
④ 뚜껑이 있는 용기를 사용하여 보관한다.

38 냉장고 내부의 원활한 순환을 위하여 내부 용량의 몇 %까지 보관 사용하는 것이 적절한가?

① 50%
② 60%
③ 70%
④ 100%

39 도구 및 설비의 고장, 안전관리 상태 점검 및 조치 사항으로 맞지 않는 것은?

① 장비별로 매일 점검하여 기록한다.
② 작업자는 점검한 결과 이상 사항의 발생시 책임자에게 보고부터 한다.
③ 책임자는 이상 사항을 확인하고 직접 조치 또는 해당 부서에 조치 지시한다.
④ 작업자는 조치를 취하고 결과를 기록 관리한다.

40 다음 채소류에서 감염되는 기생충이 아닌 것은?

① 회충
② 구충(십이지장충)
③ 간디스토마
④ 편충

41 파리가 매개체이며 우리나라에서 가장 많이 발생하는 급성 감염병은?

① 콜레라
② 세균성 이질
③ 장티푸스
④ 유행성 간염

42 탄수화물이 풍부한 쌀, 보리, 옥수수 등을 주요 기질로 생성되며 누룩곰팡이속 곰팡이독소로 간암 등 간장에 이상을 일으키는 간장독소는?

① 아플라톡신
② 테트로도톡신
③ 삭시톡신
④ 베네루핀

43 물리적 살균·소독방법이 아닌 것은?

① 일광소독
② 화염멸균
③ 역성비누 소독
④ 자외선 살균

44 떡 제조 시 작업자의 복장에 대한 설명으로 틀린 것은?

① 지나친 화장을 피하고 인조 속눈썹을 부착하지 않는다.
② 반지나 귀걸이 등 장신구를 착용하지 않는다.
③ 작업 변경 시마다 위생장갑을 교체할 필요는 없다.
④ 마스크를 착용하도록 한다.

45 곰팡이의 대사산물로 질병이나 이상 섭리작용을 유발하는 물질은?

① 테트로도톡신(tetrodotoxin)
② 고시폴(gossypol)
③ 곰팡이독(mycotoxin)
④ 아미그달린(amygdalin)

46 가난하여 떡을 치지 못하는 아내의 안타까운 마음을 달래주기 위하여 거문고로 떡방아소리를 낸 기록이 나오는 문헌은?

① 삼국사기
② 삼국유사
③ 지보유설
④ 해동역사

47 "설병(雪餠) 한 합과 술 한 병을 가지고 노복을 거느리고 찾아가서 술과 떡을 먹었다"고 기록에서 설병 떡으로 추측되는 떡이 아닌 것은?

① 설기떡
② 인절미
③ 팥시루떡
④ 절편

48 『고려가요』에 등장하는 「쌍화점」은 최초의 떡집이고 떡이 상품화되어 일반에 널리 보급었는데 쌍화점에서 만든 떡은?

① 점서(粘黍)
② 상화(霜花)
③ 율고(栗餻)
④ 설병(雪餠)

49 조선시대 문헌으로 열두 달로 나누어 각 달마다 먹는 음식을 기록한 문헌은?

① 도문대작
② 음식디미방
③ 수문사설
④ 조선세시기

50 곡식과 과일이 가장 풍부한 달로 1년 중 가장 으뜸가는 달이라 붙여진 달은?

① 8월 한가위
② 9월 중양절
③ 10월 상달
④ 7월 칠석

51 설날에는 흰 떡국을 먹어야 하므로 집에 남아있는 재료들을 모두 넣어서 따뜻하게 만들어 먹은 떡은?

① 골무떡
② 온시루떡
③ 팥죽
④ 녹두찰편

52 곡식이 가장 많이 생산되어 농산물이 풍부하여 떡의 종류도 많고 화려한 지역은?

① 평안도
② 경기도
③ 전라도
④ 제주도

53 쌀보다 잡곡이 흔하여 잡곡을 이용한 떡이 많으며 쌀떡은 제사 때만 사용한 지역은?

① 평안도
② 경기도
③ 제주도
④ 경상도

54 봉치떡에 대한 설명으로 틀린 것은?

① 납폐 의례 절차 중에 차려지는 대표적인 혼례음식으로 함떡이라고도 한다.
② 떡을 두 켜로 올리는 것은 부부 한 쌍을 상징하는 것이다.
③ 밤과 대추는 재물이 풍성하기를 기원하는 뜻이 담겨 있다.
④ 찹쌀가루를 쓰는 것은 부부의 금실이 찰떡처럼 화목하게 되라는 뜻이다.

55 약식의 유래와 관계가 없는 것은?

① 백결선생
② 금갑
③ 까마귀
④ 소지왕

56 절식으로 즐기는 떡의 연결이 바르지 않은 것은?

① 동지 - 팥죽
② 납일 - 골무떡
③ 8월 한가위 - 시루떡, 송편
④ 5월 단오 - 백설기, 밀전병

57 조선무쌍신식요리제법에 기름에 지진 것으로 기록되어 있는 것은?

① 혼돈(餫飩)　　　② 유병(油餠)

③ 당궤(餹饋)　　　④ 박탁(餺飥)

58 다음 중 강원도 지역의 향토떡으로 옳은 것은?

① 감자시루떡　　　② 해장떡

③ 개성주악　　　④ 쑥버무리

59 다음 중 평안도 지역의 향토떡으로 옳은 것은?

① 오쟁이떡　　　② 큰송편

③ 조개송편　　　④ 닭알범벅

60 혼인 때 많이 먹어 혼인인절미라고도 불리는 인절미는 어느 지방의 향토떡인가?

① 평안도　　　② 경상도

③ 서울　　　④ 황해도

실전처럼
풀어보는

제2회 실전 모의고사

수험번호 :

수험자명 :

제한시간 : 60분

01 꿀에 가장 많이 들어있는 당류는?

① 과당　　　　　② 설탕

③ 맥아당　　　　④ 전화당

02 곡류에서 부족되기 쉬운 필수아미노산인 라이신(lysine)과 트립토판(tryptophan)이 많이 들어 있어 다른 곡류의 영양상 결점을 보완하기에 효과적인 식품은?

① 수수　　　　　② 콩

③ 녹두　　　　　④ 감자

03 팥을 삶는 방법이 아닌 것은?

① 사포닌을 제거하기 위해 우선 한 번 끓인다.

② 한 번 끓인 물은 버리고 다시 새 물을 부어 삶는다.

③ 붉은팥을 삶을 때 물에 불리지 않고 바로 삶는다.

④ 배 갈라짐 현상을 방지하기 위해 충분히 불려 삶는다.

04 토란의 껍질을 벗기면 미끌미끌하게 하는 성분은?

① 이포메인(ipomain)

② 얄라핀(jalapin)

③ 갈락탄(galactan)

④ 튜베린(tuberin)

05 전분을 당화시켜 만든 대표적인 식품은?

① 캐러멜　　　　② 식혜

③ 죽　　　　　　④ 뻥튀기

06 쌀 불리기의 방법으로 맞는 방법은?

① 여름에는 7~8시간 정도 불린다.

② 겨울에는 3~4시간 정도 불린다.

③ 현미와 흑미는 왕겨만 벗겨내 쌀로서 물에 불리는 시간은 3~4시간 정도 불려야 한다.

④ 3~4시간에 한 번씩 물을 갈아주면서 불리는 게 좋다.

07 떡을 찔 때 소금 사용으로 맞게 설명한 것은?

① 간이 맞아서 맛도 좋아진다.

② 전분의 노화를 촉진시킨다.

③ 여름철에는 식염량을 약간 줄이고, 겨울철에는 증가시킨다.

④ 사용할 물이 경수일 경우 연수보다 사용량을 약간 증가시킨다.

08 찌는 떡의 종류가 아닌 것은?

① 설기떡

② 켜떡

③ 시루떡

④ 절편

09 떡의 노화를 지연시키는 방법으로 틀린 것은?

① 식이섬유소 첨가

② 설탕 첨가

③ 유화제 첨가

④ 색소 첨가

10 떡을 만드는 도구에 대한 설명으로 틀린 것은?

① 조리는 쌀을 빻아 쌀가루를 내릴 때 사용한다.

② 맷돌은 곡식을 가루로 만들거나 곡류를 타개는 기구이다.

③ 맷방석은 멍석보다는 작고 둥글며 곡식을 널 때 사용한다.

④ 어레미는 굵은 체를 말하며 지방에 따라 얼맹이, 얼레미 등으로 불린다.

11 제빵용으로 사용되며 단백질 함량이 13% 이상인 밀의 종류는?

① 겨울밀   ② 박력분

③ 중력분   ④ 강력분

12 비타민 B₁, B₂를 증강하여 영양가를 높인 인조미는 무엇인가?

① 알파미   ② 강화미

③ 향미   ④ 백미

13 빚은 떡 제조 시 쌀가루 반죽에 대한 설명으로 틀린 것은?

① 송편 등의 떡 반죽은 많이 치댈수록 부드러우면서 입의 감촉이 좋다.

② 반죽을 치는 횟수가 많아지면 반죽 중에 작은 기포가 함유되어 부드러워진다.

③ 쌀가루를 익반죽하면 전분의 일부가 호화되어 점성이 생겨 반죽이 잘 뭉친다.

④ 반죽할 때 물의 온도가 낮을수록 치대는 반죽이 매끄럽고 부드러워진다.

14 다음 중 호화에 영향을 주는 요소로 거리가 먼 것은?

① 전분의 종류   ② 가열온도

③ 수분 함량   ④ 효소의 작용

15 멥쌀과 찹쌀에 있어 노화 속도 차이의 원인 성분은?

① 아밀라아제(amylase)

② 글리코겐(glycogen)

③ 아밀로펙틴(amylopectin)

④ 글루텐(gluten)

16 팥고물을 만들 때 주의사항에서 바르지 않은 것은?

① 너무 무르지 않게 삶는다.

② 센불에서 끓으면 중간불 정도로 낮추어 익힌다.

③ 거의 익으면 낮은 불에서 뜸을 들여 밑이 타지 않도록 주의한다.

④ 완전히 무르게 푹 삶는다.

17 팥시루 고물용 팥을 만드는 방법 중 알맞은 방법은?

① 어레미에 걸러서 쓴다.

② 다 쪄진 팥을 대강 쩧거나 주걱으로 조금만 으깨어 사용한다.

③ 볶아서 고슬고슬한 가루를 만들어 체에 내려 사용한다.

④ 체에 곱게 내려서 사용한다.

18 백설기에 대한 설명으로 바르지 않은 것은?

① 흰무리라고도 한다.

② 어린아이 백일이나 돌 때 많이 한다.

③ 아무 것도 섞지 않은 순수한 떡으로 순수 무구함의 의미가 있다.

④ 찹쌀가루를 이용한다.

19 멥쌀가루에 설탕을 넣는 방법으로 알맞은 것은?

① 쌀가루에 설탕을 넣고 수분을 준다.

② 수분을 준 다음 골고루 비벼 섞어 체에 내린 후 설탕을 넣고 가볍게 섞는다.

③ 쌀가루에 뜨거운 설탕물을 섞어 사용한다.

④ 쌀가루에 설탕을 섞은 후 충분한 시간을 준 후 찐다.

20 찹쌀가루를 시루에 쪄서 안반에 놓고 꽈리가 일도록 쳐서 만드는 궁중의 떡으로 속에 소를 넣고 빚은 후 겉에 꿀을 발라 고물을 묻히거나, 잘라서 속에 소를 넣지 않고 고물을 묻힌 떡은?

① 단자 ② 경단

③ 송편 ④ 증편

21 증편에 올라가는 고명으로 적당하지 않은 것은?

① 대추

② 석이버섯

③ 잣

④ 붉은팥

22 떡 반죽의 특징으로 틀린 것은?

① 많이 치댈수록 공기가 포함되어 부드러우면서 입 안에서 감촉이 좋다.

② 많이 치댈수록 글루텐이 많이 형성되어 쫄깃해진다.

③ 익반죽할 때 물의 온도가 높으면 점성이 생겨 반죽이 용이하다.

④ 쑥이나 수리취 등을 섞어 반죽할 때 노화속도가 지연된다.

23 떡에 간을 하기 위하여 곡식가루에 소금을 넣는 시점은?

① 수세 ② 수침

③ 증자 ④ 분쇄

24 다음 중 송편의 소로 적당하지 않은 것은?

① 콩 ② 조

③ 깨 ④ 밤

25 반죽을 만들 때 뜨거운 물을 부어 하는 반죽은?

① 익반죽 ② 날반죽

③ 생반죽 ④ 찰진반죽

26 백설기를 만드는 방법으로 틀린 것은?

① 멥쌀을 충분히 불려 물기를 빼고 소금을 넣어 곱게 빻는다.

② 쌀가루에 물을 주어 잘 비빈 후 중간체에 내려 설탕을 넣고 고루 섞는다.

③ 찜기에 시루밑을 깔고 체에 내린 쌀가루를 꾹꾹 눌러 안친다.

④ 물 솥 위에 찜기를 올리고 15~20분 동안 찐 후 약한 불에서 5분간 뜸을 들인다.

27 식품 등의 기구 또는 용기·포장의 표시기준으로 틀린 것은?

① 재질

② 영업소 명칭 및 소재지

③ 소비자 안전을 위한 주의사항

④ 섭취량, 섭취방법 및 섭취 시 주의사항

28 떡을 포장하는 방법으로 맞지 않는 것은?

① 떡에 따라 포장방법과 포장재를 선택한다.
② 떡을 뜨거운 상태로 포장해야 노화가 지연된다.
③ 수분 함량이 많으면 미생물에 의해 변질되기 쉽다.
④ 실온에서 냉각할 때 비닐을 덮어 수분이 날아가지 않게 식힌다.

29 떡의 포장 방법으로 알맞지 않은 것은?

① 떡의 포장지에는 표시사항을 부착한다.
② 기계포장시에는 금속 검출기를 통과시켜 기계 포장 시 발생할지도 모를 금속류를 검출한다.
③ 수분함량이 많이 남아 있는 상태에서 포장을 한다.
④ 포장지에 습기가 차지 않도록 떡을 냉동고에 잠깐 넣어 온도를 떨어뜨린 후 포장을 한다.

30 다음 포장재에서 합성수지가 아닌 것은?

① 폴리에틸렌
② 폴리프로필렌
③ 알루미늄
④ 폴리스타이렌

31 다음 중 인수공통감염병은?

① 천열
② 결핵
③ 콜레라
④ 세균성이질

32 식품과 함께 식품 중에 증식한 세균 또는 생성된 독소를 먹고 발병하는 식중독은?

① 화학성 식중독
② 세균성 식중독
③ 자연독 식중독
④ 경구 감염병

33 아플라톡신과 관계가 깊은 것은?

① 감자독
② 효모독
③ 세균독
④ 곰팡이독

34 다음 중 유해 표백제는?

① 페르라르틴, β-니트로, α-글루아딘
② 삼염화질소
③ 오다민, 로다민B
④ 둘신, 사이클라메이트

35 유독성 물질이 함유되어 있는 식품을 섭취함으로써 발병하는 식중독에서 면실유가 불완전 정제되었을 때 생성되는 독소는?

① 솔라닌(solanine)
② 무스카린(muscarine)
③ 고시폴(gossypol)
④ 아미그달린(amygdalin)

36 식품의 변질 및 부패를 방지하고 신선도를 유지하기 위하여 사용하는 식품첨가물의 종류는 무엇인가?

① 산화방지제(항산화제)
② 호료(증점제)
③ 보존료(방부제)
④ 표백제

37 끓는 물에 넣어 10~30분간 가열하는 방법으로 손쉬운 방법은 무엇인가?

① 증기 멸균법
② 열탕소독법(자비멸균법)
③ 고압 증기 멸균법
④ 간헐 멸균법

38 식품위생의 대상 범위가 아닌 것은?

① 식품
② 식품첨가물
③ 의약품
④ 기구, 용기 · 포장

39 일반적인 냉장 보관 온도의 기준은?

① 0~10℃
② -18℃ 이하
③ 1~35℃
④ 15~25℃

40 작업장 환경관리의 조건에서 배수 및 배관에 대하여 맞지 않는 것은?

① 배수가 잘 되어야 한다.
② 배수로에 퇴적물 쌓이지 않아야 한다.
③ 배수로가 역류가 되지 않도록 관리되어야 한다.
④ 공장 배수관의 최소 내경은 5cm 정도가 좋다.

41 인체의 건강을 해할 우려가 있는 생물학적, 화학적 또는 물리적 인자나 조건을 무엇이라고 하는가?

① 식품 및 축산물 안전관리인증기준(HACCP)
② 위해요소(Hazard)
③ 위해요소분석(Hazard Analysis)
④ 중요관리점(Critical Control Point, CCP)

42 100℃에서 10분간 가열하여도 균에 의한 독소가 파괴되지 않아 식품을 섭취한 후 3시간 정도 만에 구토, 설사, 심한 복통 증상을 유발하는 미생물은?

① 노로바이러스
② 황색포도상구균
③ 캠필로박터균
④ 살모넬라균

43 다음 중 가용성이며 무취이고 자극성 및 부식성이 없으며 유기물이 존재하면 살균효과가 떨어지는 특성을 지닌 살균 소독제는?

① 승홍
② 크레졸
③ 석탄산
④ 역성비누

44 밀가루와 비슷하게 생겼으며 섭취 시 화학성 식중독이 발생하는 것은?

① 납
② 수은
③ 비소
④ 구리

45 떡 제조 도구 및 장비의 위험 요소에 대한 설명으로 적절하지 않은 것은?

① 장비의 흔들림이 없도록 작업대 바닥면과 고정 상태를 확인하고 수평을 유지한다.
② 장비 주위에 경고 표지를 부착하여 작업자가 위험에 대해 인식을 하도록 한다.
③ 젖은 손으로 플러그, 스위치 조작이 가능하다.
④ 바닥의 물기 제거 및 배수 시설 점검한다.

46 시·절식으로서의 떡의 의미가 아닌 것은?

① 떡은 우리의 식생활을 비롯하여 풍속과 밀접한 관련이 있다.
② 제철에 나는 식품 재료를 부재료로 사용하였다.
③ 명절을 중심으로 세시풍속 행사에 누구나 만들어 먹었다.
④ 출생, 성인, 결혼, 죽음 등 인간이 성장하는 과정과 관련이 있다.

47 조선시대 3대 명절로 창포 머리감기, 그네뛰기, 씨름 등의 민속 놀이를 즐긴 절기는?

① 단오   ② 유두

③ 칠석   ④ 초파일

48 다음 중 차륜병의 의미와 다른 것은?

① 조선시대 3대 명절인 단오에 만들었다.

② 수리취 떡이다.

③ 수레바퀴 모양의 떡살로 찍어낸 절편 떡이다.

④ 복숭아나 살구의 과일즙으로 반죽하여 만든 단오절 식이다.

49 유두절에 먹었던 수단은?

① 수레바퀴 모양의 떡살로 찍어낸 절편 떡

② 느티나무 어린 순을 따서 멥쌀가루에 넣고 켜켜이 팥고물을 넣어 찐 시루떡

③ 멥쌀가루를 쪄서 구슬같이 둥글게 빚어 꿀물이나 오미자 국물에 넣어 음료로 즐김

④ 찹쌀로 익반죽하여 소를 넣고 기름에 지진 떡

50 아이가 태어난 지 21일째를 축하하는 날인 삼칠일(三七日)의 의미에 맞지 않는 것은?

① 아이와 산모가 어느 정도 안정을 찾게 되는 것을 기념

② 아무 것도 넣지 않은 흰색의 백설기를 만들었다.

③ 아이와 산모를 속세와 섞이지 않고 산신(産神)의 보호 아래 둔다는 의미이다.

④ 백설기는 온 동네 사람들과 나누어 먹었다.

51 장수복록(長壽福祿)을 축원하며 돌 의상을 만들어 입히고 돌상을 차림을 할 때 올리는 떡의 종류가 아닌 것은?

① 붉은차수수경단   ② 오색송편

③ 무지개떡   ④ 증편

52 혼례식 당일 올리는 달떡의 의미로 맞는 것은?

① 여러 가지 색으로 물들인 절편을 암 · 수의 닭 모양 으로 쌓아 신랑신부를 의미한다.

② 둥글게 빚은 절편으로 부부가 세상을 보름달처럼 밝게 비추고 서로 둥글게 채워가며 살기를 기원하 는 의미한다.

③ 떡의 2켜는 부부를 의미한다.

④ 찹쌀은 부부간의 금슬을, 붉은 팥고물은 액막이, 대 추 7개는 아들 칠형제를 상징한다.

53 태어난 지 60년이 되어 육십갑자가 다시 시작되는 해의 생일을 의미하는 단어는?

① 회갑   ② 고희

③ 지천명   ④ 미수

54 각 지역의 향토 떡의 연결로 틀린 것은?

① 경기도 - 여주산병, 색떡

② 경상도 - 모싯잎 송편, 만경떡

③ 제주도 - 오메기떡, 빙떡

④ 평안도 - 장떡, 수리취떡

55 음력 3월 3일에 먹는 시절 떡은?

① 수리취절편   ② 약식

③ 느티떡   ④ 진달래 화전

56 찹쌀가루나 수숫가루 등을 익반죽하여 동그랗게 빚어서 끓는 물에 삶아 고물을 묻힌 떡은?

① 주악 ② 부꾸미

③ 화전 ④ 경단

57 다음 단오에 만들어진 떡이 아닌 것은?

① 수리취 절편 ② 차륜병

③ 도행병 ④ 화전

58 유두절에 만드는 것으로 멥쌀가루를 쪄서 구슬같이 둥글게 빚어 꿀물이나 오미자 국물에 넣어 음료로 즐긴 떡은?

① 증편 ② 주악

③ 차륜병 ④ 떡수단

59 쌀보다 잡곡이 흔해서 잡곡을 이용한 떡이 많은 지역은?

① 서울 ② 제주도

③ 전라도 ④ 경기도

60 지역별 떡의 종류가 바르게 연결되지 않은 것은?

① 충청도 – 쇠머리떡. 수수벙거지, 곤떡

② 강원도 – 감자시루떡, 우무송편, 방울 증편

③ 경상도 – 모시잎송편, 쑥굴레, 잣구리

④ 경기도 – 여주산병. 개성우메기, 색떡

01.④	02.①	03.①	04.①	05.③	06.②	07.②	08.③	09.③	10.④
11.③	12.④	13.④	14.②	15.④	16.④	17.③	18.②	19.②	20.④
21.④	22.①	23.④	24.③	25.④	26.③	27.④	28.①	29.②	30.①
31.④	32.②	33.③	34.①	35.④	36.①	37.③	38.④	39.②	40.③
41.③	42.①	43.③	44.③	45.③	46.①	47.③	48.②	49.④	50.③
51.②	52.③	53.③	54.③	55.①	56.④	57.②	58.①	59.③	60.④

01 콩류를 익힐 때 사포닌에 의해 거품이 발생하게 되는데 식용유를 조금 넣으면 식용유가 소포작용하기 때문에 거품이 생기는 것을 방지할 수 있다.

02 거피팥을 물에 담가 8시간 정도 충분히 불린다.

03 오미자는 붉은색 계통의 천연색소물질로 물과 오미자를 같은 양으로 넣어, 하룻밤 우려낸 다음에 걸러서 사용한다.

04 전분에 물을 가하지 않고 160~180℃ 가열하거나 효소나 산으로 가수분해하여 덱스트린을 형성하는 현상으로 호정화가 되면 황갈색을 띠고 용해성이 증가되며 점성은 약해지고 단맛이 증가한다.

05 과당은 용해도가 가장 크며 과포화되기 쉽다.

06 세계 3대 식량작물을 쌀, 밀, 옥수수이다.

07 치는 떡은 시루에 찐 떡을 절구나 안반 등에서 친 떡이다. 도병(搗餠)이라고 한다.

08 찹쌀가루를 찔 때 물을 주지 않고 찌기도 한다(아밀로펙틴의 함량이 높아서 수분을 많이 함유).

09 안반과 떡메는 인절미나 흰떡 등과 같이 치는 떡을 만들 때 사용하는 기구이다. 안반은 두껍고 넓은 통나무 판에 낮은 다리가 붙어 있는 형태가 일반적이다. 안반 위에 떡 반죽을 올려놓고 떡메로 친다. 떡메는 지름 20cm 정도 되는 통나무를 잘라 손잡이를 끼워 사용했다.

10 노화는 수분 30~60%, 온도 0~10℃일 때 가장 잘 일어난다. α화한 전분을 80℃ 이상에서 급속히 건조시키거나 0℃ 이하에서 급속 냉동하여 수분함량을 15% 이하로 하면 노화를 방지할 수 있다.

11 전분의 최종 분해산물을 포도당으로 탄소(C), 수소(H), 산소(O)로 구성되어 있는 탄수화물이다.

12 전분의 노화를 억제하는 방법
- 호화한 전분을 80℃ 이상에서 급속히 건조시키거나 0℃ 이하에서 급속 냉동하여 수분 함량을 15% 이하로 유지
- 설탕을 다량 첨가
- 환원제나 유화제를 첨가

13 왕겨는 곤충과 외부 환경 변화로부터 보호하는 층으로 왕겨층을 벗겨낸 것이 현미이다.

14 밀가루에 들어있는 글루테닌과 글리아딘은 물과 결합하여 점성과 탄력성을 가진 글루텐을 형성한다.

15 떡의 주재료는 곡류로 찹쌀, 멥쌀 등을 사용한다.

16 물에 불리는 시간은 계절 별로 달라진다. 여름 4~5시간, 겨울 7~8시간 정도이다.

17 현미와 흑미는 미강 부분이 남아 있어 멥쌀이나 찹쌀보다 오랜 시간 불린다. 3~4시간에 한 번씩 물을 바꿔 주면서 12~24시간 이상 불린다.

18 흑임자 고물용 흑임자는 씻을 때 껍질을 벗기지 않는다.

19 밤채를 썰 때 쉽게 부서지므로 편을 썰어 설탕물에 담가 두었다가 건조시켜서 채 썬다.

20 쇠머리찰떡은 모듬배기떡이라고도 부른다. 썰어 놓은 모양이 마치 쇠머리편육과 비슷하다고 하여 쇠머리떡이라 부른다.

21 찹쌀가루를 찔 때는 뜸을 들이지 않고 멥쌀가루를 찔 때는 뜸을 들인다.

22 폴리에틸렌(Polyethylene, PE)은 인체에 무독성으로 식품이 직접 닿아도 되는 소재이다. 수분 차단성이 좋아 식품 포장용으로 많이 쓰인다.

23 오색의 경단을 할 경우는 노란 콩고물, 푸른 콩고물, 흑임자 고물, 붉은팥 고물, 거피팥 고물 등의 오색 고물을 묻혀서 만든다.

24 **식품 등의 표시 · 광고에 관한 법률**
제1조(목적) 이 법은 식품 등에 대하여 올바른 표시 · 광고를 하도록 하여 소비자의 알 권리를 보장하고 건전한 거래질서를 확립함으로써 소비자 보호에 이바지함을 목적으로 한다.

25 치는 떡은 쌀가루를 호화시킨 후 쳐서 점성을 높인 떡이다. 대표적으로 가래떡, 인절미, 절편, 개피떡, 단자 등이 있다.

26 시루떡은 시루에 쌀가루와 고물을 켜켜로 얹어 가며 쪄낸 떡이다.

27 우리나라의 표준용량으로 1컵은 200ml이다.

28 쌀가루를 체치면 쌀가루입자가 고르게 되며 이물질 제거도 되지만 공기층이 생겨 떡이 부드럽게 된다.

29 콩설기의 서리태는 달지 않아야 맛있으므로 설탕 간을 하지 않는다.

30 잡과병, 붉은팥 메시루떡은 켜떡류이다. 무지개떡은 설기류이다.

31 매니큐어, 광택제 사용을 금지한다. 매니큐어의 화학성분이 음식물에 혼입될 수 있다.

32 부패란 단백질이 혐기적인 상태에서 미생물에 의해 분해되어 악취와 유해 물질을 생성하는 것이다. 이와 달리 변패는 단백질 이외의 성분을 갖는 식품이 변질되는 것으로 당질이 변패가 일반적이다.

33 • 사상균(mould) : 곰팡이가 만드는 가는 실 모양의 영양체인 균사체와 자실체로 이루어진 덩어리
세균의 대표적 형태 분류
  • 간균 : 간균과에 속하는 막대 모양을 한 세균의 속(屬)
  • 구균 : 구형(球形)의 세균. 구균이 쌍을 이루면 쌍구균, 그러한 균들이 열을 지어 배열하거나 사슬처럼 연결되어 있을 때는 연쇄상구균, 포도송이같이 덩어리진 균을 포도상구균
  • 나선균 : 나선 모양의 세균속(細菌屬)

34 병원성대장균(E. coli, 편모성 간균, 그람음성균)은 설사, 장염을 일으키는 병원성을 가진 대장균으로서 식품위생상 대장균은 식품이나 물이 분변에 오염이 되었는지의 지표로 쓰인다.

35 상처 부위에 감염된 세균이 음식물을 오염시킬 수 있으므로 음식물 취급을 금지한다.

36 식품의 수분 중에서 미생물의 증식에 이용될 수 있는 상태인 수분의 양을 수분활성도라 하는데 세균이 0.95로 가장 크며 효모 0.87, 곰팡이 0.80이다.

37 교차오염을 방지하기 위하여 냉장고의 상단에는 조리된 음식을 하단에는 육류, 생선 등을 보관한다.

38 냉동 · 냉장고의 내부는 냉기의 원활한 순환을 위하여 내부 용량의 70%까지 보관하는 것이 적절하다.

39 작업자는 점검한 결과 이상 사항의 발생시 우선적 조치를 취하고 책임자에게 보고한다.

40 간디스토마는 어패류인 민물고기를 통해서 감염되는 기생충이다. 충란 → 왜우렁이(제1중간숙주) → 담수어(잉어 · 참붕어 · 붕어 등)(제2중간숙주) → 사람

41 장티푸스는 파리가 매개체이며 우리나라에서 가장 많이 발생하는 급성 감염병으로 잠복기가 길며 40℃ 이상의 고열이 2주가 계속된다.

42 곰팡이독(mycotoxin)은 곰팡이의 대사산물로 질병이나 이상 생리작용을 유발하는 물질로 아플라톡신은 간장독이다.

43 역성비누는 화학적 살균 · 소독방법으로 용기 및 기구 소독 등에 이용된다.

44 일회용 위생장갑은 1회만 사용한다. 같은 작업을 지속하더라도 4시간마다 장갑 교체하며 작업 변경 시마다 위생장갑을 교체한다.

45 곰팡이의 독소 성분인 곰팡이독(mycotoxin)은 곰팡이의 대사산물로 질병이나 이상 생리 작용을 유발하는 물질이다.

46 『삼국사기』 백결선생(百結先生)편에는 가난하여 떡을 치지 못하는 아내의 안타까운 마음을 달래주기 위하여 거문고로 떡방아소리를 냈다는 기록이 있다.

47 삼국유사에 처음으로 설병 떡의 이름이 문헌에 나타났으며 설기 또는 설기떡, 인절미나 절편으로 추측할 수 있다.

48 쌍화점에서 만든 떡은 밀가루를 부풀려 채소로 만든 소와 팥소를 넣고 찐 증편류인 상화(霜花)이다.

49 조선세시기에는 정월부터 12월까지 1년간의 행사 · 풍속을 23항목으로 분류하고 설명하였다.

50 10월 상달은 곡식과 과일이 가장 풍부한 달로 1년 중 가장 으뜸가는 달로 당산제와 고사를 지내 집안의 풍파를 없애는 기원하였다.

51 온시루떡은 연말에 묵은 재료를 이용하여 만든다. 묵은해를 정리하고 새해를 새로운 마음으로 맞이하려는 기원이 담겨 있다.

52 전라도는 곡식이 가장 많이 생산되어 농산물이 풍부하여 떡의 종류도 많고 화려하다.
떡의 종류는 감시루떡, 감고지떡, 감인절미, 나복병, 수리취떡 등이 있다.

53 제주도는 쌀보다 잡곡이 흔하여 잡곡을 이용한 떡이 많으며 쌀떡은 제사 때만 썼다. 오메기떡, 돌래떡(경단), 빙떡(메밀부꾸미), 빼대기(감개떡), 상애떡 등이 있다.

54 봉치떡은 2켜의 시루떡을 안치고 가운데에 대추 7개(혹은 9개)를 원형으로 올리고, 가운데 밤을 한 개 올린다. 대추 7개는 아들 칠형제를 상징한다.

55 약식의 유래는 『삼국유사』에 기록되어 있다. 신라 소지왕 때 까마귀가 왕이 위기에 처했다는 것을 일깨워 주었다. 이때부터 정월 15일을 오기일(烏忌日)로 정하여 찰밥을 지어 까마귀에게 제사지냈다. 약식은 여기서 비롯되었다고 한다.

56 5월 단오에는 차륜병(수리취떡)을 먹는다.

57 유병(油餠)은 『조선무쌍신식요리제법』에 기름에 지진 것으로 기록

58 충청도 지역의 향토떡이고, 개성주악과 쑥버무리는 서울 경기 지역의 향토떡이다.

59 오쟁이떡, 큰송편, 닭알범벅은 황해도 지역의 향토떡이다.

60 황해도 백천지방에서 나오는 찹쌀을 이용해 만든다.

제2회 실전 모의고사 정답 및 해설

01. ①	02. ②	03. ④	04. ③	05. ②	06. ④	07. ①	08. ④	09. ④	10. ①
11. ④	12. ②	13. ④	14. ④	15. ③	16. ④	17. ②	18. ④	19. ②	20. ①
21. ④	22. ②	23. ④	24. ②	25. ①	26. ③	27. ④	28. ②	29. ③	30. ③
31. ②	32. ②	33. ④	34. ②	35. ③	36. ③	37. ②	38. ③	39. ①	40. ④
41. ②	42. ②	43. ④	44. ③	45. ③	46. ④	47. ①	48. ④	49. ③	50. ④
51. ④	52. ②	53. ①	54. ④	55. ④	56. ④	57. ④	58. ④	59. ②	60. ①

01 꿀에는 과당이 많이 들어 있다. 과당은 감미도가 높으며 대부분의 꿀은 과당을 많이 함유해 결정이 생기지 않는다.

02 콩류에 들어 있는 대두단백질은 필수아미노산을 골고루 함유하고 있어 단백가가 높고 곡류에서 부족되기 쉬운 영양소를 보완하기에 효과적이다.

03 붉은팥을 삶을 때 물에 불리지 않고 바로 삶는다. 팥 껍질이 물을 흡수하면 배꼽 부분 안쪽으로 물이 흡수되어 껍질이 갈라진다.

04 이포메인(ipomain)은 고구마의 단백질 성분이며, 얄라핀(jalapin)은 고구마를 잘랐을 때 나오는 하얀 유액 성분이다. 튜베린(tuberin)은 감자의 단백질 성분이다.

05 당화는 전분에 효소 또는 효소를 가지고 있는 엿기름을 넣고 최적의 온도로 맞춘다. 산을 넣고 가열하면 가수분해되어 단맛이 증가한다. 식혜, 엿, 조청, 콘시럽 등이 있다.

06 쌀 불리기는 여름에 3~4시간, 겨울에 7~8시간 정도 불려야 하며 현미와 흑미는 왕겨만 벗겨내 쌀로서 물에 불리는 시간은 12~24시간 정도 불려야 한다.

07 소금은 전분의 호화를 촉진시킨다. 여름철에는 식염량을 약간 늘리고, 겨울철에는 감소시킨다. 사용할 물이 연수일 경우 경수보다 사용량을 약간 증가시킨다.

08 찌는 떡은 시루떡이라고도 하며 멥쌀이나 찹쌀을 물에 담갔다가 가루로 만들어 시루에 안친 뒤 김을 올려 익힌다. 설기떡(무리떡), 켜떡, 빚는 떡, 부풀려서 찌는 떡 등이 있다.

09 떡의 노화를 억제하는 방법으로는 수분함량 조절, 온도 조절, 재결정화 방지를 위해 유화제를 사용하는 방법 등이 있다.

10 조리는 물에 담근 쌀을 일정한 방향으로 일어 떠오르는 쌀알을 건지고 가라앉은 무거운 돌을 고를 때 사용하는 기구이다.

11 강력분에 대한 설명이다.

12 강화미에 대한 설명이다.

13 익반죽은 곡류의 가루에 끓는 물을 넣어 반죽하는 것을 말한다. 경단, 화전 등을 익반죽해서 잠시 두었다가 사용하면 반죽이 더 부드럽다.

14 호화의 정도는 전분의 입자가 클수록, 가열온도가 높을수록, 가열시 첨가하는 물의 양이 많을수록, 가열하기 전 물에 담그는 시간이 길수록, pH가 높을수록 촉진된다.

15 노화란 호화된 전분을 상온에서 방치하면 β-전분으로 되돌아가는 현상으로 찹쌀은 대부분 아밀로펙틴(amylopectin)으로 되어있어 노화가 늦게 일어난다.

16 팥고물용 팥은 너무 무르지 않게 푹 삶지 말아야 한다.

17 팥시루 고물은 팥을 삶아 용기에 쏟아 뜨거운 김을 날린 후에 소금을 넣고 대강 찧거나 으깬다.

18 백설기는 멥쌀가루를 이용한다.

19 쌀가루에 수분을 준 다음 골고루 비벼 섞어 체에 내린 후, 설탕을 넣고 가볍게 섞어 찌면 질감이 부드럽고 푹신하다.

20 단자는 찹쌀가루에 소금을 넣고 물을 넣어 섞어서 젖은 면보를 깐 찜기에 15~20분 정도 찐다. 충분히 익힌 다음 용기에 쏟아 꽈리가 일도록 친다. 속에 소를 넣고 빚은 후 겉에 꿀을 발라 고물을 묻히거나, 잘라서 속에 소를 넣지 않고 고물을 묻힌다.

21 증편은 복중(伏中)의 떡으로 쌀가루를 술로 반죽하여 부풀게 한 다음 틀에 담고 찐다. 대추, 밤, 실백, 석이버섯 등으로 고명을 얹어 찐 떡이다.

22 글루텐은 밀가루에 들어있는 글리아딘과 글루테닌을 물과 함께 반죽하면 형성되는 단백질로 신장성과 탄력성을 준다.

23 수침 후 물빼기를 한 후 분쇄를 할 때 일정량의 소금을 넣어준다.

24 송편의 소는 콩, 깨, 녹두, 밤, 팥을 주로 사용한다.

25 익반죽은 곡류의 가루에 끓는 물을 넣어 반죽하는 것을 말한다. 경단, 화전, 송편 등을 만들 때 익반죽을 한다.

26 백설기는 쌀가루에 수분을 준 다음 골고루 비벼 섞어 체에 내린 후, 설탕을 넣고 가볍게 섞어 찌면 질감이 부드럽고 푹신하다.

27 **식품 등의 표시 · 광고에 관한 법률**
제4조(표시의 기준) 1. 식품 등에는 다음 각 호의 구분에 따른 사항을 표시하여야 한다. 다만, 총리령으로 정하는 경우에는 그 일부만을 표시할 수 있다.
　1. 식품, 식품첨가물 또는 축산물
　　가. 제품명, 내용량 및 원재료명
　　나. 영업소 명칭 및 소재지
　　다. 소비자 안전을 위한 주의사항
　　라. 제조연월일, 유통기한 또는 품질유지기한

　　마. 그 밖에 소비자에게 해당 식품, 식품첨가물 또는 축산물에 관한 정보를 제공하기 위하여 필요한 사항으로서 총리령으로 정하는 사항
　2. 기구 또는 용기 · 포장
　　가. 재질
　　나. 영업소 명칭 및 소재지
　　다. 소비자 안전을 위한 주의사항
　　라. 그 밖에 소비자에게 해당 기구 또는 용기 · 포장에 관한 정보를 제공하기 위하여 필요한 사항으로서 총리령으로 정하는 사항

28 떡의 김이 빠져나간 후 포장을 한다. 수분 함량이 많으면 미생물에 의해 변질되기 쉽다.

29 떡에 수분함량이 많이 남아 있는 상태에서 포장을 하게 되면 미생물에 의해 변질되기 쉬우며, 수분함량이 부족하면 노화되기 쉽다.

30 알루미늄은 알루미늄 단독 또는 종이나 플라스틱에 붙여 사용한다. 광선을 차단하는 성질이 있다.

31 인수공통감염병은 인간과 척추동물 사이에 자연적으로 전파되는 질병으로 탄저, 야토, 파상열, Q열, 돈단독, 결핵 등이 있다.

32 세균성 식중독은 감염형, 독소형으로 나누어지며 식품과 함께 식품 중에 증식한 세균 또는 생성된 독소를 먹고 발병하는 질병이다.

33 아플라톡신은 원인식품이 곶감, 변질된 땅콩과 옥수수 등이며, 인체에 간장독, 암 유발의 원인인 곰팡이 중독이다.

34 **유해한 식품첨가물**
　• 유해 표백제 : 롱가리트(Rongalite), 삼염화질소(NCI₃), 과산화수소(H_2O_2), 아황산염(SO_2)
　• 유해 감미료 : 페르라르틴, 둘신, 사이클라메이트
　• 유해착색료 : 로다민B

35 **고시폴(gossypol)**
면실유가 불완전 정제되었을 때 면실유에 포함되어 있는 독소이다.

36 보존료(방부제)는 식품의 변질 및 부패를 방지하고 신선

도를 유지하기 위하여 사용하는 식품첨가물로 프로피온산 칼슘, 프로피온산 나트륨, 안식향산, 소르브산 등이 있다.

37 열탕소독법(자비멸균법)은 끓는 물에 넣어 10~30분간 가열하는 방법으로 손쉬운 방법이지만 아포를 죽일 수 없는 단점이 있다.

38 식품위생의 대상 범위는 식품, 식품첨가물, 기구, 용기·포장을 대상 범위로 한다. 식품이란 모든 음식물(의약으로 섭취하는 것은 제외한다)을 말한다.

39 식품을 안전하게 보관하기 위해 적정온도를 유지하는 것이 중요하다. 냉장 보관 온도는 0~10℃, 냉동 보관 온도는 -18℃ 이하, 실온 보관 온도는 1~35℃, 상온 보관 온도는 15~25℃이다.

40 공장 배수관의 최소 내경은 10cm 정도가 좋다.

41 식품 제조의 전 공정에서 인체의 건강을 해할 우려가 있는 생물학적, 화학적, 물리적 인자나 조건을 위해요소(Hazard)라고 한다.

42 황색포도상구균은 사람이나 동물의 화농성 질환의 대표적인 균으로 원인독소는 장관독인 엔테로톡신이다. 내열성이 있어 열에 쉽게 파괴되지 않는다.

43 역성비누는 기구, 용기 등의 소독에 사용된다. 유기물이 존재하면 살균효과가 떨어지므로 보통 비누와 같이 사용하지 않는다.

44 비소
살충제, 농약제 등에 널리 사용, 비산, 아미산, 비산납 등의 비소화합물에 의해 식중독을 일으킨다.

45 젖은 손으로 장비의 스위치를 조작하지 않는다.

46 출생, 성인, 결혼, 죽음 등 인간이 성장하는 과정은 통과의례와 관련이 있다.

47 5월 단오는 조선시대 3대 명절로 차륜병(수리취떡), 도행병 등의 떡을 먹었다.

48 복숭아나 살구의 과일즙으로 반죽하여 만든 단오절식은 도행병이다.

49 유두절은 곡식이 여물어갈 무렵 조상과 농신께 가족의 안녕과 풍년을 기원하며 멥쌀가루를 쪄서 구슬같이 둥글게 빚어 꿀물이나 오미자 국물에 넣어 음료로 즐기는 떡수단을 먹었다.

50 삼칠일에 먹는 백설기는 집안에 모인 가족이나 친지들과 나누어 먹고 밖으로는 내보내지 않았다.

51 아이가 태어난 지 만 1년이 되는 날인 첫 돌은 백설기, 붉은 차수수경단, 오색 송편, 인절미, 무지개떡 등으로 상을 차렸다.

52 혼례식 당일의 혼례상에는 달떡과 색떡을 올린다. 달떡은 둥글게 빚은 절편으로 부부가 세상을 보름달처럼 밝게 비추고 서로 둥글게 채워가며 살기를 기원하는 의미한다.

53 육십갑자의 갑으로 되돌아오는 태어난 지 60년이 되는 61세를 환갑(還甲), 회갑(回甲)이라고 한다.

54 평안도의 떡은 다른 지방에 비해 매우 큼직하고 소담하다. 종류로는 장떡, 조개송편, 찰부꾸미, 노티, 송기떡, 골미떡, 꼬장떡 등이 있다. 수리취는 전라도의 향토떡이다.

55 3월 삼짇날(중삼절, 음력 3월 3일)은 만물이 활기를 띠고 강남 갔던 제비도 돌아온다. 봄의 미각을 음미하며 진달래화전을 먹었다.

56 경단은 익반죽하여 삶아 낸 후 고물을 묻히는 떡으로 고물로는 대추채, 밤채, 붉은 팥, 콩가루 등이 있다.

57 차륜병은 수리취떡으로 수레바퀴 모양의 떡살로 찍어낸 절편이다. 도행병은 복숭아나 살구의 과즙으로 반죽하여 만든 단오 절식이다.

58 떡수단은 유두절의 절식으로 꿀물이나 오미자 국물에 넣어 음료로 즐겼다.

59 제주도는 쌀보다 잡곡이 흔하여 잡곡을 이용한 떡이 많으며 쌀떡은 제사 때만 썼다.

60 수수벙거지는 경기도 지역의 떡이다.

떡제조기능사

PART 7
최신 기출문제

2019년 1회 기출문제

01 떡을 만들 때 쌀 불리기에 대한 설명으로 틀린 것은?

① 쌀은 물의 온도가 높을수록 물을 빨리 흡수한다.

② 쌀의 수침시간이 증가하면 호화개시온도가 낮아진다.

③ 쌀의 수침시간이 증가하면 조직이 연화되어 입자의 결합력이 증가한다.

④ 쌀의 수침시간이 증가하면 수분함량이 많아져 호화가 잘된다.

해설
쌀 불리기 공정은 떡을 찔 때 전분의 호화가 충분하게 진행되도록 쌀에 물을 흡수시키는 공정이다. 쌀의 수침시간이 증가하면 조직이 연화되어 입자의 결합력이 줄어든다.

02 떡 제조 시 사용하는 두류의 종류와 영양학적 특성으로 옳은 것은?

① 대두에 있는 사포닌은 설사의 치료제이다.

② 팥은 비타민 B₁이 많아 각기병 예방에 좋다.

③ 검은콩은 금속이온과 반응하면 색이 옅어진다.

④ 땅콩은 지질의 함량이 많으나 필수지방산은 부족하다.

해설
사포닌은 장을 자극하는 효과가 있어 설사의 원인이 되기도 한다. 땅콩의 지질은 필수지방산인 아라키돈산이 풍부하며 올레산과 리놀레산도 소량 함유되어 있다.

03 병과에 쓰이는 도구 중 어레미에 대한 설명으로 옳은 것은?

① 고운 가루를 내릴 때 사용한다.

② 도드미보다 고운체이다.

③ 팥고물을 내릴 때 사용한다.

④ 약과용 밀가루를 내릴 때 사용한다.

해설
어레미는 지름 3mm 이상으로 떡가루나 메밀가루 등을 내릴 때 사용한다. 체는 쳇불 구멍의 크기에 따라 어레미, 도드미, 중거리, 가루체, 고운체 등으로 나뉜다.

04 떡의 영양학적 특성에 대한 설명으로 틀린 것은?

① 팥시루떡의 팥은 멥쌀에 부족한 비타민 D와 비타민 E를 보충한다.

② 무시루떡의 무에는 소화효소인 디아스타제가 들어 있어 소화에 도움을 준다.

③ 쑥떡의 쑥은 무기질, 비타민 A, 비타민 C가 풍부하여 건강에 도움을 준다.

④ 콩가루 인절미의 콩은 찹쌀에 부족한 단백질과 지질을 함유하여 영양상의 조화를 이룬다.

해설
팥은 비타민 B₁이 많아 탄수화물 대사에 도움을 주며 각기병 예방에 효과적이다.

05 두텁떡을 만드는 데 사용되지 않는 조리도구는?

① 떡살   ② 체

③ 번철   ④ 시루

해설
두텁떡은 충분히 불린 찹쌀을 가루내어 꿀·간장을 넣고 고루 비빈 다음 체에 내리고 거피한 팥은 찐 뒤 꿀과 간장·후추·계핏가루를 넣어 반죽하여 넓은 번철에 팥을 말리는 정도로 볶아 어레미에 친다. 시루나 찜통에 팥을 한켜 깔고, 그 위에 떡가루를 한숟갈씩 드문드문 떠놓고 소를 가운데 하나씩 박고, 다시 가루를 덮고 전체를 팥고물로 덮는다.

06 치는 떡의 표기로 옳은 것은?

① 증병(甑餅)　　② 도병(搗餅)

③ 유병(油餅)　　④ 전병(煎餅)

> **해설**
> 치는 떡은 시루에 찐 떡을 절구나 안반 등에서 친 떡이다. 도병(搗餅)이라고 한다.

07 떡의 노화를 지연시키는 방법으로 틀린 것은?

① 식이섬유소 첨가　　② 설탕 첨가

③ 유화제 첨가　　④ 색소 첨가

> **해설**
> 떡의 노화를 억제하는 방법으로는 수분함량 조절, 온도 조절, 재결정화 방지를 위해 유화제를 사용하는 방법 등이 있다.

08 떡을 만드는 도구에 대한 설명으로 틀린 것은?

① 조리는 쌀을 빻아 쌀가루를 내릴 때 사용한다.

② 맷돌은 곡식을 가루로 만들거나 곡류를 타개는 기구이다.

③ 맷방석은 멍석보다는 작고 둥글며 곡식을 널 때 사용한다.

④ 어레미는 굵은 체를 말하며 지방에 따라 얼맹이, 얼레미 등으로 불린다.

> **해설**
> 조리는 물에 담근 쌀을 일정한 방향으로 일어 떠오르는 쌀알을 건지고 가라 앉은 무거울 돌을 고를 때 사용하는 기구이다.

09 떡 조리과정의 특징으로 틀린 것은?

① 쌀의 수침시간이 증가할수록 쌀의 조직이 연화되어 습식제분을 할 때 전분 입자가 미세화된다.

② 쌀가루는 너무 고운 것보다 어느 정도 입자가 있어야 자체 수분 보유율이 있어 호화도가 더 좋다.

③ 찌는 떡은 멥쌀가루보다 찹쌀가루를 사용할 때 물을 더 보충하여야 한다.

④ 펀칭공정을 거치는 치는 떡은 시루에 찌는 떡보다 노화가 더디게 진행된다.

> **해설**
> 찹쌀가루를 찔 때 물을 주지 않고 찌기도 한다(아밀로펙틴의 함량이 높아서 수분을 많이 함유).

10 불용성 섬유소의 종류로 옳은 것은?

① 검　　② 뮤실리지

③ 펙틴　　④ 셀룰로오스

> **해설**
> 셀룰로오스는 섬유소라고 하며 다당류이다. 식물 세포벽의 기본 구조로 물에 녹지 않으며 사람은 셀룰로오스를 소화 시킬 수 없다.

11 찌는 떡이 아닌 것은?

① 느티떡　　② 혼돈병

③ 골무떡　　④ 신과병

> **해설**
> 골무떡은 치는 떡으로 크기가 골무만하다고 하여 골무떡이라고 한다. 멥쌀가루를 시루에 쪄서 나무 안반에 놓고 떡메로 잘 친 다음 조금씩 떼어 떡살에 박아 만든다.

12 떡의 주재료로 옳은 것은?

① 밤, 현미　　② 흑미, 호두

③ 감, 차조　　④ 찹쌀, 멥쌀

> **해설**
> 떡의 주재료는 곡류로 찹쌀, 멥쌀 등을 사용한다.

13 쌀의 수침 시 수분 흡수율에 영향을 주는 요인으로 틀린 것은?

① 쌀의 품종　　　　② 쌀의 저장 기간
③ 수침 시 물의 온도　④ 쌀의 비타민 함량

> **해설**
> 쌀의 수침 시 수분 흡수율에 영향을 주는 요인은 계절, 수침시간, 쌀의 수분 함량, 물의 온도, 쌀의 품종 등 다양하다.

14 빚은 떡 제조 시 쌀가루 반죽에 대한 설명으로 틀린 것은?

① 송편 등의 떡 반죽은 많이 치댈수록 부드러우면서 입의 감촉이 좋다.
② 반죽을 치는 횟수가 많아지면 반죽 중에 작은 기포가 함유되어 부드러워진다.
③ 쌀가루를 익반죽하면 전분의 일부가 호화되어 점성이 생겨 반죽이 잘 뭉친다.
④ 반죽할 때 물의 온도가 낮을수록 치대는 반죽이 매끄럽고 부드러워진다.

> **해설**
> 익반죽은 곡류의 가루에 끓는 물을 넣어 반죽하는 것을 말한다. 경단, 화전 등을 익반죽해서 잠시 두었다가 사용하면 반죽이 더 부드럽다.

15 인절미나 절편을 칠 때 사용하는 도구로 옳은 것은?

① 안반, 맷방석　　② 떡메, 쳇다리
③ 안반, 떡메　　　④ 쳇다리, 이남박

> **해설**
> 안반과 떡메는 인절미나 흰떡 등과 같이 치는 떡을 만들 때 사용하는 기구이다. 안반은 두껍고 넓은 통나무 판에 낮은 다리가 붙어 있는 형태가 일반적이다. 안반 위에 떡 반죽을 올려놓고 떡메로 친다. 떡메는 지름 20cm 정도 되는 통나무를 잘라 손잡이를 끼워 사용했다.

16 설기떡에 대한 설명으로 틀린 것은?

① 고물 없이 한 덩어리가 되도록 찌는 떡이다.
② 콩, 쑥, 밤, 대추, 과일 등 부재료가 들어가기도 한다.
③ 콩떡, 팥시루떡, 쑥떡, 호박떡, 무지개떡이 있다.
④ 무리병이라고도 한다.

> **해설**
> 시루떡은 시루에 쌀가루와 고물을 켜켜로 얹어 가며 쪄낸 떡이다.

17 찰떡류 제조에 대한 설명으로 옳은 것은?

① 불린 찹쌀을 여러번 빻아 찹쌀가루를 곱게 준비한다.
② 쇠머리떡 제조 시 멥쌀가루를 소량 첨가할 경우 굳혀서 썰기에 좋다.
③ 찰떡은 메떡에 비해 찔 때 소요되는 시간이 짧다.
④ 팥은 1시간 정도 불려 설탕과 소금을 섞어 사용한다.

> **해설**
> 찹쌀은 너무 곱게 빻으면 쌀가루가 잘익지 않으므로 성글게 빻는다. 찹쌀가루를 빻을 때 약간 거친 듯하게 한 번만 빻는 것을 원칙으로 한다.

18 치는 떡이 아닌 것은?

① 꽃절편　　　　　② 인절미
③ 개피떡　　　　　④ 쑥개떡

> **해설**　쑥개떡은 빚어 찌는 떡에 속한다.

19 떡의 노화를 지연시키는 보관 방법으로 옳은 것은?

① 4℃ 냉장고에 보관한다.
② 2℃ 김치 냉장고에 보관한다.
③ -18℃ 냉동고에 보관한다.
④ 실온에 보관한다.

> **해설**
> 떡은 0~10℃에서 노화가 촉진되며, 특히 0~4℃에서 노화가 빠르다.

20 떡류 포장 표시의 기준을 포함하며 소비자의 알 권리를 보장하고 건전한 거래질서를 확립함으로써 소비자 보호에 이바지함을 목적으로 하는 것은?

① 식품안전기본법

② 식품안전관리인증기준

③ 식품 등의 표시 · 광고에 관한 법률

④ 식품위생 분야 종사자의 건강진단 규칙

> **해설** **식품 등의 표시·광고에 관한 법률**
> 제1조(목적) 이 법은 식품 등에 대하여 올바른 표시·광고를 하도록 하여 소비자의 알 권리를 보장하고 건전한 거래질서를 확립함으로써 소비자 보호에 이바지함을 목적으로 한다.

21 식품 등의 기구 또는 용기·포장의 표시기준으로 틀린 것은?

① 재질

② 영업소 명칭 및 소재지

③ 소비자 안전을 위한 주의사항

④ 섭취량, 섭취방법 및 섭취 시 주의사항

> **해설** **식품 등의 표시·광고에 관한 법률**
> 제4조(표시의 기준) 1. 식품 등에는 다음 각 호의 구분에 따른 사항을 표시하여야 한다. 다만, 총리령으로 정하는 경우에는 그 일부만을 표시할 수 있다.
> 1. 식품, 식품첨가물 또는 축산물
> 가. 제품명, 내용량 및 원재료명
> 나. 영업소 명칭 및 소재지
> 다. 소비자 안전을 위한 주의사항
> 라. 제조연월일, 유통기한 또는 품질유지기한
> 마. 그 밖에 소비자에게 해당 식품, 식품첨가물 또는 축산물에 관한 정보를 제공하기 위하여 필요한 사항으로서 총리령으로 정하는 사항
> 2. 기구 또는 용기·포장
> 가. 재질
> 나. 영업소 명칭 및 소재지
> 다. 소비자 안전을 위한 주의사항
> 라. 그 밖에 소비자에게 해당 기구 또는 용기·포장에 관한 정보를 제공하기 위하여 필요한 사항으로서 총리령으로 정하는 사항

22 떡 반죽의 특징으로 틀린 것은?

① 많이 치댈수록 공기가 포함되어 부드러우면서 입 안에서 감촉이 좋다.

② 많이 치댈수록 글루텐이 많이 형성되어 쫄깃해진다.

③ 익반죽할 때 물의 온도가 높으면 점성이 생겨 반죽이 용이하다.

④ 쑥이나 수리취 등을 섞어 반죽할 때 노화속도가 지연된다.

> **해설**
> 글루텐은 밀가루에 들어있는 글리아딘과 글루테닌을 물과 함께 반죽하면 형성되는 단백질로 신장성과 탄력성을 준다.

23 전통적인 약밥을 만드는 과정에 대한 설명으로 틀린 것은?

① 간장과 양념이 한쪽에 치우쳐서 얼룩지지 않도록 골고루 버무린다.

② 불린 찹쌀에 부재료와 간장, 설탕, 참기름 등을 한꺼번에 넣고 쪄낸다.

③ 찹쌀을 불려서 1차로 찔 때 충분히 쪄야 간과 색이 잘 베인다.

④ 양념한 밥을 오래 중탕하여 진한 갈색이 나도록 한다.

> **해설**
> 약밥은 찹쌀을 물에 충분히 불려 시루에 찐 다음 간장, 설탕 등을 섞고 마지막에 밤, 대추, 참기름 등을 섞어 다시 찐다.

24 저온 저장이 미생물 생육 및 효소 활성에 미치는 영향에 관한 설명으로 틀린 것은?

① 일부의 효모는 −10℃에서도 생존이 가능하다.

② 곰팡이 포자는 저온에 대한 저항성이 강하다.

③ 부분 냉동 상태보다 완전 동결 상태에서 식품이 변질되기 쉽다.

④ 리스테리아균이나 슈도모나스균은 냉장 온도에서도 증식 가능하여 식품의 부패나 식중독을 유발한다.

25 백설기를 만드는 방법으로 틀린 것은?

① 멥쌀을 충분히 불려 물기를 빼고 소금을 넣어 곱게 빻는다.

② 쌀가루에 물을 주어 잘 비빈 후 중간체에 내려 설탕을 넣고 고루 섞는다.

③ 찜기에 시루밑을 깔고 체에 내린 쌀가루를 꾹꾹 눌러 안친다.

④ 물 솥 위에 찜기를 올리고 15~20분 동안 찐 후 약한 불에서 5분간 뜸을 들인다.

해설
백설기는 쌀가루에 수분을 준 다음 골고루 비벼 섞어 체에 내린 후, 설탕을 넣고 가볍게 섞어 찌면 질감이 부드럽고 폭신하다.

26 떡류의 보관관리에 대한 설명으로 틀린 것은?

① 당일 제조 및 판매 물량만 확보하여 사용한다.

② 오래 보관된 제품은 판매하지 않도록 한다.

③ 진열 전의 떡은 서늘하고 빛이 들지 않는 곳에서 보관한다.

④ 여름철에는 상온에서 24시간까지는 보관해도 된다.

해설
여름철에는 냉동 보관하는 것이 좋다.

27 인절미를 뜻하는 단어로 틀린 것은?

① 인병　　　　　② 은절병

③ 절병　　　　　④ 인절병

28 설기 제조에 대한 일반적인 과정으로 옳은 것은?

① 멥쌀은 깨끗하게 씻어 8~12시간 정도 불려서 사용한다.

② 쌀가루는 물기가 있는 상태에서 굵은 체에 내린다.

③ 찜기에 준비된 재료를 올려 약한 불에서 바로 찐다.

④ 불을 끄고 20분 정도 뜸을 들인 후 그릇에 담는다.

해설
설기떡은 면보를 덮고 찜통에 얹어 김이 오르면 뚜껑을 덮고 20분 정도 찐다. 불을 끄고 5분 정도 뜸을 들인 후 떡을 꺼낸다.

29 인절미를 칠 때 사용되는 도구가 아닌 것은?

① 절구

② 안반

③ 떡메

④ 떡살

해설
인절미는 충분히 불린 찹쌀을 찰밥처럼 쪄서 안반이나 절구에 넣고 떡메로 쳐서 모양을 만든 뒤 고물을 묻힌 떡이다.

30 멥쌀가루에 요오드 용액을 떨어뜨렸을 때 변화되는 색은?

① 변화가 없음　　　② 녹색

③ 청자색　　　　　④ 적갈색

해설
멥쌀에 들어있는 아밀로오스는 요오드 용액에 청색 반응을, 아밀로펙틴은 적자색 일으킨다.

31 가래떡 제조과정의 순서로 옳은 것은?

① 쌀가루 만들기 - 안쳐 찌기 - 용도에 맞게 자르기 - 성형하기

② 쌀가루 만들기 - 소 만들어 넣기 - 안쳐 찌기 - 성형하기

③ 쌀가루 만들기 - 익반죽하기 - 성형하기 - 안쳐 찌기

④ 쌀가루 만들기 - 안쳐 찌기 - 성형하기 - 용도에 맞게 자르기

해설
가래떡류는 치는 떡의 일종으로 멥쌀가루를 쪄서 안반에 놓고 친 다음 길게 밀어서 만든다.

32 전통음식에서 "약(藥)"자가 들어가는 음식의 의미로 틀린 것은?

① 꿀과 참기름 등을 많이 넣은 음식에 약(藥)자를 붙였다.

② 몸에 이로운 음식이라는 개념을 함께 지니고 있다.

③ 꿀을 넣은 과자와 밥을 각각 약과(藥果)와 약식(藥食)이라 하였다.

④ 한약재를 넣어 몸에 이롭게 만든 음식만을 의미한다.

해설
몸에 이로운 음식이라는 개념도 있지만, 꿀을 넣어 만들었다는 의미도 있다.

33 약식의 양념(캐러멜소스)제조과정에 대한 설명으로 틀린 것은?

① 설탕과 물을 넣어 끓인다.

② 끓일 때 젓지 않는다.

③ 설탕이 갈색으로 변하면 불을 끄고 물엿을 혼합한다.

④ 캐러멜소스는 130℃에서 갈색이 된다.

해설
캐러멜소스는 160℃ 이상에서 갈색이 된다.

34 얼음 결정의 크기가 크고 식품의 텍스쳐 품질 손상 정도가 큰 저장 방법은?

① 완만 냉동

② 급속 냉동

③ 빙온 냉동

④ 초급속냉동

해설
급속 동결은 식품류를 단시간에 동결시키는 것으로 빙결정이 작고 조직의 파괴를 적게할 수 있다. 급속 동결인가 완만 동결인가는 식품의 종류에 따라 최대 빙결정 생성대를 통과하는 시간, 동결층의 진행속도, 빙결정의 크기 등으로 구별된다.

35 재료의 계량에 대한 설명으로 틀린 것은?

① 액체 재료 부피계량은 투명한 재질로 만들어진 계량컵을 사용하는 것이 좋다.

② 계량단위 1큰술의 부피는 15ml 정도이다.

③ 저울을 사용할 때 편평한 곳에서 0점(zero point)을 맞춘 후 사용한다.

④ 고체 지방 재료 부피 계량은 계량컵에 잘게 잘라 담아 계량한다.

해설
고체 식품은 부피보다 무게(g)를 재는 것이 정확하다. 버터와 마가린 같이 실온에서 고체인 지방은 재료를 실온에 두어 약간 부드럽게 한 뒤 계량컵이나 계량스푼에 빈 공간이 없도록 채워서 표면을 평면이 되도록 깎아서 계량한다.

36 화학물질의 취급 시 유의사항으로 틀린 것은?

① 작업장 내에 물질안전보건자료를 비치한다.

② 고무장갑 등 보호복장을 착용하도록 한다.

③ 물 이외의 물질과 섞어서 사용한다.

④ 액체 상태인 물질을 덜어 쓸 경우 펌프기능이 있는 호스를 사용한다.

해설
화학물질은 물 등 다른 물질과 섞을 경우 화학반응이 일어날 수 있다.

37 식품영업장이 위치해야 할 장소의 구비조건이 아닌 것은?

① 식수로 적합한 물이 풍부하게 공급되는 곳
② 환경적 오염이 발생되지 않는 곳
③ 전력 공급 사정이 좋은 곳
④ 가축 사육 시설이 가까이 있는 곳

해설
식품영업장은 축산폐수 및 기타 오염 발생 시설에서 식품에 나쁜 영향을 주지 않는 거리를 두어야 한다.

38 100℃에서 10분간 가열하여도 균에 의한 독소가 파괴되지 않아 식품을 섭취한 후 3시간 정도 만에 구토, 설사, 심한 복통 증상을 유발하는 미생물은?

① 노로바이러스
② 황색포도상구균
③ 캄필로박터균
④ 살모넬라균

해설
황색포도상구균은 사람이나 동물의 화농성 질환의 대표적인 균으로 원인독소는 장관독인 엔테로톡신이다. 내열성이 있어 열에 쉽게 파괴되지 않는다.

39 다음과 같은 특성을 지닌 살균소독제는?

• 가용성이며 냄새가 없다
• 자극성 및 부식성이 없다.
• 유기물이 존재하면 살균 효과가 감소된다.
• 작업자의 손이나 용기 및 기구 소독에 주로 사용한다.

① 승홍
② 크레졸
③ 석탄산
④ 역성비누

해설
역성비누는 기구, 용기 등의 소독에 사용된다. 유기물이 존재하면 살균효과가 떨어지므로 보통 비누와 같이 사용하지 않는다.

40 식품의 변질에 의한 생성물로 틀린 것은?

① 과산화물
② 암모니아
③ 토코페롤
④ 황화수소

해설
토코페롤은 비타민 E로 천연 산화방지제(항산화제)이다.

41 썩거나 상하거나 설익어서 인체의 건강을 해칠 우려가 있는 위해 식품을 판매한 영업자에게 부과되는 벌칙은?(단, 해당 죄로 금고 이상의 형을 선고받거나 그 형이 확정된 적이 없는 자에 한한다)

① 1년 이하 징역 또는 1천만 원 이하 벌금
② 3년 이하 징역 또는 3천만 원 이하 벌금
③ 5년 이하 징역 또는 5천만 원 이하 벌금
④ 10년 이하 징역 또는 1억 원 이하 벌금

해설
식품위생법 제94조(벌칙)에서는 위해식품 등의 판매 금지 조항을 어긴 자에게 10년 이하의 징역 또는 1억원 이하의 벌금에 처하거나 이를 병과할 수 있다고 명시되어 있다.

42 물리적 살균·소독방법이 아닌 것은?

① 일광소독
② 화염멸균
③ 역성비누 소독
④ 자외선 살균

해설
역성비누는 화학적 살균·소독방법으로 용기 및 기구 소독 등에 이용된다.

43 떡 제조시 작업자의 복장에 대한 설명으로 틀린 것은?

① 지나친 화장을 피하고 인조 속 눈썹을 부착하지 않는다.

② 반지나 귀걸이 등 장신구를 착용하지 않는다.

③ 작업 변경 시마다 위생장갑을 교체할 필요는 없다.

④ 마스크를 착용하도록 한다.

> **해설**
> 일회용 위생장갑은 1회만 사용한다. 같은 작업을 지속하더라도 4시간마다 장갑 교체하며 작업 변경 시마다 위생장갑을 교체한다.

44 위생적이고 안전한 식품 제조를 위해 적합한 기기, 기구 및 용기가 아닌 것은?

① 스테인리스스틸 냄비

② 산성식품에 사용하는 구리를 함유한 그릇

③ 소독과 살균이 가능한 내수성 재질의 작업대

④ 흡수성이 없는 단단한 단풍나무 재목의 도마

> **해설**
> 산성식품에 구리를 함유한 그릇을 사용하면 산성에 의해 구리가 부식된다.

45 오염된 곡물의 섭취를 통해 장애를 일으키는 곰팡이독의 종류가 아닌 것은?

① 황변미독

② 맥각독

③ 아플라톡신

④ 베네루핀

> **해설**
> 베네루핀은 모시조개, 굴, 바지락 등의 동물성 식중독의 독소 물질이다.

46 각 지역의 향토 떡의 연결로 틀린 것은?

① 경기도 - 여주산병, 색떡

② 경상도 - 모싯잎 송편, 만경떡

③ 제주도 - 오메기떡, 빙떡

④ 평안도 - 장떡, 수리취떡

> **해설**
> 평안도의 떡은 다른 지방에 비해 매우 큼직하고 소담하다. 종류로는 장떡, 조개송편, 찰부꾸미, 노티, 송기떡, 골미떡, 꼬장떡 등이 있다. 수리취떡은 전라도의 향토떡이다.

47 약식의 유래를 기록하고 있으며 이를 통해 신라 시대부터 약식을 먹어왔음을 알 수 있는 문헌은?

① 목은집

② 도문대작

③ 삼국사기

④ 삼국유사

> **해설**
> 약식의 유래는 『삼국유사』에 기록되어 있다. 약밥·약반(藥飯)이라고도 한다. 정월 대보름에 먹는 절식의 하나이며 회갑·혼례 등의 큰 잔치에 많이 만들어 먹는다.

48 중양절에 대한 설명으로 틀린 것은?

① 추석에 햇곡식으로 제사를 올리지 못한 집안에서 뒤늦게 천신을 하였다.

② 밤떡과 국화전을 만들어 먹었다.

③ 시인과 묵객들은 야외로 나가 시를 읊거나 풍국놀이를 하였다.

④ 잡과병과 밀단고를 만들어 먹었다.

> **해설**
> 9월 중양절(음력 9월 9일, 중구절)은 양수인 9가 겹치는 날로 햇벼가 나지 않아 추석 때 제사를 지내지 못한 북쪽이나 산간 지방에서 지내던 절일이다. 국화전, 밤떡을 만들어 먹었다.

49 음력 3월 3일에 먹는 시절 떡은?

① 수리취절편

② 약식

③ 느티떡

④ 진달래화전

50 봉치떡에 대한 설명으로 틀린 것은?

① 납폐 의례 절차 중에 차려지는 대표적인 혼례음식으로 함떡이라고도 한다.

② 떡을 2켜로 올리는 것은 부부 한 쌍을 상징하는 것이다.

③ 밤과 대추는 재물이 풍성하기를 기원하는 뜻이 담겨 있다.

④ 찹쌀가루를 쓰는 것은 부부의 금실이 찰떡처럼 화목하게 되라는 뜻이다.

51 약식의 유래와 관계가 없는 것은?

① 백결선생   ② 금갑

③ 까마귀   ④ 소지왕

52 돌상에 차리는 떡의 종류와 의미로 틀린 것은?

① 인절미 – 학문적 성장을 촉구하는 뜻을 담고 있다.

② 수수팥경단 – 아이의 생애에 있어 액을 미리 막아 준다는 의미를 담고 있다.

③ 오색송편 – 우주 만물과 조화를 이루며 살아가라는 의미를 담고 있다.

④ 백설기 – 신성함과 정결함을 뜻하며 순진무구하게 자라라는 기원이 담겨 있다.

53 다음은 떡의 어원에 관한 설명이다. 옳은 내용을 모두 선택한 것은?

> 가) 곤떡은 '색과 모양이 곱다'하여 처음에는 고운 떡으로 불리었다.
> 나) 구름떡은 썬 모양이 구름 모양과 같다 하여 붙여진 이름이다.
> 다) 오쟁이떡은 떡의 모양을 가운데 구멍을 내고 만들어 붙여진 이름이다.
> 라) 빙떡은 떡을 차갑게 식혀 만들어 붙여진 이름이다.
> 마) 해장떡은 '해장국과 함께 먹었다'하여 붙여진 이름이다.

① 가, 나, 마   ② 가, 나, 다

③ 나, 다, 라   ④ 다, 라, 마

54 떡과 관련된 내용을 담고 있는 조선시대에 출간된 서적이 아닌 것은?

① 도문 대작   ② 음식디미방

③ 임원십육지   ④ 이조궁정요리통고

55 아이의 장수복록을 축원하는 의미로 돌상에 올리는 떡으로 틀린 것은?

① 두텁떡 　　　　② 오색송편

③ 수수팥경단 　　④ 백설기

> **해설**
> 첫 돌은 아이가 태어난 지 만 1년이 되는 날로 상차림 떡으로는 백설기, 붉은 차수수경단, 오색송편, 인절미, 무지개떡 등이 있다.

56 삼짇날의 절기떡이 아닌 것은?

① 진달래화전 　　② 향애단

③ 쑥떡 　　　　　④ 유엽병

> **해설**
> 삼짇날은 만물이 활기를 띠고 강남 갔던 제비도 돌아오며 봄의 미각을 음미하는 절기이다. 유엽병은 쌀가루에 느티나무 잎을 넣어서 찐 시루떡으로 석가탄신일인 사월초파일에 만드는 절식이다.

57 통과의례에 대한 설명으로 틀린 것은?

① 사람이 태어나 죽을 때까지 필연적으로 거치게 되는 중요한 의례를 말한다.

② 책례는 어려운 책을 한 권씩 뗄 때마다 이를 축하하고 더욱 학문에 정진하라는 격려의 의미로 행하는 의례이다.

③ 납일은 사람이 살아가는 데 도움을 준 천지만물의 신령에게 음덕을 갚는 의미로 제사를 지내는 날이다.

④ 성년례는 어른으로부터 독립하여 자기의 삶은 자기가 갈무리하라는 책임과 의무를 일깨워 주는 의례이다.

> **해설**
> 납일은 절기로 매년 말 신에게 제사를 지내는 날로 동지로부터 세 번째 미일(未日)을 가리키는 세시풍속이다. 신년과 구년이 교접하는 즈음에 대제를 올려 그 공에 보답하는 것이다.

58 떡의 어원에 대한 설명으로 틀린 것은?

① 차륜병은 수리취절편에 수레바퀴 모양의 문양을 내어 붙여진 이름이다.

② 석탄병은 '맛이 삼키기 안타깝다'는 뜻에서 붙여진 이름이다.

③ 약편은 멥쌀가루에 계피, 천궁, 생강 등 약재를 넣어 붙여진 이름이다.

④ 첨세병은 떡국을 먹음으로써 나이를 하나 더하게 된다는 뜻으로 붙여진 이름이다.

> **해설**
> 약편은 멥쌀가루에 대추고, 소금, 설탕, 막걸리 등을 넣고 대추채 등의 고명을 올린 후 찜기에 쪄서 만드는 떡이다.

59 삼복 중에 먹는 절기 떡으로 틀린 것은?

① 증편 　　　　　② 주악

③ 팥경단 　　　　④ 깨찰편

> **해설**
> 증편, 주악 등 여름에 쉽게 상하지 않는 떡을 먹었다.

60 절기와 절식 떡의 연결이 틀린 것은?

① 정월대보름 – 약식

② 삼짇날 – 진달래화전

③ 단오 – 차륜병

④ 추석 – 삭일송편

> **해설**
> 삭일송편(노비송편)은 새해 농사를 시작하는 데 수고해달라 의미로는 상전이 노비에게 송편을 나이 수(數)대로 대접하였다.

떡제조기능사

실기시험
공개과제

실기 준비물

수험자 유의사항

꼭 알아야 할 기초지식

송편/쇠머리떡

콩설기떡/경단

실기 준비물

✓ 수험자 지참도구

연번	내용	규격	수량	비고
1	스크레이퍼	플라스틱	1개	
2	계량컵		1세트	
3	계량스푼		1세트	
4	기름솔		1개	
5	행주		1개	필요량만큼 준비
6	위생복	흰색 상하의 (흰색 하의는 앞치마로 대체가능)	1벌	• 기관 및 성명 등의 표식이 없을 것 • 흰색하의는 흰색앞치마로 대체 가능하나, 화상 등의 안전사고 방지를 위하여 앞치마 안의 하의가 반바지이거나 짧은 치마 등 부적합한 복장일 경우는 감점처리
7	위생장갑	면	1개	• 면장갑 • 안전 · 화상 방지 용도
8	위생장갑	비닐	5set	• 일회용 비닐 위생장갑 • 니트릴, 라텍스 등 조리용장갑 사용 가능
9	위생모	흰색	1개	• 기관 및 성명 등의 표식이 없을 것 • 흰색 머릿수건으로 대체가능 • 일반 떡제조 시 사용하는 위생모, 머릿수건이 아닌 경우는 감점처리 • 위생모가 아닌 흰색 비니모자, 털모자, 야구모자 등은 감점처리
10	위생화	작업화, 조리화, 운동화 등	1켤레	• 기관 및 성명 등의 표식이 없을 것 • 미끄러짐 및 화상의 위험이 있는 슬리퍼류, 작업에 방해가 되는 굽이 높은 구두(하이힐), 속굽이 있는 운동화 등 떡제조 시 사용 가능한 작업화가 아닌 경우 감점처리
11	칼	조리용	1개	
12	대나무젓가락	40~50cm 정도	1개	
13	나무주걱		1개	
14	뒤집게		1개	
15	면보	30~30cm 정도	1개	
16	가위		1개	
17	키친타올		1롤	
18	체	소	1개	• 경단 건지는 용도 • 직경 20cm 정도의 냄비에 들어갈 수 있는 소형 크기
19	비닐		1	• 재료 전처리 또는 떡을 덮는 용도 등 다용도용으로 필요량만큼 준비
20	저울 ('19.09.26 추가)	조리용	1개	• g단위, 공개문제의 요구사항(재료양)을 참고하여 재료계량에 사용할 수 있는 저울로 준비 • 미지참시 시험장에 구비된 공용 저울 사용 가능

연번	내용	규격	수량	비고
21	체 ('19.11.05 추가)	스테인리스 28cm×6.5cm 중간체	1개	• 재료 전처리 등 다용도 활용 • 공개문제를 참고하여 준비
22	스테인리스볼 ('19.11.05 추가)	대·중·소	각 1개씩	• 대, 중, 소 선택하여 지참 가능(단, 공개문제의 지급재료 양을 감안하여 준비)
23	찜기 ('19.11.05 추가)	대나무 찜기 지름 25cm, 높이 7cm 정도	2조	• 물솥, 시루망 및 시루 일체 포함 • 찜기를 1개만 지참하고 시험시간내 세척하여 사용하는 것도 가능(단, 시험시간의 추가는 없음) • 재질은 대나무찜기이며, 단수(1단, 2단) 및 지름, 높이 등의 크기는 가감 가능(단, 공개문제의 지급재료 양을 감안하여 준비)

✔ 수험자 유의사항

1) 항목별 배점은 [정리정돈 및 개인위생 14점], [과제 A 43점], [과제 B 43점]이며,요구사항 외의 제조 방법 및 채점기준은 비공개입니다.

2) 시험시간은 재료 전처리 및 계량시간, 정리정돈 등 모든 작업과정이 포함된 시간입니다.

3) 위생복장도 채점 대상이며, 위생복장이 적합하지 않을 경우 감점처리 됩니다.

4) 모든 작업과정이 채점대상이므로, 전 과정 위생수칙을 준수합니다.

5) 의문 사항은 감독위원에게 손을 들어 문의하고 그 지시에 따릅니다.

6) 안전사고가 없도록 유의하며 제품의 위생과 수험자의 안전을 위하여 위생 및 안전기준에 적합하지 않을 경우, 득점상의 불이익이 발생하거나 아래 기준에 의거 실격처리 될 수 있습니다.

7) 다음 사항에 대해서는 채점 대상에서 제외하니 특히 유의하시기 바랍니다.

    가) 기권

        (1) 수험자 본인이 수험 도중 시험에 대한 포기 의사를 표시하는 경우

    나) 실격

        (1) 상품성이 없을 정도로 타거나 익지 않은 경우

        (2) 수량, 모양, 제조방법(찌기를 삶기로 하는 등)을 준수하지 않았을 경우

        (3) 지급된 재료 이외의 재료를 사용한 경우(해당 과제 외 다른 과제에 필요한 재료를 사용한 경우도 포함)

        (4) 시험 중 시설·장비의 조작 또는 재료의 취급이 미숙하여 위해를 일으킬 것으로 감독위원 전원이 합의하여 판단한 경우

    다) 미완성

        (1) 시험시간 내에 제품 제출대에 작품 모두를 제출하지 못한 경우

쌀가루를 다루는 요령

① 쌀 불리기는 깨끗이 세척 후 멥쌀은 6~8시간, 현미는 10시간, 찹쌀은 5시간 정도로 해준다.

② 겨울철도 실내 온도가 20도 이상이면 같은 시간 불려주고 베란다 등의 실외서 불릴 경우 3~5시간 정도 시간을 늘려서 불려준다.

③ 쌀가루는 소분해서 냉동실에 저장하며 해동할 경우 냉장고에서 12시간 정도 실온에서 해동할 경우는 2~3시간 정도 후 사용한다.

④ 건식 쌀가루를 사용하여 설기떡을 만들 경우 쌀가루의 30% 정도 수분을 주고 체에 내려준 다음 1시간 정도 휴지시켜 습식 쌀가루 상태를 만들어 주고 물주기를 다시 하며 수분을 잡고 체에 내려 떡 만들기를 한다.

⑤ 찹쌀가루의 수분주기는 찌는 찰떡일 경우 가루양의 3~5% 정도의 수분을 주고 단자류는 10~15% 정도, 경단류는 20%~25% 정도 해주면 된다.

✓ 도구의 사용

찜기

사용 전 물에 한 번 적셔 사용하고 대나무 찜기의 경우는 좀 더 흠뻑 적셔 사용해야 대나무 찜기가 쌀가루의 수분을 흡수해 떡의 수분이 부족해지는 현상을 막아줄 수 있다. 찔 때는 물을 반 정도 채워 준다. 물의 양이 적으면 증기의 양이 적어 더디 쪄지는 원인이 되며 수분이 많으면 떡의 밑면이 지나치게 질척해질 수 있다.

스크래퍼

① 윗면을 고를 때는 비스듬하게 사선으로 잡고 다듬어 준다.
② 절편을 자를 때는 직각으로 바르게 세워 일자 면으로 잘라 준다.

✓ 떡 만들기의 기본 상식

① 설기떡 제조 시 설탕은 찌기 직전 마지막에 넣고 빠르게 앉힌다. 설탕을 넣고 지체하면 설탕이 수분을 흡수해 거친 질감이 될 수 있고 수분을 흡수한 쌀가루 입자들이 무거워져 층이 낮아지고 질긴 식감을 줄 수 있다.

② 면보를 깔고 찰떡을 찔 경우 반드시 면보를 적신 후 사용하며 쌀가루 넣기 직전 설탕을 먼저 솔솔 뿌려 주면 쪄낸 후 면보에서 떡을 깨끗하게 분리할 수 있다.

③ 찜기에 쌀가루를 넣을 때는 찜기의 가장자리부터 채워주고 중간중간 평평하게 골라 주면서 넣어야 완성되었을 때 고른 질감을 주고 일정한 두께의 모양을 유지할 수 있다.

거피팥고물

1. 거피팥을 여러 번 헹궈 깨끗하게 씻어 불려 놓은 후 남아있는 껍질을 벗겨 놓는다.

2. 찜통에 마른 면보를 깔고 30분 정도 푹 무르게 찐다.

3. 큰 그릇에 쏟아 소금을 넣고 절구공이로 빻는다.

4. 어레미나 중간체로 내리고 질면 팬에 볶아 수분을 날린다.

녹두고물

1. 녹두를 깨끗하게 씻은 후 2~3시간 이상 물에 불린다. 불린 녹두는 껍질을 완전히 제거한 후 체에 밭쳐 물기를 빼준다.

2. 마른 면보를 깔고 찜기에 푹 무르게 쪄준다.

3. 큰 그릇에 쏟아 소금을 넣고 절굿공이로 빻아준다.

4. 어레미나 중간체로 내리고 질면 팬에 볶아 수분을 날린다.

고물류 만들기

붉은팥고물

1. 적팥을 깨끗하게 씻어 일어 물을 넉넉히 붓고 끓어오르면 버리고 팥의 5배 정도 물 붓고 삶는다.

2. 푹 삶아 지면 남은 물은 따라버린다.

3. 타지 않게 약 불에서 뜸 들인다.

4. 큰 볼에 쏟고 소금을 넣고 찧는다.

1. 검정깨는 불리지 않고 씻어
일어 바로 볶는다.

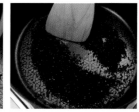

2. 소금 간하여 분쇄기에 분
쇄한다.

01
송편

멥쌀가루에 수분을 주어 반죽하여 소를 넣어 만든 떡이다.
반죽 시 잘 치대어 피의 쫀득한 식감을 살리면 더욱 맛있는 떡을 맛볼 수 있다.

재료 및 요구 사항

재료 멥쌀가루(멥쌀을 5시간 정도 불려 빻은 것), 소금(정제염), 물, 서리태(하룻밤 불린 서리태, 겨울 10시간, 여름 6시간 이상), 참기름

재료 배합표

재료명	비율(%)	무게(g)
멥쌀가루	100	200
소금	1	2
물	–	적정량
불린 서리태	35	70
참기름	–	적정량

요구사항

1) 떡 제조 시 물의 양은 적정량으로 혼합하여 제조하시오(단, 쌀가루는 물에 불려 소금간 하지 않고 2회 빻은 쌀가루이다).
2) 불린 서리태는 삶아서 송편소로 사용하시오.
3) 떡반죽과 송편소는 4:1~3:1 정도의 비율로 제조하시오(송편소가 1/4~1/3 정도 포함되어야 함).
4) 쌀가루는 익반죽하시오.
5) 송편은 완성된 상태가 길이 5cm, 높이 3cm 정도의 반달모양(△)이 되도록 오므려 집어 송편 모양을 만들고, 12개 이상으로 제조하여 전량 제출하시오.
6) 송편을 찜기에 쪄서 참기름을 발라 제출하시오.

Q&A로 알아보는 합격 포인트

• 서리태는 얼마나 삶으면 되나요?
  소에 쓰이는 콩은 너무 오래 삶지 않아요. 포근할 정도로만 삶아주세요.

• 같은 크기로 만드는 요령이 있나요?
  균일한 크기를 위해 반죽을 먼저 분할하고 성형하면 일정한 크기의 송편을 만들 수 있습니다. 콩도 총 무게를 미리 재고 송편 한 개에 들어갈 양을 가늠해 놓으면 좋아요.

수험자 요구사항

※ 수험자에게 공개문제가 사전에 공지되었으므로 수험자가 적합한 찜기를 지참하여야 하며, 전량 제조가 원칙입니다. 요구사항의 수량을 준수하여야 하며, 떡반죽(쌀가루 포함)이나 부재료를 지나치게 많이 남기거나 전량을 제출하지 않는 경우는 제품평가 전항목을 0점 처리합니다. 단, 찜기의 용량을 초과하여 반죽을 남기는 경우는 제외하며, 용량 초과로 떡반죽(쌀가루 포함) 및 부재료를 남기는 경우는 찜기에 반죽을 넣은 후 손을 들어 남은 떡반죽과 재료에 대해서 감독위원에게 확인을 받도록 합니다.
※ 종이컵, 호일, 랩, 종이호일, 1회용행주 등 일반적인 조리용 도구는 사용이 가능합니다. 자, 눈금칼, 몰드, 틀 등과 같이 기능 평가에 영향을 미치는 도구는 사용을 금합니다. 시험시간 안내는 감독위원의 지시 및 안내에 따르며, 타이머, 전자시계, 핸드폰은 사용금지입니다. 반지나 시계 등은 이물 및 교차오염이 발생할 수 있으므로, 착용을 금지하며, 매니큐어 등도 감점의 대상이 됩니다.
※ 제조가 완료되면 그릇에 담아 작품 제출대에 제출하고 작업대 정리정돈을 합니다.

만드는 방법

1_서리태 삶기

서리태는 5시간 정도 불린 후 건져서 소금을 조금 넣고 삶아서 건져 물기를 빼고 사용한다.

2_익반죽 하기

멥쌀가루에 고운 소금을 넣고 끓는 물을 부어 익반죽한다. 물은 쌀가루의 수분 상태에 따라 가감한다.

3_모양 만들기

잘 치댄 반죽은 12개로 나누어 위생 팩이나 젖은 면보로 덮어놓고 하나씩 소를 넣고 둥글려 주고 양쪽 모서리를 잡아 연결해 반달 모양의 송편을 빚는다.
(송편 모양은 길이 5cm, 높이 3cm로 성형)

tips

송편 반죽은 충분히 치댄 후 성형해요.

4_찌기

찜기에 김이 오르면 빚은 송편을 넣고 20분간 찐 뒤 가볍게 찬물로 헹구고 마무리에 기름을 발라 완성한다.

tips

찬물에 헹구고 한 김 나간 후에 기름을 바르는 게 좋아요.

5_완성하기

완성된 송편은 그릇에 담아 전량 제출한다.

 서리태 삶기　　　 익반죽하기　　　 모양 만들기　　　 찌기　　　5 완성하기

찰떡류

02
쇠머리떡

2020년
실기 공개과제

송편 /
쇠머리떡

찹쌀가루에 서리태, 밤, 대추. 호박고지 등의 부재료가 어우러져 고른 영양과 맛을 주는 떡으로
부재료의 배합을 고르게 하여 맛의 균형을 맞추어 주면 더 좋다.

재료 및 요구 사항

재료

찹쌀가루(찹쌀을 5시간 정도 불려 빻은 것), 설탕(정백당), 서리태(하룻밤 불린 서리태, 겨울 10시간, 여름 6시간 이상, 대추 5개, 밤(겉껍질, 속껍질 제거, 마른 호박고지(늙은 호박을 썰어서 말린 것), 소금(정제염), 식용유

재료 배합표

재료명	비율(%)	무게(g)
찹쌀가루	100	500
설탕	10	50
소금	1	5
물	–	적정량
불린 서리태	20	100
깐밤	–	5(개)
대추	–	5(개)
마른 호박고지	–	20
식용유	–	적정량

요구사항

1) 떡 제조 시 물의 양은 적정량으로 혼합하여 제조하시오(단, 쌀가루는 물에 불려 소금간을 하지 않고 2회 빻은 쌀가루이다).
2) 불린 서리태를 삶거나 쪄서 사용하시오.
3) 서리태의 1/2 정도는 바닥에 골고루 펴 넣으시오.
4) 서리태의 나머지 1/2 정도는 멥쌀가루와 골고루 혼합하여 찜기에 안치시오.
5) 찜기에 안친 쌀가루 반죽을 물솥에 얹어 찌시오.
6) 서리태를 바닥에 골고루 펴 넣은 면이 위로 오도록 그릇에 담고, 썰지 않은 상태로 전량 제출하시오.

Q&A로 알아보는 합격 포인트

• 콩은 찌거나 삶으라는데, 어느 게 좋은가요?
  시간 절약을 위해서는 콩은 찌는 것보다 삶는 것이 좋아요.

• 콩은 찬물에서부터 삶나요?
  삶을 때는 콩을 찬물에 넣지 말고 반드시 물이 팔팔 끓을 때 넣어요. 이때 소금을 한 작은술 넣으면 콩이 빨리 익어요.

• 설탕은 언제 넣나요?
  설탕은 찜기에 안치기 직전에 넣어요. 미리 넣으면 설탕이 수분을 흡수해서 떡의 입자가 고르지 않고 층도 얇아져요.

수험자 요구사항

※ 수험자에게 공개문제가 사전에 공지되었으므로 수험자가 적합한 찜기를 지참하여야 하며, 전량 제조가 원칙입니다. 요구사항의 수량을 준수하여야 하며, 떡반죽(쌀가루 포함)이나 부재료를 지나치게 많이 남기거나 전량을 제출하지 않는 경우는 제품평가 전항목을 0점 처리합니다. 단, 찜기의 용량을 초과하여 반죽을 남기는 경우는 제외하며, 용량 초과로 떡반죽(쌀가루 포함) 및 부재료를 남기는 경우는 찜기에 반죽을 넣은 후 손을 들어 남은 떡반죽과 재료에 대해서 감독위원에게 확인을 받도록 합니다.

※ 종이컵, 호일, 랩, 종이호일, 1회용행주 등 일반적인 조리용 도구는 사용이 가능합니다. 자, 눈금칼, 몰드, 틀 등과 같이 기능 평가에 영향을 미치는 도구는 사용을 금합니다. 시험시간 안내는 감독위원의 지시 및 안내에 따르며, 타이머, 전자시계, 핸드폰은 사용금지입니다. 반지나 시계 등은 이물 및 교차오염이 발생할 수 있으므로, 착용을 금지하며, 매니큐어 등도 감점의 대상이 됩니다.

※ 제조가 완료되면 그릇에 담아 작품 제출대에 제출하고 작업대 정리정돈을 합니다.

1_속재료 준비하기

서리태는 깨끗이 씻어 5시간 불려 준비한 다음, 삶거나 쪄서 사용한다. 밤은 껍질을 제거한 뒤 5~6등분 하고, 대추는 씨를 제거하고 5등분 한다. 호박고지는 따스한 물에 10분 정도 불린 후 물기를 제거하고 3~4cm 정도로 잘라준다. 속재료에 제공된 분량의 설탕 중 한 스푼 정도 덜어 골고루 뿌려 준다.

2_재료 섞기

찹쌀가루에 소금을 넣고 물주기를 한
다음 설탕과 속재료들을 함께 섞어 준다.
이때 속재료 중 일부는 조금씩 남겨둔다.

3_안치기

찜기에 젖은 면보를 깔고 설탕을 골고루 가볍게 뿌려 준 후 남겨둔 속재료를 먼저 깔아 주고 그 위에 속재료들과 섞은 찹쌀
가루를 손으로 쥐어 듬성듬성 안쳐준다.

4_찌기

물솥에 김이 오르면 찜기를 올려 30분
간 쪄준다.

5_모양내기

잘 쪄진 쇠머리떡은 식용유를 바른 비닐
에 쏟아 사방 15×15cm 정도의 사각형
모양으로 만든다.

 tips

떡을 찐 후 성형할 때 처음 모양을 잡는 것이
중요하다. 굳어진 후에는 모양이 잘 잡히지
않는다.

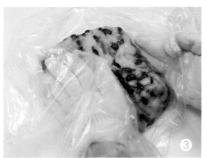

6_완성하기

완성된 쇠머리떡은 자르지 말고 전량 제출한다.

①	②	③	④	⑤	⑥
속재료 준비하기	재료 섞기	안치기	찌기	모양내기	완성하기

03

콩설기떡

멥쌀가루에 부재료인 서리태를 넣어 찐 떡으로 쌀가루에 너무 무르지 않은 콩을 넣어
식감을 살리고 콩의 고소한 맛을 느끼는 떡이다.

재료 및 요구 사항

재료 멥쌀가루(멥쌀을 5시간 정도 불려 빻은 것), 설탕(정백당), 물, 소금(정제염), 서리태(하룻밤 불린 서리태, 겨울 10시간, 여름 6시간 이상)

재료 배합표

재료명	비율(%)	무게(g)
멥쌀가루	100	700
설탕	10	70
소금	1	7
물	–	적정량
불린 서리태	–	160

요구사항

1) 떡 제조 시 물의 양은 적정량으로 혼합하여 제조하시오(단, 쌀가루는 물에 불려 소금간을 하지 않고 2회 빻은 쌀가루이다).
2) 불린 서리태를 삶거나 쪄서 사용하시오.
3) 서리태의 1/2 정도는 바닥에 골고루 펴 넣으시오.
4) 서리태의 나머지 1/2 정도는 멥쌀가루와 골고루 혼합하여 찜기에 안치시오.
5) 찜기에 안친 쌀가루 반죽을 물솥에 얹어 찌시오.
6) 서리태를 바닥에 골고루 펴 넣은 면이 위로 오도록 그릇에 담고, 썰지 않은 상태로 전량 제출하시오.

Q&A로 알아보는 합격 포인트

• **콩은 찌거나 삶으라는데, 어느 게 좋은가요?**
  시간 절약을 위해서는 콩은 찌는 것보다 삶는 것이 좋아요.

• **콩은 찬물에서부터 삶나요?**
  삶을 때는 콩을 찬물에 넣지 말고 반드시 물이 팔팔 끓을 때 넣어요. 이때 소금을 한 작은술 넣으면 콩이 빨리 익어요.

• **설탕은 언제 넣나요?**
  설탕은 찜기에 안치기 직전에 넣어요. 미리 넣으면 설탕이 수분을 흡수해서 떡의 입자가 고르지 않고 층도 얇아져요.

수험자 요구사항

※ 수험자에게 공개문제가 사전에 공지되었으므로 수험자가 적합한 찜기를 지참하여야하며, 전량 제조가 원칙입니다. 요구사항의 수량을 준수하여야 하며, 떡반죽(쌀가루 포함)이나 부재료를 지나치게 많이 남기거나 전량을 제출하지 않는 경우는 제품평가 전항목을 0점 처리합니다. 단, 찜기의 용량을 초과하여 반죽을 남기는 경우는 제외하며, 용량 초과로 떡반죽(쌀가루 포함) 및 부재료를 남기는 경우는 찜기에 반죽을 넣은 후 손을 들어 남은 떡반죽과 재료에 대해서 감독위원에게 확인을 받도록 합니다.

※ 종이컵, 호일, 랩, 종이호일, 1회용행주 등 일반적인 조리용 도구는 사용이 가능합니다. 자, 눈금칼, 몰드, 틀 등과 같이 기능 평가에 영향을 미치는 도구는 사용을 금합니다. 시험시간 안내는 감독위원의 지시 및 안내에 따르며, 타이머, 전자시계, 핸드폰은 사용금지입니다. 반지나 시계 등은 이물 및 교차오염이 발생할 수 있으므로, 착용을 금지하며, 매니큐어 등도 감점의 대상이 됩니다.

※ 제조가 완료되면 그릇에 담아 작품 제출대에 제출하고 작업대 정리정돈을 합니다.

1_재료 손질하기

서리태는 5시간 이상 불린다. 불린 서리
태는 냄비에 콩이 잠길 만큼의 물을 붓
고, 물이 팔팔 끓으면 소금을 넣고 냄비
뚜껑을 열고 가볍게 삶아 건져둔다.

tips

뚜껑을 열고 삶아야 물이 넘치지
않아요.

2_수분 주기

쌀가루는 소금을 넣고 수분을 잡은 다
음 손으로 잘 비벼 중간체에 2회 내려
준다.
수분 주기는 쌀가루의 수분 상태에 따
라 가감될 수 있다.

tips

물의 양은 체에 내린 쌀가루를 살짝 주먹
쥐어 놓고 흔들어 보았을 때 덩어리가 깨지지
않을 정도면 됩니다.

3_안치기

찜기에 시루밑을 깔아 주고 체에 내린 쌀가루에 설탕을 섞어준 후 콩은 절반은 바닥에 깔고 절반은 쌀가루에 섞어 찜기에 넣고 윗면을 고르고 평평하게 다듬어 준다.

4_찌기

물이 끓어 김이 오르면 찜기를 올려 뚜껑을 덮고 20분간 찐 후, 불을 끄고 뚜껑을 열지 않은 채 5분간 뜸을 들여 완성한다.

tips

설탕은 찜기에 안치기 직전에 넣으세요. 미리 넣으면 설탕이 수분을 흡수해 떡의 입자가 고르지 않고 층이 얇아집니다.

5_완성하기

완성된 작품은 그릇에 담아 전량 제출한다.

 재료 손질하기

 수분 주기

 안치기

 찌기

5 **완성하기**

경단류

04
경단

찹쌀가루에 수분을 주어 동그랗게 빚어 삶아내어 콩가루 고물을 묻혀내는 떡으로 속까지 잘익히되
너무 퍼지지 않게 쫄깃한 식감을 느끼는 떡입니다.

재료 및 요구 사항

재료 찹쌀가루(찹쌀을 5시간 정도 불려 빻은 것), 소금(정제염), 물, 콩가루(볶은 콩가루)

재료 배합표

재료명	비율(%)	무게(g)
찹쌀가루	100	200
소금	1	2
물	–	적정량
볶은 콩가루	–	50

유의사항

1) 떡 제조 시 물의 양을 적정량으로 혼합하여 반죽을 하시오(단, 쌀가루는 물에 불려 소금간 하지 않고 1회 빻은 쌀가루이다).
2) 찹쌀가루는 익반죽하시오.
3) 반죽은 직경 2.5~3cm 정도의 일정한 크기로 20개 이상 만드시오.
4) 경단은 삶은 후 고물로 콩가루를 묻히시오.
5) 완성된 경단은 전량 제출하시오.

Q&A로 알아보는 합격 포인트

• 경단은 어느 시점에 물에 넣어 삶고 꺼내나요?
  경단을 삶을 때는 물이 끓을 때 넣어요. 경단 전체가 다 떠오르고 표면이 말간 빛을 띠면 찬물을 한 컵 부어 주시고 다시 떠오를 때까지 두었다 건지면 속까지 잘 익어요.

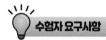 **수험자 요구사항**

※ 수험자에게 공개문제가 사전에 공지되었으므로 수험자가 적합한 찜기를 지참하여야 하며, 전량 제조가 원칙입니다. 요구사항의 수량을 준수하여야 하며, 떡반죽(쌀가루 포함)이나 부재료를 지나치게 많이 남기거나 전량을 제출하지 않는 경우는 제품평가 전항목을 0점 처리합니다. 단, 찜기의 용량을 초과하여 반죽을 남기는 경우는 제외하며, 용량 초과로 떡반죽(쌀가루 포함) 및 부재료를 남기는 경우는 찜기에 반죽을 넣은 후 손을 들어 남은 떡반죽과 재료에 대해서 감독위원에게 확인을 받도록 합니다.
※ 종이컵, 호일, 랩, 종이호일, 1회용행주 등 일반적인 조리용 도구는 사용이 가능합니다. 자, 눈금칼, 몰드, 틀 등과 같이 기능 평가에 영향을 미치는 도구는 사용을 금합니다. 시험시간 안내는 감독위원의 지시 및 안내에 따르며, 타이머, 전자시계, 핸드폰은 사용금지입니다. 반지나 시계 등은 이물 및 교차오염이 발생할 수 있으므로, 착용을 금지하며, 매니큐어 등도 감점의 대상이 됩니다.
※ 제조가 완료되면 그릇에 담아 작품 제출대에 제출하고 작업대 정리정돈을 합니다.

1_반죽하기

찹쌀가루는 소금과 뜨거운 물을 넣고 익반죽한 다음, 전체 양을 20등분 하여 반죽 지름이 2.5~3cm 되게 둥글게 빚는다.

2_끓이기

물이 끓으면, 빚어 놓은 경단을 넣고 전체가 다 떠오르면 잠시 더 익힌 후 건져 찬물에 담근 다음 건져 체에 밭쳐 물기를 빼준다.

tips

반드시 물이 팔팔 끓을 때 빚은 떡 반죽을 넣는다. 끓기 전 미리 넣으면 반죽이 익기 전 풀어질 수 있다.

3_모양 만들기

삶아 낸 경단은 콩가루를 묻혀 접시에 가지런히 담는다.

4_완성하기

완성된 경단은 그릇에 담아 전량 제출한다.

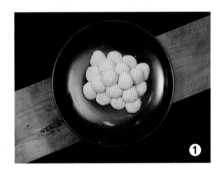

❶

05

무지개떡(삼색)

무지개떡은 색떡이라고도 하며, 쌀가루를 원하는 색의 수대로 나누어
각각에 색을 들여서 고물없이 시루에 찐 떡이다. 아이 돌잔치나 집안 식구의 생일에 내곤 한다.

재료 및 요구 사항

재료 멥쌀가루(멥쌀을 5시간 정도 불려 빻은 것), 설탕(정백당), 소금(정제염), 치자(말린 것), 쑥가루(말려 빻은 것), 대추(중, 마른 것), 잣(약 20개 정도, 속껍질 벗긴 통잣)

재료 배합표

재료명	비율(%)	무게(g)
멥쌀가루	100	750
설탕	10	75
소금	1	8
물	–	적당량
치자	–	1(개)
쑥가루	–	3
대추	–	3(개)
잣	–	2

요구사항

1) 떡 제조 시 물의 양은 적정량으로 혼합하여 제조하시오.
   (단 쌀가루는 물에 불려 소금 간 하지 않고 빻은 멥쌀가루이다)
2) 삼색의 구분이 뚜렷하고 두께가 같도록 떡을 안치고 8등분으로 칼금을 넣으시오.
3) 대추와 잣을 흰 쌀가루에 고명으로 올려 찌시오.
   (잣은 반으로 쪼개어 비늘잣으로 만들어 사용하시오)

〈삼색 구분, 두께 균등〉

〈8등분 칼금〉

4) 고명이 위로 올라오게 담아 전량 제출하시오.

Q&A로 알아보는 합격 포인트

• 쌀가루를 체에 내릴 때 순서가 정해져 있나요?
  쌀가루만 있는 것, 치자색 쌀가루, 쑥 가루 첨가 쌀가루 순으로 체에 내려야 색이 섞이지 않고 깔끔하게 만들 수 있어요.

• 주의해야 할 사항이 있나요?
  세 층의 켜가 고르도록 완성해야 해요. 칼집 넣은 부분을 보았을 때도 켜 높이가 일정해야 하므로 색색이 높이를 맞추는 것이 중요합니다.

수험자 요구사항

※ 수험자에게 공개문제가 사전에 공지되었으므로 수험자가 적합한 찜기를 지참하여야하며, 전량 제조가 원칙입니다. 요구사항의 수량을 준수하여야 하며, 떡반죽(쌀가루 포함)이나 부재료를 지나치게 많이 남기거나 전량을 제출하지 않는 경우는 제품평가 전항목을 0점 처리합니다. 단, 찜기의 용량을 초과하여 반죽을 남기는 경우는 제외하며, 용량 초과로 떡반죽(쌀가루 포함) 및 부재료를 남기는 경우는 찜기에 반죽을 넣은 후 손을 들어 남은 떡반죽과 재료에 대해서 감독위원에게 확인을 받도록 합니다.

※ 종이컵, 호일, 랩, 종이호일, 1회용행주 등 일반적인 조리용 도구는 사용이 가능합니다. 자, 눈금칼, 몰드, 틀 등과 같이 기능 평가에 영향을 미치는 도구는 사용을 금합니다. 시험시간 안내는 감독위원의 지시 및 안내에 따르며, 타이머, 전자시계, 핸드폰은 사용금지입니다. 반지나 시계 등은 이물 및 교차오염이 발생할 수 있으므로, 착용을 금지하며, 매니큐어 등도 감점의 대상이 됩니다.

※ 제조가 완료되면 그릇에 담아 작품 제출대에 제출하고 작업대 정리정돈을 합니다.

만드는 방법

1_부재료 손질하기

대추는 돌려 깎기를 한 후 세로로 길게 채 치듯 썰거나 돌돌 말아 꽃잎 모양이 나오게 썰어두고, 잣은 얇은 칼날을 사용하여 세로로 반 갈라서 비늘 잣을 만들어 둔다. 치자는 반 갈라서 미지근한 물 100g에 미리 담가 우려 둔다.

2_수분 주기

쌀가루에 소금을 넣고 같은 양으로 3등분 하여 쌀가루 ①에는 쑥 가루를 넣고 수분 주기를 하고 쌀가루 ②는 치자 우린 물로 수분 주기를 한다. 쌀가루 ③은 색 없이 그냥 수분 주기를 하여 쌀가루만 있는 것, 치자색 쌀가루, 쑥 가루 첨가 쌀가루 순으로 체에 2번 내려 둔다.

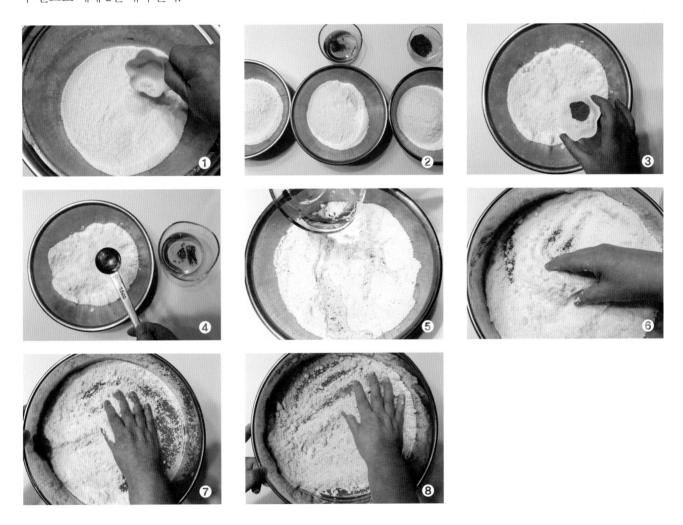

3_안치기

체 친 각각의 쌀가루에 설탕을 넣어 섞어 준 다음 찜기에 시루 밑을 깐다. 먼저 쑥 가루 첨가 쌀가루를 넣고 윗면을 편평히 고르고, 다시 치자색 쌀가루, 흰색 쌀가루 순으로 넣고 윗면을 고르게 해준 다음, 8등분으로 칼금을 넣어 각각의 조각 위에 대추와 비늘 잣으로 모양을 올려 준다.

4_찌기

물솥에 물이 끓어 김이 오르면 찜기를
올려 25분간 찌고 불을 끈 후 뚜껑을
열지 않고 5분 정도 뜸들인다.

5_완성하기

쪄진 무지개떡을 찜기에 뒤지개 판을
올린 후 뒤집어 주고 시루 밑을 떼어
내어 그것을 다시 한 번 뒤집어 완성
접시에 담아 준다. 완성된 떡은 전량
제출한다.

tips

세 층의 켜가 고르게 완성한다. 칼집 넣은 부분을 보았을 때도 켜 높이가 일정해야 하므로
색색이 높이를 맞추는 것이 중요하다.

06

부꾸미

부꾸미는 수수나 찹쌀의 가루를 반죽하여 소를 넣어 반을 접어 지지는 떡으로
흰색으로 하기도 하지만 반죽에 색을 넣고 고명을 얹어 웃기떡으로 쓰이기도 한다.

재료 및 요구 사항

재료 찹쌀가루(찹쌀을 5시간 정도 불려 빻은 것), 설탕(정백당), 소금(정제염), 팥앙금(고운적팥앙금), 대추(중, 마른 것), 쑥갓, 식용유

재료 배합표

재료명	비율(%)	무게(g)
찹쌀가루	100	200
설탕	15	30
소금	1	2
물	–	적당량
팥앙금	–	100
대추	–	3(개)
쑥갓	–	20
식용유	–	20ml

요구사항

1) 떡 제조 시 물의 양을 적정량으로 혼합하여 반죽을 하시오
   (단 쌀가루는 물에 불려 소금 간 하지 않고 1회 빻은 찹쌀가루이다)
2) 찹쌀가루는 익반죽 하시오.
3) 떡 반죽은 직경 6cm로 지져 팥앙금을 소로 넣어 반으로 접으시오(△).
4) 대추와 쑥갓을 고명으로 사용하고 설탕을 뿌린 접시에 부꾸미를 담으시오.
5) 부꾸미는 12개 이상으로 제조하여 전량 제출하시오.

Q&A로 알아보는 합격 포인트

• 시간이 없을 경우 센 불에서 익혀도 될까요?

안 됩니다. 반죽을 익힐 때 불조절이 아주 약하게 세심한 주의가 요구되며 반죽의 면이 눌지 않게 주의하고 또한, 고명을 얹은 후에는 뜨거운 불기가 닿지 않게 하여야 색감을 유지할 수 있습니다.

수험자 요구사항

※ 수험자에게 공개문제가 사전에 공지되었으므로 수험자가 적합한 찜기를 지참하여야 하며, 전량 제조가 원칙입니다. 요구사항의 수량을 준수하여야 하며, 떡반죽(쌀가루 포함)이나 부재료를 지나치게 많이 남기거나 전량을 제출하지 않는 경우는 제품평가 전항목을 0점 처리합니다. 단, 찜기의 용량을 초과하여 반죽을 남기는 경우는 제외하며, 용량 초과로 떡반죽(쌀가루 포함) 및 부재료를 남기는 경우는 찜기에 반죽을 넣은 후 손을 들어 남은 떡반죽과 재료에 대해서 감독위원에게 확인을 받도록 합니다.

※ 종이컵, 호일, 랩, 종이호일, 1회용행주 등 일반적인 조리용 도구는 사용이 가능합니다. 자, 눈금칼, 몰드, 틀 등과 같이 기능 평가에 영향을 미치는 도구는 사용을 금합니다. 시험시간 안내는 감독위원의 지시 및 안내에 따르며, 타이머, 전자시계, 핸드폰은 사용금지입니다. 반지나 시계 등은 이물 및 교차오염이 발생할 수 있으므로, 착용을 금지하며, 매니큐어 등도 감점의 대상이 됩니다.

※ 제조가 완료되면 그릇에 담아 작품 제출대에 제출하고 작업대 정리정돈을 합니다.

1_ 재료 손질하기

대추는 씨를 빼서 돌려 깎기를 하고 돌돌 말아서 꽃 모양이 나오도록 얇게 썰어 준다. 쑥갓은 시들 수 있으므로 세척 후 찬물에 담가 놓고, 사용 전 작은 잎을 떼어 물기를 닦아 사용하고, 팥 앙금은 12개로 나누어 둥글려 준다.

2_ 수분 주기

찹쌀가루에 소금을 넣고 뜨거운 물로 부드럽게 한 덩어리가 되도록 익반죽한다.

 tips

찹쌀가루는 수분 주기를 하기 전, 찹쌀가루에 거친 덩어리가 보이면 한 번 정도는 체에 쳐주어도 된다. 단, 2번은 안 된다.

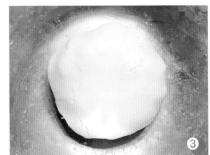

3_성형하기

반죽을 둥근 기둥 모양으로 만들어 일정한 크기로 잘라시 둥글린 후 납작하게 눌러 둥근 타원형의 모양으로 12개 성형해 준다.

4_지지기

팬에 기름을 넣고 달구어 불을 아주 약불로 놓고 투명한 색이 돌 때 뒤집어주고 팥앙금 소를 넣고 반으로 접어 익히고 고명을 올려 지져낸다.

5_완성하기

완성된 부꾸미를 접시에 설탕을 먼저 뿌리고 위에 가지런히 담는다. 완성된 부꾸미는 전량 제출한다.

 재료
손질하기
 수분 주기
 성형하기
 지지기
⑤ 완성하기

백편

백편은 단독으로 쓰이지는 않으나 혼례나 회갑연 등 경사스러운 잔치에 쓰이는 고급 떡으로
밤채, 대추채, 석이채, 비늘잣을 만들어 고명으로 올려 만드는 경기, 서울 지방의 떡이다.

재료 및 요구 사항

재료 멥쌀가루, 설탕, 소금, 물, 밤(깐 것), 대추, 잣

재료 배합표

재료명	비율(%)	무게(g)
멥쌀가루	100	500
설탕	10	50
소금	1	5
물	–	적정량
깐 밤	–	3(개)
대추	–	5(개)
잣	–	2

요구사항

1) 떡 제조 시 물의 양은 적정량으로 혼합하여 제조하시오.
   (단 쌀가루는 물에 불려 소금 간 하지 않고 빻은 멥쌀 가루이다)
2) 밤, 대추는 곱게 채 썰어 사용하고 잣은 반으로 쪼개어 비늘 잣으로 만들어 사용하시오.
3) 쌀가루를 찜 기에 안치고 윗면에만 밤, 대추, 잣을 고물로 올려 찌시오.
4) 고물을 올린 면이 위로 오도록 그릇에 담고 썰지 않은 상태로 전량 제출 하시오.

Q&A로 알아보는 합격 포인트

• 어떻게 하면 고명을 예쁘게 올릴 수 있을까요?
   부재료를 손질할 때 채는 균일하게 곱게 채 썰고 윗면에 올릴 때도 색의 배합을 고려해 골고루 올려주면 됩니다.

• 찌고 난 후에 쟁반에 낼 때 고명관리는 어떻게 하나요?
   백편은 고물이 윗쪽에만 올라가기 때문에 뒤집을 때 뒤지개 판을 올려 꺼낸 다음 다시 한번 뒤집어 고물 뿌린 쪽이 위로 가게끔 하여 제출해야 합니다.

💡 **수험자 요구사항**

※ 수험자에게 공개문제가 사전에 공지되었으므로 수험자가 적합한 찜기를 지참하여야하며, 전량 제조가 원칙입니다. 요구사항의 수량을 준수하여야 하며, 떡반죽(쌀가루 포함)이나 부재료를 지나치게 많이 남기거나 전량을 제출하지 않는 경우는 제품평가 전항목을 0점 처리합니다. 단, 찜기의 용량을 초과하여 반죽을 남기는 경우는 제외하며, 용량 초과로 떡반죽(쌀가루 포함) 및 부재료를 남기는 경우는 찜기에 반죽을 넣은 후 손을 들어 남은 떡반죽과 재료에 대해서 감독위원에게 확인을 받도록 합니다.
※ 종이컵, 호일, 랩, 종이호일, 1회용행주 등 일반적인 조리용 도구는 사용이 가능합니다. 자, 눈금칼, 몰드, 틀 등과 같이 기능 평가에 영향을 미치는 도구는 사용을 금합니다. 시험시간 안내는 감독위원의 지시 및 안내에 따르며, 타이머, 전자시계, 핸드폰은 사용금지입니다. 반지나 시계 등은 이물 및 교차오염이 발생할 수 있으므로, 착용을 금지하며, 매니큐어 등도 감점의 대상이 됩니다.
※ 제조가 완료되면 그릇에 담아 작품 제출대에 제출하고 작업대 정리정돈을 합니다.

1_재료 손질하기

밤은 얇게 편 썬 다음 곱게 채를 쳐두고 대추는 돌려 깎기를 한 후 세로로 곱게 채 친다. 잣은 얇은 칼날을 사용하여 세로로 반을 갈라서 비늘 잣을 만들어 둔다.

2_수분 주기

쌀가루는 소금을 넣고 손으로 잘 비벼 수분 주기를 한 후 중간체에 2회 내린다.

 tips

수분 주기는 쌀가루의 수분 상태에 따라
가감될 수 있다.

3_안치기

찜기에 시루 밑을 깔아주고 체에 내린 쌀가루에 설탕을 넣고 섞어 준 다음 쌀가루를 찜기에 가장자리부터 채워 주면서 골고루 펴서 넣고 윗면을 고르게 다듬어 준 다음 대추채, 밤 채, 비늘 잣 순으로 윗면에 고르게 올린다.

4_찌기

물이 끓어 김이 오르면 찜기를 올려 뚜껑을 덮고 20분간 찐다. 불을 끄고 뚜껑은 열지 않고 5분간 뜸을 들인다.

5_완성하기

뜸 들인 백편은 찜기 위에 뒤지개 판을 올려 꺼낸 다음 다시 한번 뒤집어 완성 접시에 담는다. 완성된 작품은 전량 제출한다.

tips

대나무 찜기를 사용할 경우 사용하기 전 물에 충분히 담가 적신 후 사용한다. 채는 균일하게
곱게 채 썰고 윗면에 올릴 때도 색의 배합을 고려해 골고루 올린다.

1 재료
손질하기

2 수분 주기

3 안치기

4 찌기

5 완성하기

08
인절미

백편 / 인절미

인절미는 찹쌀을 떡메로 쳐 모양을 만든후 고물을 묻혀 만드는 떡이며
잡아 당겨 자르는 떡이라는 의미에서 생긴 이름으로 인절병(印𢭏切餅), 인절병(引切餅), 인절미(引截米)로 불린다.

재료 및 요구 사항

재료 찹쌀가루(찹쌀을 5시간 정도 불려 빻은 것), 설탕(정백당), 소금
(정제염), 콩가루(볶은 콩가루), 식용유

재료 배합표

재료명	비율(%)	무게(g)
찹쌀가루	100	500
설탕	10	50
소금	1	5
물	–	적정량
볶은 콩가루	–	60
식용유	–	5
소금물용 소금	–	5

요구사항

1) 떡 제조시 물의 양을 적정량으로 혼합하여 제조하시오(단
   쌀가루는 물에 불려 소금 간 하지 않고 1회 빻은 쌀가루이다)
2) 익힌 찹쌀 반죽은 스테인리스볼과 절구공이(밀대)를 이용하여
   소금물을 묻혀 치시오.
3) 친 인절미는 기름 바른 비닐에 넣어 두께 2cm이상으로
   성형하여 식히시오.
4) 4×2×2cm크기로 인절미를 24개 이상 제조하여 콩가루를
   고물로 묻혀 전량 제출하시오.

Q&A로 알아보는 합격 포인트

• 수분 주기를 할 때 주의해야 할 점이 있나요?
  인절미는 처음 수분 주기를 할 때 너무 질게 하지 않아야 해요.
  쪄 낸 반죽을 절구공이로 칠 때 소금물을 묻히기 때문에 이때
  반죽이 질어질 수 있어요.

수험자 요구사항

※ 수험자에게 공개문제가 사전에 공지되었으므로 수험자가 적합한 찜기를 지참하여야 하며, 전량 제조가 원칙입니다. 요구사항의 수량을
  준수하여야 하며, 떡반죽(쌀가루 포함)이나 부재료를 지나치게 많이 남기거나 전량을 제출하지 않는 경우는 제품평가 전항목을 0점 처리합니다.
  단, 찜기의 용량을 초과하여 반죽을 남기는 경우는 제외하며, 용량 초과로 떡반죽(쌀가루 포함) 및 부재료를 남기는 경우는 찜기에 반죽을 넣은 후
  손을 들어 남은 떡반죽과 재료에 대해서 감독위원에게 확인을 받도록 합니다.

※ 종이컵, 호일, 랩, 종이호일, 1회용행주 등 일반적인 조리용 도구는 사용이 가능합니다. 자, 눈금칼, 몰드, 틀 등과 같이 기능 평가에 영향을 미치는
  도구는 사용을 금지합니다. 시험시간 안내는 감독위원의 지시 및 안내에 따르며, 타이머, 전자시계, 핸드폰은 사용금지입니다. 반지나 시계 등은
  이물 및 교차오염이 발생할 수 있으므로, 착용을 금지하며, 매니큐어 등도 감점의 대상이 됩니다.

※ 제조가 완료되면 그릇에 담아 작품 제출대에 제출하고 작업대 정리정돈을 합니다.

만드는 방법

1_재료 손질하기, 수분 주기

소금물용 소금을 물 물 100g에 소금 5g을 녹여 사용한다. 찹쌀가루가 거친 덩어리가 보이면 한 번 정도는 체에 쳐주어도 된다(2번은 안됨). 찹쌀가루는 소금과 설탕을 넣고 수분 주기를 한 다음 손바닥으로 골고루 비벼준다.

tips

수분 주기는 가루의 수분 상태에 따라 가감할 수 있다. 처음 수분 주기를 할 때 너무 질게 하지 않는다. 찐 후 반죽을 쳐댈 때 소금물을 묻혀가며 치기 때문에 이때 반죽이 질어질 수 있다.

2_안치기

수분 주기를 한 찹쌀가루는 찜기에 면보를 깔고 면보 위에 설탕을 뿌린 후 주먹으로 쥐어 듬성듬성 겹치기 않게 안친다.

3_찌기

물솥에 김이 오르면 찜기를 안쳐서 30분 쪄 준다.

4_성형하기

쪄진 반죽을 원형 볼에 넣고 절구 공이나 밀대로 소금물을 묻혀가며 찰기가 강해지게 쳐 준다. 잘 쳐준 반죽을 식용유를 가볍게 칠한 비닐에 싸서 두께 2cm의 사각형을 만들어 식혀 준다.

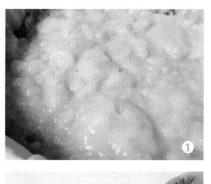

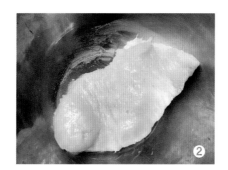

5_고물 묻히기, 완성하기

비닐에 싸서 식힌 반죽은 콩고물 위에 올려놓고 가장자리 부분은 잘라서 정리한 후 2×2×4cm의 크기로 잘라서 24개 이상 만들어 콩고물을 묻힌 후 완성접시에 담는다. 완성된 인절미는 전량 제출한다.

①	②	③	④	⑤
재료 손질하기, 수분 주기	안치기	찌기	성형하기	고물 묻히기, 완성하기

떡제조기능사

출제
예상과제

켜떡류—붉은팥 찰켜떡, 꿀 찰켜떡

빚어 찌는 떡류—쑥갠떡

개피떡류—개피떡, 쌈떡

단자류—석이단자, 유자단자

가래떡류—가래떡, 꼬리절편

지지는 떡류—개성주악

찌는 찰떡류—흑임자 구름떡, 두텁떡

켜떡류

9
붉은팥 찰켜떡

찹쌀을 가루로 내어 떡을 안칠 때 켜를 짓고 켜와 켜 사이에 팥고물을 넣고 찐 떡이다.

재료 및 요구 사항

재료
찹쌀가루, 소금, 설탕, 물

고물
붉은팥, 소금

재료 배합표

재료명		비율(%)	무게(g)
찹쌀가루		100	500
설탕		10	50
소금		1	5
물		–	20
고물	붉은팥	–	300
	소금	–	3

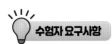

수험자 요구사항

※ 수험자에게 공개문제가 사전에 공지되었으므로 수험자가 적합한 찜기를 지참하여야 하며, 전량 제조가 원칙입니다. 요구사항의 수량을 준수하여야 하며, 떡반죽(쌀가루 포함)이나 부재료를 지나치게 많이 남기거나 전량을 제출하지 않는 경우는 제품평가 전항목을 0점 처리합니다. 단, 찜기의 용량을 초과하여 반죽을 남기는 경우는 제외하며, 용량 초과로 떡반죽(쌀가루 포함) 및 부재료를 남기는 경우는 찜기에 반죽을 넣은 후 손을 들어 남은 떡반죽과 재료에 대해서 감독위원에게 확인을 받도록 합니다.

※ 종이컵, 호일, 랩, 종이호일, 1회용행주 등 일반적인 조리용 도구는 사용이 가능합니다. 자, 눈금칼, 몰드, 틀 등과 같이 기능 평가에 영향을 미치는 도구는 사용을 금합니다. 시험시간 안내는 감독위원의 지시 및 안내에 따르며, 타이머, 전자시계, 핸드폰은 사용금지입니다. 반지나 시계 등은 이물 및 교차오염이 발생할 수 있으므로, 착용을 금지하며, 매니큐어 등도 감점의 대상이 됩니다.

※ 제조가 완료되면 그릇에 담아 작품 제출대에 제출하고 작업대 정리정돈을 합니다.

1_팥고물 만들기

팥은 깨끗이 씻어 물을 넉넉히 붓고 끓어오르면 끓는 물은 버리고 다시
팥 양의 3~4배의 물을 넣고 끓이다 무르면 물을 따라버리고 약한 불에서 뜸을 들이다가 푹 무르면 넓은 볼에 쏟아 소금을
넣고 방망이로 빻아 굵은 체에 내려 고물로 준비한다.

2_수분 주기

찹쌀가루에 소금과 설탕을 넣고 물로 수
분을 주고 손으로 골고루 비벼준다.

찹쌀가루는 멥쌀가루로 만든 떡과 다르게
수분을 잡은 후 체에 내리지 않고 고루 비벼
손으로 섞어줘요.

3_안치기

찜기에 시루밑을 깔고 팥고물을 넣어 바닥에 고르게 펴준 다음 찹쌀가루 1/2을 넣고 윗면을 골라 준 후 팥고물을 뿌리고 다시 남은 찹쌀가루를 넣고 윗면을 고르게 한 다음 팥고물로 덮어 고르게 펴준다.

4_찌기

물이 끓어 김이 오르면 찜기를 올려 30분 쩌 준다.

tips

찹쌀로 만든 떡은 멥쌀로 만든 떡보다 오래 찌기 때문에 뜸을 들이지 않아요.

5_완성하기

접시에 담아내어 완성한다.

1	2	3	4	5
팥고물 만들기	수분 주기	안치기	찌기	완성하기

10
꿀 찰켜떡

찹쌀을 빻아서 가루에 꿀 등을 섞어 거피팥고물과 켜켜이 앉혀서 찐 떡이다.

재료 및 요구 사항

재료
찹쌀가루, 소금, 꿀, 대추, 밤

고물
거피팥, 소금

재료 배합표

재료명		비율(%)	무게(g)
찹쌀가루		100	500
소금		10	5
꿀		8	40
대추		–	7(개)
밤		–	5(개)
고물	거피팥	–	400
	소금	–	4

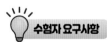 **수험자 요구사항**

※ 수험자에게 공개문제가 사전에 공지되었으므로 수험자가 적합한 찜기를 지참하여야하며, 전량 제조가 원칙입니다. 요구사항의 수량을 준수하여야 하며, 떡반죽(쌀가루 포함)이나 부재료를 지나치게 많이 남기거나 전량을 제출하지 않는 경우는 제품평가 전항목을 0점 처리합니다. 단, 찜기의 용량을 초과하여 반죽을 남기는 경우는 제외히며, 용량 초과로 떡반죽(쌀가루 포함) 및 부재료를 남기는 경우는 찜기에 반죽을 넣은 후 손을 들어 남은 떡반죽과 재료에 대해서 감독위원에게 확인을 받도록 합니다.

※ 종이컵, 호일, 랩, 종이호일, 1회용행주 등 일반적인 조리용 도구는 사용이 가능합니다. 자, 눈금칼, 몰드, 틀 등과 같이 기능 평가에 영향을 미치는 도구는 사용을 금합니다. 시험시간 안내는 감독위원의 지시 및 안내에 따르며, 타이머, 전자시계, 핸드폰은 사용금지입니다. 반지나 시계 등은 이물 및 교차오염이 발생할 수 있으므로, 착용을 금지하며, 매니큐어 등도 감점의 대상이 됩니다.

※ 제조가 완료되면 그릇에 담아 작품 제출대에 제출하고 작업대 정리정돈을 합니다.

1_고물 만들기

거피한 팥은 찜통에 마른 면보를 깔고
30분 정도 찐 뒤 큰 그릇에 쏟아 소금
을 넣고 절굿공이로 찧어 중간체에 내
려 준비한다.

tips

거피팥고물의 상태가 조금 질다면 팬에 볶아 수분을 날려줘요.

2_속재료 준비

밤은 껍질을 벗겨 5~6등분하여 썰고 대
추도 씨를 제거하고 길이로 6등분한다.

3_수분 주기

찹쌀가루는 소금과 꿀을 넣고 손으로
잘 비벼 섞고 밤, 대추를 넣어 섞어 준다.

4_안치기

찜기에 면보를 깔고 거피 팥고물을 넣고 스크래퍼 등으로 고르게 만들어 준 다음 섞은 찹쌀가루 1/2을 넣고 다시 그 위에 거피 팥고물로 덮어 주고, 그 위에 남은 찹쌀가루1/2을 넣고 고르고 다시 거피팥으로 덮어주고 윗면을 다듬어 준다.

5_쪄내기

물이 끓어 김이 오르면 찜기를 올려 뚜껑을 덮고 30분간 쪄 완성한다.

6_완성하기

완성된 작품은 전량 제출한다.

①	②	③	④	⑤	⑥
고물 만들기	속재료 준비	수분 주기	안치기	쪄내기	완성하기

빚어 찌는
떡류

11
쑥갠떡

쑥갠떡은 쑥과 멥쌀을 같이 빻은 것에 소금과 물을 넣어 반죽하여 둥글납작하게 빚어 찐 떡이다.

재료 및 요구 사항

재료

멥쌀가루, 삶은 쑥, 소금, 설탕, 물, 참기름

재료 배합표

재료명	비율(%)	무게(g)
멥쌀가루	100	200
삶은 쑥	15	30
소금	1	2
물	–	60
설탕	–	40
참기름	–	적정량

💡 수험자 요구사항

※ 수험자에게 공개문제가 사전에 공지되었으므로 수험자가 적합한 찜기를 지참하여야하며, 전량 제조가 원칙입니다. 요구사항의 수량을
   준수하여야 하며, 떡반죽(쌀가루 포함)이나 부재료를 지나치게 많이 남기거나 전량을 제출하지 않는 경우는 제품평가 전항목을 0점 처리합니다.
   단, 찜기의 용량을 초과하여 반죽을 남기는 경우는 제외히며, 용량 초과로 떡반죽(쌀가루 포함) 및 부재료를 남기는 경우는 찜기에 반죽을 넣은 후
   손을 들어 남은 떡반죽과 재료에 대해서 감독위원에게 확인을 받도록 합니다.
※ 종이컵, 호일, 랩, 종이호일, 1회용행주 등 일반적인 조리용 도구는 사용이 가능합니다. 자, 눈금칼, 몰드, 틀 등과 같이 기능 평가에 영향을 미치는
   도구는 사용을 금합니다. 시험시간 안내는 감독위원의 지시 및 안내에 따르며, 타이머, 전자시계, 핸드폰은 사용금지입니다. 반지나 시계 등은
   이물 및 교차오염이 발생할 수 있으므로, 착용을 금지하며, 매니큐어 등도 감점의 대상이 됩니다.
※ 제조가 완료되면 그릇에 담아 작품 제출대에 제출하고 작업대 정리정돈을 합니다.

1_가루 섞기

멥쌀가루에 삶은 쑥을 섞어 분쇄기에 돌려 가루를 만든 다음 소금과 설탕을 넣고 끓는 물을 넣어 익반죽한다.

 tips

쑥 잎은 세척 후, 소금을 넣고 데치듯 삶아 물기를 꼭 짜서 준비해요.

2_모양 만들기

반죽을 12개 등분으로 나누어 둥글게 만든 후 둥근 문양 도장을 찍어 모양을 낸다.

3_안쳐 찌기

찜기에 시루밑을 깔고 성형한 떡을 넣고
20분간 찐다.

4_완성하기

찬물로 가볍게 헹구고 참기름을 발라 완
성하고 그릇에 담아 전량 제출한다.

①	②	③	④
가루 섞기	모양 만들기	안쳐 찌기	완성하기

12
개피떡

찐 멥쌀가루를 쳐서 만드는 도병 중의 하나로 콩 고물이나 팥고물로 소를 넣고
반달 모양으로 빚은 떡이다. 바람떡이라고도 한다.

재료 및 요구 사항

재료

멥쌀가루, 소금, 물

소

거피팥고물, 꿀, 계핏가루, 참기름

재료 배합표

재료명	비율(%)	무게(g)
멥쌀가루	100	200
소금	1	2
물	–	50

고물 배합표

재료명	비율(%)	무게(g)
거피팥고물	–	120
꿀	–	20
계핏가루	–	적정량
참기름	–	적정량

수험자 요구사항

※ 수험자에게 공개문제가 사전에 공지되었으므로 수험자가 적합한 찜기를 지참하여야하며, 전량 제조가 원칙입니다. 요구사항의 수량을
준수하여야 하며, 떡반죽(쌀가루 포함)이나 부재료를 지나치게 많이 남기거나 전량을 제출하지 않는 경우는 제품평가 전항목을 0점 처리합니다.
단, 찜기의 용량을 초과하여 반죽을 남기는 경우는 제외하며, 용량 초과로 떡반죽(쌀가루 포함) 및 부재료를 남기는 경우는 찜기에 반죽을 넣은 후
손을 들어 남은 떡반죽과 재료에 대해서 감독위원에게 확인을 받도록 합니다.

※ 종이컵, 호일, 랩, 종이호일, 1회용행주 등 일반적인 조리용 도구는 사용이 가능합니다. 자, 눈금칼, 몰드, 틀 등과 같이 기능 평가에 영향을 미치는
도구는 사용을 금합니다. 시험시간 안내는 감독위원의 지시 및 안내에 따르며, 타이머, 전자시계, 핸드폰은 사용금지입니다. 반지나 시계 등은
이물 및 교차오염이 발생할 수 있으므로, 착용을 금지하며, 매니큐어 등도 감점의 대상이 됩니다.

※ 제조가 완료되면 그릇에 담아 작품 제출대에 제출하고 작업대 정리정돈을 합니다.

1_소 만들기

거피한 팥가루에 꿀, 계핏가루를 넣고 10g씩 떼어 동그란 모양으로 소를 준비한다.

2_반죽하기

멥쌀가루에 소금과 물을 넣고 섞어 잘 비벼준다.

3_안쳐 찌기

찜기 안에 면보를 깔고 쌀가루 반죽을 주먹으로 쥐듯이 뭉쳐서 듬성듬성 올려놓고 김이 오르면 뚜껑을 덮고 15분간 쪄낸다.

4_수분 주기

쪄낸 반죽을 기름칠한 비닐에 올려 면장
갑을 끼고 찰기가 생기게 치대서 한 덩어
리가 되게 한 다음 반죽을 밀대로 얇게
밀어 가운데 소를 넣고 반을 덮어 개피
떡 모양 틀로 찍어낸 후 기름 발라낸다.

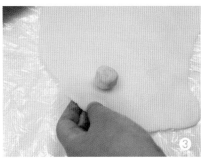

5_완성하기

완성된 작품은 전량 제출한다.

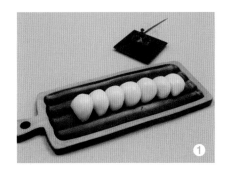

13
쌈 떡

보자기로 소중한 물건을 싸듯이 소를 감싸 한입에 쏙 들어가는 크기로 만든 떡으로
알록달록한 색감과 달콤한 맛이 특징이다.

재료 및 요구 사항

재료

멥쌀가루, 소금, 설탕, 물

소

거피 팥고물, 꿀, 소금, 계핏가루

색 만들기

녹차가루, 치자가루, 백련초가루, 참기름

재료 배합표

재료명		비율(%)	무게(g)
멥쌀가루		100	200
소금		1	2
설탕		5	10
물		–	60
색	녹차가루	–	3
	치자가루	–	2
	백련초가루	–	3
	참기름	–	적정량

고물 배합표

재료명	비율(%)	무게(g)
거피팥고물	–	120
소금	–	2
꿀	–	20
계핏가루	–	적정량

 **수험자 요구사항**

※ 수험자에게 공개문제가 사전에 공지되었으므로 수험자가 적합한 찜기를 지참하여야하며, 전량 제조가 원칙입니다. 요구사항의 수량을 준수하여야 하며, 떡반죽(쌀가루 포함)이나 부재료를 지나치게 많이 남기거나 전량을 제출하지 않는 경우는 제품평가 전항목을 0점 처리합니다. 단, 찜기의 용량을 초과하여 반죽을 남기는 경우는 제외하며, 용량 초과로 떡반죽(쌀가루 포함) 및 부재료를 남기는 경우는 찜기에 반죽을 넣은 후 손을 들어 남은 떡반죽과 재료에 대해서 감독위원에게 확인을 받도록 합니다.

※ 종이컵, 호일, 랩, 종이호일, 1회용행주 등 일반적인 조리용 도구는 사용이 가능합니다. 자, 눈금칼, 몰드, 틀 등과 같이 기능 평가에 영향을 미치는 도구는 사용을 금합니다. 시험시간 안내는 감독위원의 지시 및 안내에 따르며, 타이머, 전자시계, 핸드폰은 사용금지입니다. 반지나 시계 등은 이물 및 교차오염이 발생할 수 있으므로, 착용을 금지하며, 매니큐어 등도 감점의 대상이 됩니다.

※ 제조가 완료되면 그릇에 담아 작품 제출대에 제출하고 작업대 정리정돈을 합니다.

1_소 만들기

거피팥고물에 꿀, 계핏가루를 넣고 주물러 10g씩 떼어 동그란 모양으로 소를 준비한다.

2_반죽하기

멥쌀가루에 소금, 설탕, 물을 섞어 반죽한다.

3_찌기

찜기 안에 면보를 깔고 쌀가루 반죽을 주먹으로 쥐듯이 뭉쳐서 듬성듬성 올려놓고 김이 오르면 뚜껑을 덮고 20분간 쪄낸다.

4_색 만들기

쪄낸 떡을 조금씩 떼어 녹차, 강황, 백련초 가루를 넣어 색을 들인다.

5_모양 만들기

각색의 떡을 얇게 밀대로 밀어 가로, 세로 7cm로 잘라 준비한 소를 넣고 양쪽을 접고 보자기 싸듯이 접착시켜 준다. 색 반죽으로 꽃을 찍어 위쪽에 장식한 다음 기름을 발라낸다.

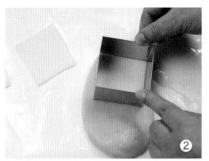

 tips

두가지 색을 겹쳐 밀어 잘라 만들어도 좋아요.

6_완성하기

완성된 작품은 전량 제출한다.

①	②	③	④	⑤	⑥
소 만들기	반죽하기	찌기	색 만들기	모양 만들기	완성하기

단자류

14

석이단자

단자는 인절미보다 크기가 작으며, 찹쌀가루를 쪄서 만든다. 가루에 석이가루를 섞어 반죽하여 치댄 후,
모양을 잡아 만든다. 석이단자는 그윽한 색과 잣의 고소한 맛이 잘 어우러진 떡이다.

재료 및 요구 사항

재료
찹쌀가루, 소금, 설탕, 물, 불린 석이가루
(불린 석이가루 : 뜨거운 물 한 큰술, 석이가루), 꿀

고물
잣가루

소금물
물, 소금

재료 배합표

재료명		비율(%)	무게(g)
찹쌀가루		100	200
소금		1	2
설탕		5	10
물		–	15
불린 석이가루		–	1
꿀		–	2(큰술)
잣가루		–	1/2(컵)
소금물	물	–	1(컵)
	소금	–	2

수험자 요구사항

※ 수험자에게 공개문제가 사전에 공지되었으므로 수험자가 적합한 찜기를 지참하여야하며, 전량 제조가 원칙입니다. 요구사항의 수량을 준수하여야 하며, 떡반죽(쌀가루 포함)이나 부재료를 지나치게 많이 남기거나 전량을 제출하지 않는 경우는 제품평가 전항목을 0점 처리합니다. 단, 찜기의 용량을 초과하여 반죽을 남기는 경우는 제외하며, 용량 초과로 떡반죽(쌀가루 포함) 및 부재료를 남기는 경우는 찜기에 반죽을 넣은 후 손을 들어 남은 떡반죽과 재료에 대해서 감독위원에게 확인을 받도록 합니다.

※ 종이컵, 호일, 랩, 종이호일, 1회용행주 등 일반적인 조리용 도구는 사용이 가능합니다. 자, 눈금칼, 몰드, 틀 등과 같이 기능 평가에 영향을 미치는 도구는 사용을 금합니다. 시험시간 안내는 감독위원의 지시 및 안내에 따르며, 타이머, 전자시계, 핸드폰은 사용금지입니다. 반지나 시계 등은 이물 및 교차오염이 발생할 수 있으므로, 착용을 금지하며, 매니큐어 등도 감점의 대상이 됩니다.

※ 제조가 완료되면 그릇에 담아 작품 제출대에 제출하고 작업대 정리정돈을 합니다.

1_고물 만들기

잣은 고깔을 떼고 칼로 곱게 다져서 면보
나 한지에 싸서 잣기름을 빼준다.

2_석이 불리기

석이는 분쇄기에 갈아놓고 가루는 뜨거
운 물에 불려 놓는다.

3_수분 주기

찹쌀가루에 소금과 불린 석이, 설탕을
넣어 섞어 주고 물주기한 후 손으로 잘
비벼준다.

4_안쳐 찌기

찜기에 면보를 깔고 바닥에 설탕을 뿌려 준 후 찹쌀가루를 주먹 쥐어 안친다. 물솥에 김이 오르면 찜기를 올려 뚜껑을 덮고 30분간 쪄준다.

5_모양 만들기

찐 찹쌀떡을 볼에 넣고 방망이로 꽈리가 일도록 찧은 다음, 소금물을 발라가며 찰떡 반죽을 펴서 1cm 두께에 4cm×3cm 정도 크기로 잘라서 꿀을 바른 후 잣고물을 묻혀 낸다.

6_완성하기

완성된 석이단자는 그릇에 담아 전량 제출한다.

1	2	3	4	5	6
고물 만들기	석이 불리기	수분 주기	안쳐 찌기	모양 만들기	완성하기

단자류

15
유자단자

단자는 인절미보다 크기가 작으며, 찹쌀가루를 쪄서 만든다.
유자단자는 향긋한 유자향이 씹을 때마다 배어 나오는 아주 귀한 떡이다.

재료 및 요구 사항

재료
찹쌀가루, 소금, 설탕, 유자청 건지, 물

고물
잣가루, 꿀

소금물
물, 소금

재료 배합표

재료명		비율(%)	무게(g)
찹쌀가루		100	200
소금		1	2
설탕		–	20
유자청 건지		–	30
물		–	15
잣가루		–	1/2(컵)
꿀		–	30
소금물	물	–	1(컵)
	소금	–	2

수험자 요구사항

※ 수험자에게 공개문제가 사전에 공지되었으므로 수험자가 적합한 찜기를 지참하여야 하며, 전량 제조가 원칙입니다. 요구사항의 수량을 준수하여야 하며, 떡반죽(쌀가루 포함)이나 부재료를 지나치게 많이 남기거나 전량을 제출하지 않는 경우는 제품평가 전항목을 0점 처리합니다. 단, 찜기의 용량을 초과하여 반죽을 남기는 경우는 제외하며, 용량 초과로 떡반죽(쌀가루 포함) 및 부재료를 남기는 경우는 찜기에 반죽을 넣은 후 손을 들어 남은 떡반죽과 재료에 대해서 감독위원에게 확인을 받도록 합니다.

※ 종이컵, 호일, 랩, 종이호일, 1회용행주 등 일반적인 조리용 도구는 사용이 가능합니다. 자, 눈금칼, 몰드, 틀 등과 같이 기능 평가에 영향을 미치는 도구는 사용을 금합니다. 시험시간 안내는 감독위원의 지시 및 안내에 따르며, 타이머, 전자시계, 핸드폰은 사용금지입니다. 반지나 시계 등은 이물 및 교차오염이 발생할 수 있으므로, 착용을 금지하며, 매니큐어 등도 감점의 대상이 됩니다.

※ 제조가 완료되면 그릇에 담아 작품 제출대에 제출하고 작업대 정리정돈을 합니다.

1_고물 만들기

잣은 고깔을 떼고 칼로 곱게 다져서 면보
나 한지에 싸서 잣기름을 빼준다.

2_재료 섞기, 수분 주기

유자청 건지는 칼로 곱게 다져서 쌀가루
와 잘 섞어 준 다음 소금과 설탕을 넣고
물주기를 하여 잘 비벼준다.

3_안쳐 찌기

찜통에 젖은 면보를 깔고 설탕을 고루
뿌리고 혼합한 찹쌀가루를 넣는다.

4_모양 만들기

찐 찹쌀떡과 볼에 넣고 방망이로 찰지
게 찧어 준 다음 소금물을 묻혀가며 반
죽을 넓게 펴서 1cm 두께에 4×3cm 정
도 크기로 잘라서 꿀을 바른 후 잣 고물
을 묻힌다.

5_완성하기

완성된 유자단자는 전량 제출한다.

1	2	3	4	5
고물 만들기	재료 섞기, 수분 주기	안쳐 찌기	모양 만들기	완성하기

가래
떡류

16
가래떡

가래떡은 치는 떡의 일종으로 멥쌀가루를 쪄서 안반에 놓고 친 다음 길게 밀어서 만든다.
흰떡(白餠)이라고도 한다.

재료 및 요구 사항

재료

멥쌀가루, 소금, 물, 참기름
소금물(2%)

재료 배합표

재료명	비율(%)	무게(g)
멥쌀가루	100	500
소금	1	5
물	–	120
참기름	–	적정량
2% 소금물	–	적정량

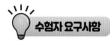 **수험자 요구사항**

※ 수험자에게 공개문제가 사전에 공지되었으므로 수험자가 적합한 찜기를 지참하여야 하며, 전량 제조가 원칙입니다. 요구사항의 수량을 준수하여야 하며, 떡반죽(쌀가루 포함)이나 부재료를 지나치게 많이 남기거나 전량을 제출하지 않는 경우는 제품평가 전항목을 0점 처리합니다. 단, 찜기의 용량을 초과하여 반죽을 남기는 경우는 제외하며, 용량 초과로 떡반죽(쌀가루 포함) 및 부재료를 남기는 경우는 찜기에 반죽을 넣은 후 손을 들어 남은 떡반죽과 재료에 대해서 감독위원에게 확인을 받도록 합니다.

※ 종이컵, 호일, 랩, 종이호일, 1회용행주 등 일반적인 조리용 도구는 사용이 가능합니다. 자, 눈금칼, 몰드, 틀 등과 같이 기능 평가에 영향을 미치는 도구는 사용을 금합니다. 시험시간 안내는 감독위원의 지시 및 안내에 따르며, 타이머, 전자시계, 핸드폰은 사용금지입니다. 반지나 시계 등은 이물 및 교차오염이 발생할 수 있으므로, 착용을 금지하며, 매니큐어 등도 감점의 대상이 됩니다.

※ 제조가 완료되면 그릇에 담아 작품 제출대에 제출하고 작업대 정리정돈을 합니다.

만드는 방법

1_수분 주기

쌀가루에 물에 소금을 넣고 혼합하여 손바닥으로 고루 비벼 섞어 준다.

2_안쳐 찌기

찜기에 시루밑을 깔고 그 위에 쌀가루를 넣고 김이 골고루 오르면 뚜껑을 덮고 15분간 쪄 주고 5분간 뜸 들여 준다.

3_모양 만들기

찐 떡은 볼에 넣고 소금물을 묻혀가며 차지게 될 때까지 절구공이로 찧어준 후 원형으로 지름 2.5cm~3cm 정도의 굵기로 성형해서 4~5개의 길이로 잘라서 만들어 낸다.

 tips

성형할 때는 스크래퍼를 이용해야 매끈하게 만들 수 있어요. 손으로 성형하면 떡에 손 자국이 남을 수 있습니다.

4_완성하기

완성된 가래떡은 그릇에 담아 전량 제출한다.

①	②	③	④
수분 주기	안쳐 찌기	모양 만들기	완성하기

가래 떡류

17
꼬리 절편

멥쌀가루에 소금을 넣고 쪄서 절구나 안반에서 친 떡을 절편이라고 하는데, 꼬리절편은 떡을 자르고 난 모양에서
이름이 붙여졌다. 떡을 자를 때 손날로 반죽 끝을 늘여가며 자르면 떡 끝이 삐죽하게 되는데,
이 모양이 꼬리 같아서 꼬리절편이라고 한다.

재료 및 요구 사항

재료

멥쌀가루, 소금, 물, 참기름
2% 소금물(물 + 소금)
색 : 백년초가루, 치자가루, 쑥가루

재료 배합표

재료명		비율(%)	무게(g)
멥쌀가루		100	200
소금		1	2
물		–	50
참기름		–	적정량
2% 소금물	물	–	100
	소금	–	2
색	백년초 가루	–	적정량
	치자 가루	–	적정량
	쑥가루	–	적정량

💡 수험자 요구사항

※ 수험자에게 공개문제가 사전에 공지되었으므로 수험자가 적합한 찜기를 지참하여야하며, 전량 제조가 원칙입니다. 요구사항의 수량을 준수하여야 하며, 떡반죽(쌀가루 포함)이나 부재료를 지나치게 많이 남기거나 전량을 제출하지 않는 경우는 제품평가 전항목을 0점 처리합니다. 단, 찜기의 용량을 초과하여 반죽을 남기는 경우는 제외하며, 용량 초과로 떡반죽(쌀가루 포함) 및 부재료를 남기는 경우는 찜기에 반죽을 넣은 후 손을 들어 남은 떡반죽과 재료에 대해서 감독위원에게 확인을 받도록 합니다.

※ 종이컵, 호일, 랩, 종이호일, 1회용행주 등 일반적인 조리용 도구는 사용이 가능합니다. 자, 눈금칼, 몰드, 틀 등과 같이 기능 평가에 영향을 미치는 도구는 사용을 금합니다. 시험시간 안내는 감독위원의 지시 및 안내에 따르며, 타이머, 전자시계, 핸드폰은 사용금지입니다. 반지나 시계 등은 이물 및 교차오염이 발생할 수 있으므로, 착용을 금지하며, 매니큐어 등도 감점의 대상이 됩니다.

※ 제조가 완료되면 그릇에 담아 작품 제출대에 제출하고 작업대 정리정돈을 합니다.

만드는 방법

1_수분 주기

멥쌀가루에 소금과 물을 넣어 비벼준다.

2_안쳐 찌기

찜기에 물 적신 면보를 깔고 쌀가루를 듬성듬성 안쳐준 다음 15분간 쪄낸다.

3_모양 만들기

쪄진 떡을 볼에 넣고 절구로 찰지게 치대 준 다음 가래떡 모양으로 길게 늘인다. 늘여준 반죽은 손으로 3cm 정도 길이로 잘라둔다.

4_도장 찍기

잘라둔 절편은 떡 도장으로 찍어 모양
을 내준다.
떡 도장 찍기 전 중앙에 색들인 절편을
조금씩 떼어 넣고 도장을 눌러 꽃모양
을 내준다.

5_완성하기

완성된 절편은 전량 제출한다.

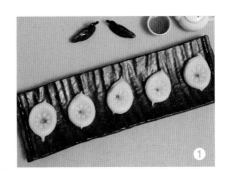

---

①	②	③	④	⑤
수분 주기	안쳐 찌기	모양 만들기	도장 찍기	완성하기

18

개성주악

찹쌀가루와 밀가루에 막걸리로 되직하게 반죽하여 빚어서 기름에 지져낸 떡으로
주로 개성지방에서 많이 해 먹는다고 하여 개성주악이라 불린다.

재료 및 요구 사항

재료
찹쌀가루, 밀가루, 소금, 막걸리, 설탕, 물, 튀김 기름

고명
대추, 호박씨

시럽
조청, 물, 설탕, 생강

재료 배합표

재료명	비율(%)	무게(g)
찹쌀가루	100	200
밀가루	–	20
설탕	15	30
막걸리	10	20
튀김 기름	–	적정량
소금	1	2
물	–	25

고명 배합표

재료명	비율(%)	무게(g)
대추	–	1(개)
호박씨	–	10(개)

시럽 배합표

재료명	비율(%)	무게(g)
조청	–	150
물	–	60
설탕	–	10
생강	–	5(3~4쪽)

수험자 요구사항

※ 수험자에게 공개문제가 사전에 공지되었으므로 수험자가 적합한 찜기를 지참하여야하며, 전량 제조가 원칙입니다. 요구사항의 수량을 준수하여야 하며, 떡반죽(쌀가루 포함)이나 부재료를 지나치게 많이 남기거나 전량을 제출하지 않는 경우는 제품평가 전항목을 0점 처리합니다. 단, 찜기의 용량을 초과하여 반죽을 남기는 경우는 제외하며, 용량 초과로 떡반죽(쌀가루 포함) 및 부재료를 남기는 경우는 찜기에 반죽을 넣은 후 손을 들어 남은 떡반죽과 재료에 대해서 감독위원에게 확인을 받도록 합니다.

※ 종이컵, 호일, 랩, 종이호일, 1회용행주 등 일반적인 조리용 도구는 사용이 가능합니다. 자, 눈금칼, 몰드, 틀 등과 같이 기능 평가에 영향을 미치는 도구는 사용을 금합니다. 시험시간 안내는 감독위원의 지시 및 안내에 따르며, 타이머, 전자시계, 핸드폰은 사용금지입니다. 반지나 시계 등은 이물 및 교차오염이 발생할 수 있으므로, 착용을 금지하며, 매니큐어 등도 감점의 대상이 됩니다.

※ 제조가 완료되면 그릇에 담아 작품 제출대에 제출하고 작업대 정리정돈을 합니다.

1_시럽 만들기

물에 설탕과 조청, 생강을 편 썰어 넣고
중불에서 끓으면 불을 끄고 식혀둔다.

2_반죽하기

찹쌀과 밀가루를 섞은 후, 소금, 설탕, 막
걸리를 넣어 먼저 반죽하고 뜨거운 물을
부어 익반죽하여 여러 번 치대준다.

3_모양 만들기

직경 3cm, 두께 1cm로 빚어 가운데 부분은 구멍을 뚫어 기름칠한 비닐이나 쟁반 위에 올려놓고 준비한다.

4_튀기기

기름 온도 170~180℃가 되면 넣어 모양을 잡은 다음 올리고 성형한 반죽을 하나씩 넣어 떠오르면 작은 망으로 굴려가며 겉을 익혀 준 다음 건지고 기름 온도를 내려 150℃에서 다시 속까지 익도록 튀겨준다. 튀겨진 주악은 건져 기름을 뺀다.

5_시럽 묻히기

기름 뺀 주악은 식기 전 시럽에 담갔다가 건진다.

6_장식하기, 완성하기

주악 위에 작고 가늘게 자른 대추와 호박씨로 장식하여 완성한다. 완성된 개성주악은 그릇에 담아 전량 제출한다.

1
시럽
만들기

2
반죽하기

3
모양 만들기

4
튀기기

5
시럽
묻히기

6
장식하기,
완성하기

찌는
찰떡류

19

흑임자 구름떡

찹쌀가루에 밤, 대추 등의 부재료를 넣고 찐 후 흑임자 가루를 묻히고 사각형 틀에 굳힌 떡으로
자른 단면의 모양이 구름처럼 보이는 강원도 지역의 떡이다. 답례품이나 이바지용으로도 쓰인다.

재료 및 요구 사항

재료
찹쌀가루, 설탕, 소금, 물

부재료
밤, 대추

고물
흑임자 고물, 소금

설탕물
물, 설탕

재료 배합표

재료명		비율(%)	무게(g)
찹쌀가루		100	500
소금		1	5
설탕		16	80
물		–	30
밤		–	5(개)
대추		–	8(개)
고물	흑임자 고물	–	100(1컵)
	소금	–	1
설탕물 (15%)	물	–	100
	설탕	–	15

💡 **수험자 요구사항**

※ 수험자에게 공개문제가 사전에 공지되었으므로 수험자가 적합한 찜기를 지참하여야 하며, 전량 제조가 원칙입니다. 요구사항의 수량을 준수하여야 하며, 떡반죽(쌀가루 포함)이나 부재료를 지나치게 많이 남기거나 전량을 제출하지 않는 경우는 제품평가 전항목을 0점 처리합니다. 단, 찜기의 용량을 초과하여 반죽을 남기는 경우는 제외하며, 용량 초과로 떡반죽(쌀가루 포함) 및 부재료를 남기는 경우는 찜기에 반죽을 넣은 후 손을 들어 남은 떡반죽과 재료에 대해서 감독위원에게 확인을 받도록 합니다.

※ 종이컵, 호일, 랩, 종이호일, 1회용행주 등 일반적인 조리용 도구는 사용이 가능합니다. 자, 눈금칼, 몰드, 틀 등과 같이 기능 평가에 영향을 미치는 도구는 사용을 금합니다. 시험시간 안내는 감독위원의 지시 및 안내에 따르며, 타이머, 전자시계, 핸드폰은 사용금지입니다. 반지나 시계 등은 이물 및 교차오염이 발생할 수 있으므로, 착용을 금지하며, 매니큐어 등도 감점의 대상이 됩니다.

※ 제조가 완료되면 그릇에 담아 작품 제출대에 제출하고 작업대 정리정돈을 합니다.

1_부재료 손질하기

밤은 7~8등분 하고, 대추는 씨를 빼고 돌돌 말아놓는다.

2_재료 섞기

찹쌀가루에 소금과 물을 넣어 가루를 손으로 잘 비벼 준 다음 설탕과 밤을 넣고 섞어 준다.

3_안쳐 찌기

찜기에 젖은 면보를 깔고 설탕을 골고루 뿌려 후 찹쌀가루를 손으로 한주먹씩 듬성듬성 올려 준다. 물솥에 김이 오르면 찜기를 올려 30분간 찐다.

4_모양내기

긴 틀에 비닐을 깔고 시루에 찐 찰떡을 한 덩이씩 떼어 흑임자 분말을 묻혀 결을 주며 구름 모양이 되도록 넣어 주며 이때 설탕물을 반죽 사이에 묻혀가며 반죽이 잘 붙도록 해주고 중간에 말아놓은 대추도 넣어 준다. 떡이 식으면 틀에서 꺼내 일정한 두께로 썰어 준다.

tips

반죽을 틀에 넣을 때 아래 좌우에 한덩이, 중간에 한덩이, 위 좌우에 한덩이씩 넣어 모양을 잡아 준다.

5_완성하기

완성된 구름떡은 그릇에 담아 전량 제출한다.

1	2	3	4	5
부재료 손질하기	재료 섞기	안쳐 찌기	모양내기	완성하기

수정사항 안내

쪽번호	내용		비고
	변경전	변경후	
41	(2) 무기질의 분류 미량원소 무기질: Fe(불소)	미량원소 무기질: F(불소)	Fe → F
51	tip 　② 쌀을 불리는 시간 　　· 여름에는 3~4시간	tip 　② 쌀을 불리는 시간 　　· 여름에는 4~5시간	3~4시간 → 4~5시간
61	문제 24) ① 감	문제 24) ① 복숭아	감 → 복숭아
61	문제 27) 설기떡을 만들 때 가루를 체에 내리기 직전에 설탕을 넣는 이유가 아닌 것은?	문제 27) 설기떡을 만들 때 가루를 체에 내리기 직전에 설탕을 넣는 이유로 적당한 것은?	문제 수정 이유가 아닌 것은? → 이유로 적당한 것은?
106	문제 25) 와 문제 30) 중복	문제 30) 개성주악을 튀기는 방법으로 옳은 것은? ① 튀김기로 180℃ 이상의 온도에서 단시간에 튀긴다. ② 튀김기에서 1차로(150℃) 튀신 후 온도를 높여 한 번 더 튀겨낸다(180℃) ③ 튀김기에서 1차로(180℃) 튀신 후 온도를 낮추어 한 번 더 튀겨낸다(150℃) ④ 튀김기로 140℃ 이하의 온도에서 장시간에 튀긴다. 풀이) 개성주악은 지지는 떡의 종류로 1차로 낮은 온도(150℃)에서 익히고 온도를 높여(180℃) 색을 낸다.	문제 변경
152	문제 16) 과 문제 55) 중복	문제 16) 다음 집단급식소에 속하지 않는 것은? ① 기숙사　② 학교 ③ 병원　　④ 뷔페식당 풀이) "집단급식소"란 영리를 목적으로 하지 아니하면서 특정 다수인에게 계속하여 음식물을 공급하는 급식시설이다.	문제 변경
162	절기 8월 한가위 (음력 5월 15일, 중추절, 가배)	절기 8월 한가위 (음력 8월 15일, 중추절, 가배)	음력 5월 15일 → 음력 8월 15일
200	문제 02) ② 과일에 들어있는 당분 함량은 종류와 성숙도에 따라 차이가 없다.	문제 02) ② 과일이 성숙 됨에 따라 전분이 당류로 가수분해되어 당도가 증가 되고 맛이 향상된다.	문제의 보기 수정

참고문헌

한국식품과학회, '식품과학기술대사전', 광일문화사, 2008.

류기형, 김미환, 박지양, 송동섭, 임미선, '한국 떡', 도서출판 효일, 2008

양영석, 김수희, 박천세, 정금심, '농산 식품 가공', 강원도교육청, 2018

김영희, 권선진, '한국전통식품', 도서출판 효일, 2017

(사)한국전통음식연구소, '아름다운 한국 음식 300선', 도서출판 질시루, 2011

최순자, '아름다운 한국의 디저트 떡', ㈜비앤씨월드, 2013

최순자, '보기 좋은 먹기 좋은 떡', ㈜비앤씨월드, 2011

윤숙자, '한국의 떡 · 한과 · 음청류', 지구문화사, 2004

이경애, 구난숙, 김미정, 윤현혜, 고은미, '이해하기 쉬운 식품학'파워북, 2014

최혜연, 김학연, 윤혜려, 성정민, 김옥선, 권수연, '식품위생학 및 법규', 파워북, 2014

신민자, 정재홍, 김정숙, 정두례, 강명수, 최원경, '식품조리원리', 광문각, 2005

식품의약품안전처(2018. 3. 14), '식품 등의 표시 · 광고에 관한 법률」제정 및 「식품위생법」일부개정법률 공포 알림'
https://www.mfds.go.kr/

질병관리본부(2020. 1. 2) '법정감염병 분류체계 전면 개편 시행', http://www.cdc.go.kr/board.es?mid=a20602010000&bid=0034&act=view&list_no=365634

이주희, 김미리, 민혜선, 이영은, 송은승, 권순자, 김미정, 송효남, '식품과 조리원리', ㈜ 교문사, 2012

이난조, 유경희, 김외옥, 이진숙, 변혜정, 장현주, 이미남, '한국조리', 대구광역시교육청, 2018

한국조리과학회, '조리과학용어사전'㈜교문사, 2003

이숙영, 정해정, 이영은, 김미리, 김미라, 송효남, '식품화학', 파워북, 2011

한복려, 정길자, 한복진, '쉽게 맛있게 아름답게 만드는 한과'사단법인 궁중음식연구원, 2000

서유구, 곽미경, 정정기, 풍석재단음식연구소, '조선 셰프 서유구의 떡 이야기'자연경실, 2019

최순자, '보기좋은 떡 먹기 좋은 떡', 비앤씨월드, 2008

김상보, '손쉽게 따라 해보는 조선왕조 궁중떡', 수학사, 2006

정길자, 박영미, 강소영, 조은희, 이종민, '한국의 전통병과', 교문사, 2010

정길자, 이종민, 박은혜, '퓨전 떡과 과자', 교문사, 2014

떡제조기능사 필기·실기 끝장내기

2020. 6. 15. 초 판 1쇄 발행
2021. 1. 26. 개정 1판 1쇄 발행

저자와의
협의하에
검인생략

지은이 │ 한은주, 양혜영, 정운경
펴낸이 │ 이종춘
펴낸곳 │ BM (주)도서출판 성안당
주소 │ 04032 서울시 마포구 양화로 127 첨단빌딩 3층(출판기획 R&D 센터)
│ 10881 경기도 파주시 문발로 112 파주 출판 문화도시(제작 및 물류)
전화 │ 02) 3142-0036
│ 031) 950-6300
팩스 │ 031) 955-0510
등록 │ 1973. 2. 1. 제406-2005-000046호
출판사 홈페이지 │ **www.cyber.co.kr**
ISBN │ 978-89-315-8132-4 (13590)
정가 │ **23,000원**

이 책을 만든 사람들

책임 │ 최옥현
기획·진행 │ 박남균
교정·교열 │ 디엔터
본문·표지 디자인 │ 디엔터, 박원석
홍보 │ 김계향, 유미나
국제부 │ 이선민, 조혜란, 김혜숙
마케팅 │ 구본철, 차정욱, 나진호, 이동후, 강호묵
마케팅 지원 │ 장상범, 박지연
제작 │ 김유석

■ **도서 A/S 안내**

성안당에서 발행하는 모든 도서는 저자와 출판사, 그리고 독자가 함께 만들어 나갑니다.
좋은 책을 펴내기 위해 많은 노력을 기울이고 있습니다. 혹시라도 내용상의 오류나 오탈자 등이 발견되면 **"좋은 책은 나라의 보배"**로서 우리 모두가 함께 만들어 간다는 마음으로 연락주시기 바랍니다. 수정 보완하여 더 나은 책이 되도록 최선을 다하겠습니다.
성안당은 늘 독자 여러분들의 소중한 의견을 기다리고 있습니다. 좋은 의견을 보내주시는 분께는 성안당 쇼핑몰의 포인트(3,000포인트)를 적립해 드립니다.

잘못 만들어진 책이나 부록 등이 파손된 경우에는 교환해 드립니다.

memo

memo